Erfolgreich bewerben bei internationalen Organisationen

campus concret

Cordula Janowski

Erfolgreich bewerben bei internationalen Organisationen

Campus Verlag
Frankfurt/New York

Bibliografische Information der Deutschen Nationalbibliothek:
Die Deutsche Nationalbibliothek verzeichnet diese Publikation in der
Deutschen Nationalbibliografie. Detaillierte bibliografische Daten
sind im Internet unter http://dnb.d-nb.de abrufbar.
ISBN 978-3-593-38594-5

Umschlaggestaltung: Guido Klütsch, Köln
Satz: Fotosatz L. Huhn, Linsengericht
Druck und Bindung: Druck Partner Rübelmann, Hemsbach
Gedruckt auf säurefreiem und chlorfrei gebleichtem Papier.
Printed in Germany

Besuchen Sie uns im Internet: www.campus.de

Inhalt

Vorwort 9

Einführung 11

Teil I: Wissenswertes über eine Traumkarriere 15

1 Grundlegende Hinweise für eine erfolgreiche Bewerbung . . . 15
  1.1 Internationale Organisationen als Arbeitgeber 18
  1.2 Deutsche, Österreicher und Schweizer in
     internationalen Organisationen 28
  1.3 Bewerben bei internationalen Organisationen 32
     1.3.1 Grundlegende Profilmerkmale 32
     1.3.2 Tipps für eine effektive Stellensuche 39
     1.3.3 Hinweise für eine erfolgreiche Bewerbung 44
     1.3.4 Nach der Bewerbung: So geht es weiter 50

2 Fachübergreifende Einstiegsoptionen und Förderprogramme . 56
  2.1 Praktika bei internationalen Organisationen 56
     2.1.1 Grundlegende Hinweise für Bewerber 57
     2.1.2 Spezielle Programme für deutsche Bewerber 60
     2.1.3 Kurzstipendien für internationale Praktika 64
  2.2 Einstieg als Junior Professional Officer 66
  2.3 Praktische Tipps 72

Teil II: Einstiegsoptionen bei internationalen Organisationen . . 79

1 Im Dienst des Weltfriedens:
   Arbeiten für die Vereinten Nationen 80
   1.1 Die Vereinten Nationen im Überblick 81
   1.2 Die Vereinten Nationen als Arbeitgeber 86
        1.2.1 Einstiegs- und Aufstiegschancen im VN-System . . 87
        1.2.2 Aufgabengebiete und Arbeitgeber im Überblick . . 90
        1.2.3 Die wichtigsten Einstiegsoptionen 106
   1.3 Alternativen zum Direkteinstieg in das VN-System 140
        1.3.1 Mit ASA in einem Entwicklungsland arbeiten . . . 140
        1.3.2 Nachwuchsprogramme der GTZ 143
        1.3.3 Das Nachwuchsförderungsprogramm des DED . . 150
   1.4 Abschließende Hinweise und Bemerkungen 154

2 »In Vielfalt geeint«:
   Im Dienst der Europäischen Union 156
   2.1 Die Europäische Union im Überblick 157
   2.2 Die Europäische Union als Arbeitgeber 164
        2.2.1 Einstiegs- und Aufstiegschancen bei der EU 165
        2.2.2 Aufgabengebiete und Arbeitgeber im Überblick . . 166
        2.2.3 Die wichtigsten Einstiegsoptionen 184
   2.3 Abschließende Hinweise und Bemerkungen 208

3 Einstiegsoptionen bei anderen internationalen Organisationen 213
   3.1 Der Europarat und sein Gerichtshof für Menschenrechte . 215
        3.1.1 Der Europarat im Überblick 216
        3.1.2 Der Europarat als Arbeitgeber 220
   3.2 Die Organisation für wirtschaftliche Zusammenarbeit
        und Entwicklung 226
        3.2.1 Die OECD im Überblick 227
        3.2.2 Die OECD als Arbeitgeber 229
   3.3 Die Organisation für Sicherheit und Zusammenarbeit
        in Europa 233
        3.3.1 Die OSZE im Überblick 234
        3.3.2 Die OSZE als Arbeitgeber 236

3.4 Die North Atlantic Treaty Organization 240
   3.4.1 Die NATO im Überblick 241
   3.4.2 Die NATO als Arbeitgeber 243

4 Abschließende Bemerkungen 246

Teil III: Anhang 251

1 Wichtige Adressen und Links 251

2 Weiterführende Informationen und Literaturtipps 275

3 Abkürzungsverzeichnis 279

4 Organigramme 285

Vorwort

Der Gedanke zu diesem Buch entstand in einem Gespräch mit einer meiner Studentinnen. Obgleich ihr Lebenslauf sehr vielversprechend aussah, saß mir die Studentin mit einer großen Unsicherheit gegenüber: Während ihr Ziel – ein Einstieg bei der Europäischen Union – noch recht präzise schien, war ihr der Weg dorthin weitgehend unklar.

Im Laufe meiner Tätigkeit habe ich dies bei Studenten, die einen Einstieg bei internationalen Organisationen anstrebten oder in Erwägung zogen, häufig festgestellt: Vielen ist ihr Karriereziel recht klar, die individuellen Möglichkeiten, dieses Ziel zu erreichen, liegen jedoch zumeist im Dunkeln – auch bei Studenten, die einen spezialisierten Aufbaustudiengang gewählt haben, um ihren Einstieg bei einer internationalen Organisation vorzubereiten.

Eine präzise Zieldefinition und eine angemessene Vorbereitung sind jedoch für den Einstieg bei internationalen Organisationen unerlässlich. Diffuse Ratschläge (»Infos findest Du im Internet«) und allgemeine Ermutigungen (»Du schaffst das schon«) tragen hierzu kaum bei. Ein sehr allgemeines Karriereziel (»Ich will zur UNO«) kann Bewerber in einen »Dschungel« an Informationen führen, der ohne eine strukturierte Herangehensweise schwer zu durchqueren ist.

Die folgenden Informationen basieren auf meiner langjährigen Erfahrung in der Vorbereitung von Studierenden auf einen Berufseinstieg bei internationalen Organisationen, die Europäische Union eingeschlossen, und berücksichtigen die vielen offenen Fragen, die ich im Laufe der Jahre bei Studenten feststellen konnte. Ich möchte mit diesem Buch die wichtigsten Fragen beantworten und den Leser schrittweise an den »internationalen Dienst« heranführen.

Mein ausdrücklicher Dank gilt meinen Gesprächspartnern in den internationalen Organisationen, im Auswärtigen Amt der Bundesrepublik Deutschland und im Büro Führungskräfte zu internationalen Organisationen.

Die Gespräche und Interviews haben mich in meiner Ansicht bestärkt, dass der Dienst in internationalen Organisationen ein erreichbares Karriereziel ist. Ich möchte jeden, der hierin sein berufliches Traumziel sieht, dazu ermutigen, dieses Ziel in Angriff zu nehmen. Es wird kein einfacher Weg, aber die Chancen stehen gut.

Bonn, im November 2007
Cordula Janowski

Einführung

Der Beginn ist der wichtigste Teil der Arbeit.

Plato

Die Welt als Arbeitsplatz, die verschiedensten Nationen im Kollegenkreis, Weltpolitik mitgestalten – die Möglichkeiten, die mit dem Dienst in einer internationalen Organisation assoziiert werden, sind verlockend. Darüber hinaus bietet diese Karriere viele Extras: eine internationale Perspektive, eine gute Besoldung und vielfältige Entwicklungsmöglichkeiten, denn kaum eine Branche entwickelt sich so schnell wie die internationalen Organisationen.

Kaum erstaunlich, dass die Anzahl der Interessenten für den internationalen Dienst groß ist. Bis zu 50.000 Hochschulabsolventen bewerben sich für die allgemeinen Auswahlverfahren, auf manche Stellenausschreibungen kommen bis zu 100 qualifizierte Bewerber. Eine beachtliche Anzahl an Studenten und Hochschulabsolventen sieht im »internationalen« Dienst die eigene Traumkarriere und ist zu Vielem bereit, um dieses Ziel zu erreichen. Und trotz hoher Hürden: Jeder kann diesen Einstieg schaffen.

Die Chancen stehen gut, denn die Rahmenbedingungen für den Einstieg bei internationalen Organisationen haben sich in den letzten Jahren stark verändert. Zum Teil sind neue Einstiegsverfahren geschaffen worden oder bestehende Verfahren wurden überarbeitet. Die Nachwuchsförderung – auch durch Praktika – hat an Bedeutung gewonnen. Zugleich hat sich die Informationspolitik der internationalen Organisationen zur Personalgewinnung positiv entwickelt. Parallel hierzu zeigen die Regierungen sowohl Deutschlands als auch Österreichs und der Schweiz ein großes Interesse, Staatsangehörige ihrer Länder, die den Einstieg bei internationalen Organisationen suchen, gezielt zu fördern.

Trotz dieser aus Bewerbersicht vorteilhaften Entwicklungen haben viele Kandidaten keine oder nur vage Vorstellungen über die konkreten Einstiegsmöglichkeiten bei internationalen Organisationen. Häufig besteht eine große Unsicherheit, wie der Weg in die internationalen Organisationen am besten »in Angriff« zu nehmen ist.

Um internationale Organisationen als Arbeitgeber ranken sich viele Mythen; Dichtung und Wahrheit gehen oftmals fließend ineinander über. Vor allem glauben viele, dass der Einstieg bei internationalen Organisationen viel schwieriger sei, als dies bei anderen Top-Berufen der Fall ist. Die Arbeit bei internationalen Organisationen umgibt die Aura einer »Exklusivkarriere«, die nur wenigen, meist schon in einem internationalen Umfeld aufgewachsenen Kandidaten zu gelingen scheint. Entsprechend zurückhaltend sind viele mit Bewerbungen: Während mancher es woanders einfach »probieren« würde, besteht hier häufig eine Hemmschwelle.

Der Beruf des »internationalen Bediensteten« ist eine anspruchsvolle Karriere, die hohe Anforderungen stellt und sich an sehr gut qualifizierte, leistungsstarke und hoch motivierte Kandidaten wendet. Dies muss sich auch in Noten und anderen Leistungsnachweisen widerspiegeln: Internationale Organisationen wollen die Besten.

Allerdings geht dies weder mit einer besonderen Einschränkung der Einstiegsmöglichkeiten insgesamt einher noch unterscheiden sich internationale Organisationen in ihren Erwartungen von anderen »Top-Arbeitgebern«, die bei der Personalgewinnung ebenfalls »wählerisch« sind. Auch andere Branchen setzen häufig eine sehr lange und umfangreiche Ausbildung voraus. Beste Beispiele sind Unternehmensberatungen, Investmentbanken oder große Kanzleien, die aus Tausenden von Bewerbern nur wenige, sehr qualifizierte und spezialisierte Kandidaten in ihre Reihen aufnehmen.

Informationen sind dabei die Basis für eine effektive Bewerbung. Einen wichtigen Schritt hat jeder Leser dieses Buches bereits getan: Er ist im Begriff, sich umfassend zu informieren. Informationen sind der wichtigste Bestandteil einer effektiven Vorbereitung und einer gezielten Karriereplanung. Ohne diese wird der Einstieg bei internationalen Organisationen schwierig, denn der internationale Dienst ist keine »Spontan-Karriere«, er ist vielmehr kompetitiv und erfordert, dass Kandidaten sich und ihre Biografie gut »vorbereiten«. Internationale Organisationen verlangen ein spezifisches Profil, das nicht »über Nacht« entsteht, sondern voraussetzt, dass sich Bewerber stückweise an das Berufsfeld »heranarbeiten«.

Der Weg dahin ist daher häufig mühsam und langwierig, denn die ersten Schritte beginnen optimalerweise schon während des Studiums. Auch die Auswahlverfahren ziehen sich oft über Monate: Geduld ist ein wichtiger Begleiter. Doch sollte niemand seine Karriereträume aufgeben, bevor er sie überhaupt in Angriff genommen hat.

Wer das Grundprofil mitbringt, das alle internationalen Organisationen verlangen, hat allen Grund, an den Erfolg seiner Bewerbung zu glauben, denn die internationalen Organisationen suchen ständig neues Personal. Die Anzahl der Kandidaten, die alle Profilmerkmale erfüllen, ist zudem häufig viel geringer als sich Bewerber vorstellen können.

Wer dieses Buch zur Hand nimmt, hat sich wahrscheinlich schon Gedanken gemacht, wie er dem Einstieg bei internationalen Organisationen näher kommt. Dies ist jedoch keine Voraussetzung. Auch Leser, für die der internationale Dienst bisher nur eine Vorstellung war, werden in diesem Buch wichtige Hinweise finden, um die eigenen Gedanken zu konkretisieren und die notwendigen Schritte einzuleiten.

Der erste Teil dieses Buches enthält Basisinformationen für eine internationale Karriere, die jeder Bewerber kennen sollte. Es handelt sich dabei um »Grundlagenwissen«, das auch auf andere, als die in diesem Buch vorgestellten internationalen Organisationen anwendbar ist.

Der zweite Teil beleuchtet die konkreten Einstiegsmöglichkeiten bei den größten und bekanntesten internationalen Organisationen, die zugleich die überwiegende Mehrheit des internationalen Personals beschäftigen. Jeder, der den internationalen Dienst ernsthaft ins Auge fasst, sollte sich bei diesen »Top-Arbeitgebern« bewerben.

Die Verweise im Text (→) führen zu den einzelnen Kapiteln im Teil »Wichtige Adressen und Links«, in denen wichtige Kontaktdaten und Links schnell und einfach zu finden sind, zum Beispiel die Hauptseiten der Organisationen im Internet oder deren Rekrutierungsseiten für Praktika und Jobs.

Dieses Buch betrachtet ausschließlich die Einstiegsmöglichkeiten in den vergleichbaren höheren Dienst der nationalen Spitzenverwaltung, das heißt für Positionen, die einen relevanten Hochschulabschluss voraussetzen und die zudem innerhalb einer Organisation einen direkten oder indirekten Einfluss auf die Entscheidungen zulassen.

Das Buch wendet sich in erster Linie an Studierende und junge Graduierte oder Kandidaten in Promotions-, Ph. D.- oder Aufbaustudiengängen, die noch sehr viele Möglichkeiten haben, berufliche Weichen zu stellen. Die Hinweise sind auf Bewerber aus Deutschland, Österreich und der Schweiz abgestimmt, das heißt Leser aus diesen Ländern finden an entsprechender Stelle »landesspezifische« Tipps.

Alle Formulierungen sind gleichermaßen an Leser beiderlei Geschlechts adressiert: Sofern Begriffe oder Bezeichnungen nur in einer Form wiedergegeben werden, sind trotzdem in jedem Fall beide Geschlechter gemeint.

Mancher Leser stellt nach der Lektüre unter Umständen fest, dass der internationale Dienst nicht mehr infrage kommt, zum Beispiel weil die Anforderungen dieses Berufs mit der eigenen Lebensplanung nicht vereinbar scheinen. Auch dies ist eine gute Entscheidung, wenn sie auf einer soliden Informationsbasis getroffen wurde. Allen anderen Lesern werden die folgenden Hinweise helfen, ihren individuellen Weg zum Einstieg in eine Traumkarriere zu finden.

Teil I: Wissenswertes über eine Traumkarriere

Wer hohe Türme bauen will, muss lange beim Fundament verweilen.
Anton Bruckner

Um als Bewerber bei internationalen Organisationen erfolgreich zu sein, sind einige Voraussetzungen zu erfüllen und bestimmte Regeln zu beachten, mit denen jeder Bewerber vertraut sein sollte, *bevor* er eine Bewerbung einreicht. Hierzu zählt insbesondere ein Verständnis des Berufsbildes des »international civil servant« und die Kenntnis der grundlegenden Profilmerkmale, die alle internationalen Organisationen bei Bewerbern voraussetzen.

Die angeführten Hinweise sind nicht abschließend und können keine Wunder bewirken. *Der* »Geheimtipp«, der jede Bewerbung beflügeln würde, existiert ebenso wenig, wie *der* »Königsweg« in internationale Organisationen. Wer über alle Basisinformationen verfügt, wird jedoch wissen, worauf es beim Einstieg ankommt. Dies ist ein zentraler Schritt zur realistischen Einschätzung des eigenen Profils und zu einer selbstbewussten Darstellung der eigenen Kenntnisse und Fähigkeiten als wichtigste Erfolgsgrundlagen.

1 Grundlegende Hinweise für eine erfolgreiche Bewerbung

Die diplomatischen, politischen und wirtschaftlichen Verflechtungen zwischen Staaten werden weltweit dichter. Dies hat viele Ursachen, vor allem aber erfordern Entwicklungen wie der wirtschaftliche Aufschwung in den Ländern der »Dritten Welt«, die unter dem Stichwort der Globalisierung diskutierte Liberalisierung der Märkte und nicht zuletzt die Bemühungen zur regionalen Integration in fast allen Erdteilen zunehmend einen Austausch auf überstaatlicher Ebene.

Die »traditionelle« bilaterale Politik von Regierung zu Regierung wird dem längst nicht mehr gerecht. In fast allen Ländern dieser Erde haben die Regierungen erkannt, dass allein eine institutionalisierte überstaatliche Kooperation zu nachhaltigen Ergebnissen führt. Dies erfordert Organisationen, die sich für die Ziele einsetzen, die von allen beteiligten Staaten als gemeinsame Herausforderungen definiert wurden.

Derartige Organisationen vertreten einen internationalen, das heißt einen weniger auf nationale, sondern auf multilaterale Interessen fokussierten Ansatz. Die Interessen einzelner Regierungen treten hinter das Gesamtinteresse zurück, das letztlich die Wünsche und Bedürfnisse aller Mitgliedsstaaten der jeweiligen internationalen Organisation widerspiegeln muss.

Internationale Organisationen arbeiten nicht in einem »luftleeren« Raum, sondern benötigen zur Umsetzung ihrer Ziele und Aufgaben eine personelle Basis. Zur »Grundausstattung« jeder Organisation zählt daher neben den politischen Entscheidungsgremien in aller Regel ein Verwaltungsstab. Zur Erfüllung konkreter Aufgabenstellungen haben viele Organisationen zudem Programme, Unterorganisationen, Agenturen oder ähnliche Einrichtungen geschaffen, die fachlich zumeist deutlich stärker spezialisiert sind als der Verwaltungsstab. Sowohl der Verwaltungsstab, als auch die spezialisierten Einrichtungen von internationalen Organisationen beschäftigen Personal: die internationalen Bediensteten. Diese Fach- und Führungskräfte sind ein berufstechnisches Novum, wenngleich die erste Generation dieser Beschäftigten kurz vor dem Ruhestand steht oder bereits pensioniert ist, da ihr Berufsbild erst mit der Etablierung der internationalen Organisationen entstanden ist.

Beamte und öffentliche Bedienstete sind qua definitionem Personen, die in ein öffentlich-rechtliches Dienst- und Treueverhältnis berufen wurden. Dieses Dienst- und Treueverhältnis besteht traditionell im staatlichen Rahmen: der Dienstherr von Beamten und Angestellten im öffentlichen Dienst ist eine staatliche Verwaltungsebene oder eine sonstige juristische Person des *nationalen* öffentlichen Rechts.

Zur Bekräftigung des Dienst- und Treueverhältnisses geht der Eintritt in die Beamtenlaufbahn in aller Regel mit einer Loyalitätsbekundung des Beamten gegenüber seinem Dienstherrn einher, die etwa in Deutschland durch den Schwur auf das Grundgesetz und eine Reihe weiterer Erklärungen zur Einhaltung der Dienstpflichten des jeweiligen Dienstherrn erfolgt. Dies ist auch in anderen europäischen Staaten so und auch für die Angestellten des öffentlichen Dienstes gilt Ähnliches.

Die Verbeamtung oder Anstellung von Bediensteten durch eine überstaatliche Einrichtung hat demgegenüber eine neue Dimension der öffentlichen Beschäftigungsverhältnisse geschaffen. Wer für eine internationale Organisation arbeitet, ist Experte auf seinem Gebiet, Fachmann in Einzelfragen, Führungskraft und international erfahren. Zugleich steht er in einer Loyalitätspflicht gegenüber dem Dienstherrn – der internationalen Organisation. Viele internationale Organisationen verlangen deshalb – wie nationale Behörden – eine Loyalitätsbekundung von ihren Mitarbeitern: So erklären die Beamten einiger internationaler Organisationen feierlich, dass ihre Verantwortlichkeiten »nicht nationaler, sondern ausschließlich internationaler Natur« sind und geloben, ihr Amt allein im Interesse der internationalen Organisation auszuüben, für die sie tätig werden.

Der interkulturelle Anspruch des internationalen Dienstes stellt für die Bediensteten auch eine persönliche Herausforderung dar, denn er betrifft die persönlichen Einstellungen und Handlungsmuster. Der Dienst für das eigene Herkunftsland, die eigene Region oder Kommune mag viele selbstverständliche Elemente beinhalten. Auf internationaler Ebene fehlen jedoch zumeist die gewohnten Fixpunkte gemeinsamer Wertvorstellungen und Erwartungshaltungen.

Internationale Beamte und Angestellte müssen daher imstande sein, sich von nationalen Denk- und Handlungsmustern zu lösen und sich mit den Zielen »ihrer« Organisation vollständig zu identifizieren – häufig für immer außerhalb des eigenen Herkunftslandes und in einem Team von Kollegen, in dem sie unter Umständen der einzige »Vertreter« ihres Landes sind.

Dies setzt eine hohe Toleranz voraus und die Bereitschaft, andere Herangehensweisen an Aufgaben mit derselben Wertschätzung zu betrachten wie die eigenen »bewährten« Methoden. Internationale Bedienstete müssen imstande sein, sich ohne Überheblichkeiten, aber auch ohne eine allzu große Zurückhaltung in ein multinationales Team einzufügen und ihr Verhalten ständig neu zu »justieren«. Interkulturelle Handlungskompetenz wird nicht nur vorausgesetzt, sondern tagtäglich gelebt.

Dazu zählt auch, dass Wertvorstellungen für den Umgang miteinander und zur Problemlösung häufig ein Kompromiss aus verschiedensten Einzelvorstellungen sind. Einige internationale Organisationen haben allgemeingültige Verhaltensnormen (*code of conduct*) definiert, die zugleich eine Handlungsanweisung für die Bediensteten sind. In allen Einzelheiten können aber auch diese Kodizes das soziale Miteinander nicht regeln.

Zuweilen werden Parallelen zwischen dem internationalen und dem diplomatischen Dienst gezogen. Dies scheint naheliegend, denn die fachlichen Grundanforderungen an Bewerber beider Karrierewege ähneln sich. Zwischen den Berufen liegen jedoch Welten: Internationale Bedienstete sind Vertreter »ihrer« internationalen Organisation und nur dieser weisungsgebunden.

Angehörige eines nationalen diplomatischen Corps vertreten ihr Herkunftsland und dessen Interessen – auch unterhalb der Ebene eines Botschafters. Sie sind somit Vertreter der Mitgliedsstaaten bei internationalen Organisationen, auch wenn häufig zwischen den Akteuren beider Seiten ein kooperatives Arbeitsverhältnis besteht.

1.1 Internationale Organisationen als Arbeitgeber

Internationale Organisationen sind Vereinigungen souveräner Staaten, die durch einen speziellen Vertrag begründet wurden. Da es sich um Verträge zwischen Staaten handelt, bewegen sich diese Verträge im Rahmen des Völkerrechts. Die wichtigsten Akteure internationaler Organisationen sind die Mitgliedsstaaten, die durch ihre Regierungen bzw. durch Regierungsvertreter repräsentiert werden.

Wenn die Staats- und Regierungschefs zu Treffen und Versammlungen nicht selbst erscheinen, entsenden sie Mitglieder ihres Kabinetts oder Bedienstete der Ministerialbürokratie, insbesondere aus dem diplomatischen Dienst und aus den Fachressorts. Den Regierungen und ihren

Vertretern kommt in internationalen Organisationen zumeist eine zentrale Bedeutung zu, denn sie sind die maßgeblichen *politischen* Entscheidungsträger.

Internationale Organisationen verfügen dabei immer über eigene Diskussions- und Beschlusskammern, denen gegebenenfalls unterstützende Gremien angeschlossen sind. Im Einzelnen variiert ihre Bezeichnung: Sie heißen »Organe« und »Nebenorgane« oder »Institutionen«. Internationale Organisationen fällen ihre Entscheidungen in diesen Gremien auf Basis von Entscheidungsprozessen, die zumeist genau geregelt sind und je nach Organisation variieren.

Unabhängig von den konkreten Entscheidungsprozessen müssen Entscheidungen und Maßnahmen vorbereitet, begleitet und schließlich umgesetzt werden. Dies ist in erster Linie die Aufgabe des Verwaltungsstabs, der somit – neben Aufgaben der allgemeinen Verwaltung – das fachlich-inhaltliche »Rückgrat« jeder internationalen Organisation bildet.

Die Bediensteten der internationalen Verwaltungen haben im Einzelnen vielfältige Aufgaben: Sie bereiten die Treffen der politischen Entscheidungsträger vor und unterstutzen diese, sie befassen sich mit der Ausformulierung von Entscheidungen und mit deren Umsetzung. Fach- oder Führungskräfte der Verwaltungen verhandeln zum Teil auch mit Regierungsvertretern und bereiten auf diese Weise die politischen Entscheidungen vor.

Allein für deutsche Bewerber bei internationalen Organisationen gibt es mehr als 200 potenzielle Arbeitgeber, für Bewerber aus der Schweiz sind es immerhin 100. Deutschland ist nämlich Mitglied von mehr als 200 internationalen Organisationen, die Schweiz gehört rund 100 an und Österreich ist Mitglied der wichtigsten internationalen Organisationen einschließlich der EU. Insgesamt ist die weltweite Entwicklung der internationalen Organisationen dynamisch: Einzelne Organisationen haben sich deutlich verändert, zudem sind neue Organisationen entstanden oder früher bestehende Organisationen wurden »wiederbelebt«.

Aus Bewerbersicht bemisst sich die Liste der potenziellen Arbeitgeber unter internationalen Organisationen vor allem an zwei Faktoren: Staatsbürgerschaft und individueller Fachhintergrund.

Fast alle internationalen Organisationen setzen voraus, dass Bewerber die Staatsbürgerschaft eines ihrer Mitgliedsstaaten besitzen. Die Themenvielfalt der internationalen Organisationen ist ausgesprochen groß und zieht sich quer durch alle denkbaren Politikfelder.

Die großen internationalen Organisationen lassen sich vier Gruppen zuordnen:

Das System der Vereinten Nationen mit den Unter- und Sonderorganisationen sowie den angeschlossenen Organisationen der Vereinten Nationen

Die internationalen Finanzinstitutionen einschließlich der Weltbankgruppe, des Internationalen Währungsfonds (IWF/IMF) und der Europäischen Zentralbank (EZB) sowie der regionalen Entwicklungsbanken

Die Europäische Union mit ihren Institutionen, Vertretungen in den Mitgliedsstaaten und in Drittstaaten sowie den Europäischen Agenturen

Die sogenannten koordinierten Organisationen,[1] darunter die OECD, der Europarat, die NATO, die Westeuropäische Union (WEU), die Europäische Weltraumagentur (ESA) und das Europäische Zentrum für mittelfristige Wettervorhersage (EZMW).

Studenten und Hochschulabsolventen, die über keine oder wenig Berufserfahrung verfügen, haben häufig keine konkrete Vorstellung davon, für welche internationale Organisation sie tätig werden möchten. Dies ist vollkommen in Ordnung, denn gerade zu Beginn einer beruflichen Karriere sollte jede Option, die sich bieten könnte, in Betracht gezogen werden. Die internationalen Organisationen unterscheiden dabei einige grundlegende Kategorien, die jeder Bewerber kennen sollte.

Internationale Organisationen unterscheiden Mitarbeiter, die mit inhaltlichen Fragen betraut werden, von all jenen, die eine unterstützende oder ergänzende Tätigkeit im weitesten Sinne ausüben. Mitarbeiter der ersten »Kategorie« zählen zur sogenannten professional category, Mitarbeiter, die eine unterstützende, assistierende oder ergänzende Tätigkeit im weitesten Sinne ausüben zählen zum sogenannten general service.

---

1 Der Begriff kommt daher, dass alle Fragen der Besoldung für die Mitarbeiter dieser Organisationen in einem Koordinierungsausschuss beraten werden, der sich aus Vertretern der Regierungen der Mitgliedsstaaten zusammensetzt.

Die Unterscheidung von »professional category« und »general service« beinhaltet keine Wertung, sondern ist rein funktional. Das zentrale Unterscheidungskriterium ist die Aufgabenstellung der jeweiligen Position, zudem setzen »professional«-Positionen immer einen Hochschulabschluss voraus. Dies ist für Stellen im »general service« nicht zwingend der Fall, vielmehr finden sich dort Mitarbeiter mit verschiedensten Bildungshintergründen. Allerdings ist der Hochschulabschluss nicht das alleinige Unterscheidungskriterium, da auch Positionen im »general service« einen solchen Abschluss voraussetzen können, darunter insbesondere die Sprachen- und Übersetzerdienste, deren Mitarbeiter in aller Regel ebenfalls eine aufwendige Ausbildung mitbringen.

Die Begriffe »professional category« und »general service« stammen aus dem Sprachgebrauch der Vereinten Nationen und werden heute allgemein als Termini verwendet, um Bedienstete, die inhaltliche und Führungsaufgaben mit Entscheidungsrelevanz erfüllen, von allen anderen Bediensteten zu unterscheiden. Alle großen internationalen Organisationen nehmen eine entsprechende Einteilung ihrer Mitarbeiter vor, allerdings variiert die Begrifflichkeit: Zum Teil werden die »professionals« auch als A-Bedienstete oder AD-Bedienstete bezeichnet, wobei »A« für Administration bzw. Verwaltung steht und den inhaltlich-fachlichen Bezug signalisiert.

Der Grund für die Kategorisierung liegt in der Aufgabenstellung: »Professionals« werden in den Fach- und Politikbereichen eingesetzt und beschäftigen sich mit allen inhaltlichen Fachfragen und mit organisatorischen Angelegenheiten von fachlicher Relevanz. Sie sind daher sowohl für die Mitgliedsstaaten als auch für die internationalen Organisationen von *politischem* Interesse, denn »professionals« nehmen durch ihre Tätigkeit direkt oder indirekt Einfluss auf die Entscheidungsfindung einer internationalen Organisation. Es sei daran erinnert, dass diese nicht im »luftleeren« Raum agieren, sondern zur Entscheidungsfindung auf Fachkräfte angewiesen sind, die Themen erschließen, Entscheidungsvorlagen erarbeiten usw. Jede Entscheidung einer internationalen Organisation hat somit zu einem früheren Zeitpunkt buchstäblich auf den Schreibtischen von »professionals« gelegen, deren Überlegungen und Gedanken in diese Entscheidung eingeflossen sind.

Ausschließlich die »professional«-Positionen sind dem höheren Dienst zum Beispiel der deutschen Spitzenverwaltung vergleichbar. Nur sie können einem System nationaler »Margen« unterliegen und auch dort, wo keine nationalen Quoten existieren, sind sowohl die Regierungen der Mitgliedsstaaten als auch die internationalen Organisationen an einer national möglichst ausgeglichenen Besetzung (*staffing*) der »professional«-Positionen interessiert.

So vielfältig wie ihre Themen sind die Anforderungen, die internationale Organisationen an Bewerber stellen. Dies gilt insbesondere für die berufliche und fachliche Erfahrung, die ein Bewerber optimalerweise mitbringen sollte.

Für Bewerber ist es wichtig, im Vorfeld einer Bewerbung das infrage kommende Einstiegsniveau zu definieren. Grundsätzlich lassen sich vier Einstiegsebenen unterscheiden: »junior professional«, »young professional«, »expert« oder »professional« und »senior expert«.

Für Hochschulabsolventen ohne Berufserfahrung kommen Junior-Positionen infrage. Derartige Positionen verlangen keine Berufserfahrung und wenn, dann nur als zusätzliches Kriterium oder in einem geringen Umfang. Dabei wird zumeist auch berufspraktische Erfahrung aus Praktika und ähnlichen Diensten oder aus Ausbildungsprogrammen anerkannt.

Der Unterschied zwischen berufspraktischer Erfahrung und Berufserfahrung verläuft fließend. Die Bewertung obliegt der jeweiligen Organisation bzw. ihrer Rekrutierungsabteilung. Weder als berufspraktische Erfahrung noch als Berufserfahrung zählen allerdings Individualreisen und ähnliche Aufenthalte zu privaten Zwecken, auch wenn der Aufenthalt von längerer Dauer war und viele wichtige Erfahrungen gesammelt wurden.

Junior-Positionen sind nicht zu verwechseln mit Praktika. Der Einstieg in eine Junior-Position ist immer ein Berufseinstieg und in aller Regel ein Direkteinstieg. Junior-Positionen unterscheiden sich auch von spezifischen Nachwuchsprogrammen, die ihre Teilnehmer durch verschiedene Bereiche der jeweiligen Organisation führen und häufig eine Verwendung nach Abschluss des Programms vorsehen.

Bewerber, die zwei bis drei Jahre einschlägige Berufserfahrung vorweisen können, qualifizieren sich für »young professional«-Positionen. Die

Abgrenzung zu den »juniors« verläuft nicht immer trennscharf – auch als »junior« gekennzeichnete Positionen (zum Beispiel »junior officer«) setzen unter Umständen ein geringes Maß an Berufserfahrung voraus.

Viele Stellen, die bei internationalen Organisationen ausgeschrieben werden, setzen einschlägige Berufserfahrung von fünf und mehr Jahren voraus. Bewerber auf derartige Stellen sind »experts« bzw. »professionals« oder »senior experts«.

Eine scharfe Abgrenzung existiert auch hier nicht, jedoch verfügen »experts« zumeist über Erfahrung in einem thematisch einschlägigen Berufsfeld und haben Insider-Kenntnisse oder vergleichbare Erfahrungen gesammelt, zum Beispiel durch eine ständige Kooperation mit einer internationalen Organisation. »Senior experts« bringen darüber hinaus langjährige Führungserfahrung mit und sind in internationalen Organisationen bereits seit vielen Jahren »Insider«. Sie qualifizieren sich vor allem für anspruchsvolle Fach- und Führungsaufgaben, die ein eigenes Entscheidungsspektrum und Personalverantwortung beinhalten. Sie besetzen häufig Schlüsselpositionen in einer internationalen Organisation und zählen zu dem Personal, das politisch von besonderem Interesse ist, obgleich »seniors« wie alle anderen Teil des Verwaltungsstabes sind.

Mit Berufserfahrung meinen internationale Organisationen, unabhängig von der Einstiegsebene, die in Vollzeit erworbene einschlägige Erfahrung nach dem Hochschulabschluss. Nebenjobs und Ferieneinsätze »zählen« somit in aller Regel nicht, können aber gegebenenfalls soziale Kompetenzen herausstellen und sollten an passender Stelle genannt werden. »Einschlägig« bedeutet immer im Sinne der Organisation und des konkreten Themenfeldes, für das die Stelle ausgeschrieben wird.

Nicht immer wird die Einstiegsebene in der Ausschreibung explizit genannt. Zumeist können Bewerber anhand der erwünschten Profilmerkmale und am Aufgabenbereich erkennen, welche Einstiegsebene gemeint ist. Auch die Dienst- bzw. Besoldungskategorie gibt Aufschluss: Viele internationale Organisationen haben definiert, wie viele Jahre Berufserfahrung für die einzelnen Dienstkategorien erforderlich sind.

Nationale Quoten gibt es nicht, doch sind internationale Organisationen an einer ausgeglichenen Zusammensetzung ihrer »professionals«

im Hinblick auf deren Nationalität interessiert. Dieser »common sense« gilt zwischen allen internationalen Organisationen und ihren Mitgliedsstaaten, denn die Aufgabenstellung der »professional«-Positionen strahlt – wie gesagt – unmittelbar auf die Entscheidungsfindung der jeweiligen Organisation ab.

Dies liegt vor allem an den Besonderheiten der Entscheidungsfindung bei internationalen Organisationen: Entscheidungen von internationalen Organisationen werden oftmals weit im Vorfeld von Regierungstreffen auf einer der sogenannten »Arbeitsebenen« ausgelotet. Zwar obliegt die Entscheidungsgewalt formal den Spitzengremien, jedoch bauen deren Beschlüsse häufig auf Kompromissen auf, die bereits im Vorfeld ausgehandelt wurden.

Die Akteure der sogenannten politischen Einigungen sind auf der Regierungsseite die Vertreter der Regierungen der Mitgliedsstaaten. Auf der Seite der internationalen Organisationen sind dies die Fach- und Führungskräfte aus den zuständigen Fachabteilungen des Verwaltungsstabes, die Vorlagen vorbereiten, Inhalte erschließen und vor allem ein hohes Maß an häufig sehr speziellem Fachwissen mitbringen.

Entsprechend ist das Korps der internationalen »professionals« für die Mitgliedsstaaten auch von strategischer Bedeutung, insbesondere dann, wenn eine organisationsspezifische Politik betrieben wird, weil Mitgliedsstaaten bestimmte Maßnahmen durchsetzen oder verhindern wollen. Mitarbeiter aus dem eigenen Land sind dabei ein bevorzugter Ansprechpartner – allein schon, weil beide Seiten im direkten wie im übertragenen Sinne die gleiche Sprache sprechen.

Zudem prägt die nationale Herkunft des Einzelnen sein Handeln, seine Werteordnung, seine Zielvorstellungen und seine Arbeitseinstellung. Dies hat Auswirkungen auf die individuelle Einstellung zu zentralen ethischen, politischen und sozialen Fragen. Schließlich ist eine Organisation nur dann wirklich international, wenn sich ihre nationale Zusammensetzung auch auf den Fach- und Führungsebenen widerspiegelt.

Das Kriterium der nationalen Herkunft steht in einem gewissen Widerspruch zu dem Anspruch, Mitarbeiter allein nach dem Eignungs- und dem Leistungsprinzip zu rekrutieren. Die internationalen

Organisationen nehmen dieses Grundprinzip sehr ernst: In keinem Fall kann eine »Nationalquote« eines dieser beiden Hauptkriterien für die Einstellung eines Kandidaten außer Kraft setzen. Das Kriterium der Nationalität ist somit in erster Linie ein Ergänzungs- und Korrekturkriterium. Ein nationales Stellenkontingent, über das die Mitgliedsstaaten einer internationalen Organisation wie über einen Rechtsanspruch verfügen könnten, existiert bei internationalen Organisationen nicht – wenn man von Gratispersonal und anderen Sonderstellen absieht.

Um dennoch eine faire Rekrutierung bei möglichst ausgeglichener »Repräsentanz« der einzelnen Mitgliedsstaaten auf der Verwaltungsebene zu gewährleisten, haben die internationalen Organisationen verschiedene Mechanismen entwickelt. Zum Teil werden Stellen aufgrund spezieller Rekrutierungsverfahren besetzt und die Teilnahme an diesen Verfahren wird auf Staatsangehörige von Ländern begrenzt, die in der jeweiligen Organisation nicht oder unterrepräsentiert sind. Andere Organisationen vertrauen auf die regulierende Wirkung allgemeiner Auswahlverfahren und schreiben nur in besonderen Fällen national begrenzte Verfahren aus.

Bei der Suche nach geeigneten Mitarbeitern ist fast jeder Fachhintergrund gefragt. In den letzten Jahrzehnten hat die Themenvielfalt unter internationalen Organisationen stark zugenommen. Historische Veränderungen wie das Ende des Ost-West-Konflikts oder die Globalisierung haben einen Großteil der internationalen Organisationen dazu motiviert, ihre »traditionellen« Themenfelder um neue Aspekte zu erweitern.

Viele internationale Organisationen sind dabei groß genug, um fast alle denkbaren Themen- und Fachschwerpunkte »abzudecken«. Allein mit der Entwicklungszusammenarbeit befassen sich mehr als 40 Organisationen – neben unzähligen NGOs. Fast jeder Bewerber wird somit Organisationen finden, die an seiner Fachkompetenz Interesse haben könnten.

Um die Suche effektiv und möglichst chancenreich zu gestalten, ist es wichtig, dass Kandidaten vor einer Bewerbung ihren Fachhintergrund im Allgemeinen und ihre Fachexpertise im Besonderen definieren. Jeder sollte sich hierzu zwei zentrale Fragen stellen:

✓ In welchen Themenfeldern kenne ich mich aus, über welche Fachexpertise verfüge ich im Einzelnen und woher habe ich diese Kenntnisse?

✓ Bei welchen internationalen Organisationen könnten »meine« Fachkenntnisse besonders gefragt sein?

Allgemeine Aussagen zu den Themen- und Tätigkeitsfeldern, in denen Nachwuchskräfte besonders »gefragt« sind, lassen sich nur schwer treffen. Allerdings sind einige Tendenzen zu beobachten: Stabsbereiche mit einem organisatorischen Schwerpunkt, zum Beispiel der Organisation von Sitzungen und Konferenzen, wachsen nur langsam oder stagnieren. Dies hängt mit internen Reform- und Sparprozessen zusammen, die auch die internationalen Organisationen in jüngerer Zeit angestoßen haben.

Einzelthemen mit großem »Wachstumspotenzial« sind demgegenüber Umweltschutz, Klimaschutz, das nachhaltige Ressourcenmanagement, die Bekämpfung von Wüstenbildung (*desertification*), Energie, Chancengleichheit und Gleichberechtigung, die sinnvolle Nutzung neuer Technologien sowie die globale Entwicklung der Telekommunikation. Gefragte Themenfelder, die verschiedene Einzelthemen umfassen, sind Friedenserhalt und Post-Konfliktmanagement (*peacekeeping*), Katastrophenhilfe, Staats- und Institutionenaufbau (*state building*, *institution building*), der Schutz der Menschenrechte, demokratische Transformation und Rechtsstaatlichkeit, gute Regierungsführung, Verwaltungsaufbau und -reform, alle Fragen des Gesundheitsschutzes einschließlich der Bekämpfung von HIV/Aids, Logistik und Versorgung sowie der Aufbau einer global »verträglichen« Wirtschaftsordnung.

Der größte Arbeitgeber unter allen internationalen Organisationen sind die Vereinten Nationen: Nach Schätzungen ihres Generalsekretärs standen im Jahr 2005 weltweit in allen Dienstkategorien etwa 100.000 Mitarbeiter mit etwa 300.000 Angehörigen in ihrem Dienst. An zweiter Stelle folgt die Europäische Union mit mehr als 12.000 Mitarbeitern allein auf Stellen der dortigen »professional category«.

Gemeinsam beschäftigen die Vereinten Nationen und die Europäische Union die überwiegende Mehrheit aller internationalen Bediensteten und sind damit, gemessen an der Anzahl ihrer Mitarbeiter, die beiden Top-Arbeitgeber unter den internationalen Organisationen.

In den 200 internationalen Organisationen, denen Deutschland als Mitgliedsstaat angehört, sind nach Schätzungen des Auswärtigen Amtes weltweit etwa 56.000 »professionals« auf Verträgen tätig, deren Laufzeit ein Jahr oder länger beträgt. Insgesamt werden jährlich mehr als 14.000 offene Stellen bei internationalen Organisationen ausgeschrieben, zu denen Stellen aus Sonderprogrammen, wie zum Beispiel Programme zur Nachwuchsförderung, noch hinzukommen.

Darüber hinaus gibt es Jobs, die mit einer kurzen Laufzeit von einem bis zwölf Monaten besetzt werden, darunter insbesondere die Beschäftigten auf Friedensmissionen und ähnlichen Feldoperationen (zum Beispiel zur Wahlbeobachtung), Berater (*consultants*), anderes Projektpersonal und die Belegschaft des »general service« einschließlich der Übersetzer- und Sprachendienste.

Bei den Arbeitsverträgen geht der Trend zur Flexibilisierung: Anstellungen auf Lebenszeit und die damit verbundenen finanziellen Sicherheiten sind eher rückläufig. Zeitlich befristete Stellen, die nach Bedarf vergeben werden, sind dagegen in vielen internationalen Organisationen ein Wachstumsmarkt – eine Entwicklung, die Bewerber im Vorfeld bedenken sollten, denn eine unbefristete Stelle lässt sich unter Umständen erst nach vielen Jahren oder gar nicht erlangen.

Gerade in großen Organisationen findet zudem eine Umschichtung statt, mit Stellenneuschaffungen in den Wachstumsbereichen der jeweiligen Organisation und Stelleneinsparungen in anderen Bereichen. Der Trend bei internationalen Organisationen entspricht somit dem Trend etwa auf dem deutschen Arbeitsmarkt: Karriereplanung ist mit wenigen Ausnahmen eine Einstiegsplanung und sodann eine Lebensabschnittsplanung. Bei einigen internationalen Organisationen sind Befristungen allerdings grundsätzlich begrenzt: Nach einer bestimmten Beschäftigungsdauer besteht die Aussicht auf einen unbefristeten Vertrag.

Auch bei internationalen Organisationen zahlt sich »tenure«, das heißt eine langjährige »Betriebszugehörigkeit«, in aller Regel aus: Wer sich einmal bewährt hat, für den ergeben sich oft Optionen für einen langfristigen Verbleib bei seinem Arbeitgeber. Häufig sind die Mitarbeiter nach mehreren Jahren so gut qualifiziert, dass ihr Arbeitgeber auf sie nicht mehr verzichten will oder eine andere internationale Organisation für sie Verwendung hat.

Langzeitstudien existieren noch nicht, jedoch gehen Schätzungen davon aus, dass ein Viertel bis ein Drittel derjenigen, denen der Einstieg gelungen ist, langfristig im »System« der internationalen Organisationen bleibt. Dies hängt freilich auch von der persönlichen Lebensplanung ab: Je nach Tätigkeitsbereich wird den Bediensteten ein hohes Maß an Mobilität und Belastbarkeit abverlangt. Nicht alle Einsatzorte sind für die Mitreise der Familie geeignet und mancher wünscht sich ab einem gewissen Karrierepunkt eine örtliche, berufliche oder finanzielle Planungssicherheit.

Für die, die viele Jahre oder ihr gesamtes Berufsleben im internationalen Dienst bleiben wollen, stehen die Chancen ab einer Beschäftigungsdauer von etwa fünf Jahren gut. Dann haben die meisten auch auf Zeitverträgen ein Profil ausgebildet, das sie für Fach- und Führungspositionen oberhalb der Einstiegsebene qualifiziert.

»Interne« Kandidaten verfügen dabei über drei wichtige Wettbewerbsvorteile: sie haben Insider-Kenntnisse, sie verfügen über persönliche Kontakte in der jeweiligen Organisation und sie besitzen ein privilegiertes Wissen darüber, wo gerade welches Personal gesucht wird.

1.2 Deutsche, Österreicher und Schweizer in internationalen Organisationen

Die deutsche Personalpolitik bei internationalen Organisationen hat sich in jüngerer Zeit stark verändert. Genau genommen lässt sich erst seit Ende der 1990er Jahre eine systematische internationale Personalpolitik der Bundesregierung beobachten, obgleich Deutschland Gründungsmitglied wichtiger internationaler Organisationen ist oder diesen bereits seit Jahrzehnten angehört. Zwar existieren einzelne Fördermaßnahmen bereits seit mehreren Jahrzehnten, die konzertierte Unterstützung deutscher Bewerber bei internationalen Organisationen ist hingegen recht neu. Andere Staaten messen den »professionals« aus dem eigenen Land seit Jahrzehnten eine strategische Bedeutung zu und versuchen, qualifizierte Kandidaten gezielt zu fördern. Dies war ein zentraler Beweggrund für die deutsche Regierung, »nachzuziehen«, denn der Anteil an Deutschen in internationalen Organisationen steht seit Jahrzehnten in einem auffälligen Missverhältnis zum Budgetanteil, den Deutschland zu vielen dieser Organisationen beisteuert: Bei den Vereinten Nationen etwa ist die Bundesrepublik mit knapp 9 Prozent der drittgrößte Beitragszahler nach den USA (22 %) an erster Stelle und Japan (15 %) an zweiter Stelle. Bei der Europäischen Union ist Deutschland der größte Nettozahler für das EU-Budget.

Eher bescheiden nehmen sich die Personalanteile aus, die Deutschland in einigen internationalen Organisationen stellt. So kritisierte der Deutsche Bundestag (Drucksache 15/2652) vor wenigen Jahren, dass Deutschland im Jahr 2004 bei der Weltbank insgesamt 4,5 Prozent des Budgets finanzierte, der Personalanteil jedoch bei gerade 2,9 Prozent lag. Beim IWF lag die Quote der Deutschen bei 6,1 Prozent des Budgetanteils gegenüber 5,1 Prozent am Personalanteil.

In einer Reihe von VN-Organisationen, bei der NATO und der OECD gilt Deutschland seit längerer Zeit als »unterrepräsentiert«. So stellte das Auswärtige Amt fest, dass Deutschland bei UNEP – dem Umweltprogramm der Vereinten Nationen – zwar den Exekutiv-Direktor »stelle«, der deutsche Personalanteil insgesamt jedoch bei nur gut 5,4 Prozent liege – bei 11 Prozent Finanzanteil. Bei Friedensmissionen ist der Anteil der Deutschen, trotz hoher finanzieller Beiträge, mit weniger als 2 Prozent als gering einzustufen.

Derzeit sind von den circa 56.000 »professionals« bei internationalen Organisationen etwa 5.150 Deutsche. Dies entspricht einem Anteil von 9,2 Prozent. 1998 lag der Anteil bei 8,8 Prozent und damit bei insgesamt 3.400 Mitarbeitern. Die Gesamtsteigerung liegt somit seit 1998 bei 0,4 Prozentpunkten. Diese »Wachstumsquoten« des deutschen Personalanteils schwanken allerdings je nach Organisation. So stellt Deutschland bei der EU-Kommission 12 Prozent der »professionals«, bei der OSZE hingegen nur 5 Prozent.

Neben Deutschland sieht auch die *Schweiz* eine »proportionale Untervertretung« ihrer Staatsangehörigen in den internationalen Organisationen, denen sie angehört. Nach Schätzungen des Eidgenössischen Departements für auswärtige Angelegenheiten (EDA) lag der schweizerische Personalanteil in allen internationalen Organisationen, denen die Schweiz angehört, und in allen Dienstkategorien 2005 bei 1.124 Beschäftigten (1 %). Der Anteil an Schweizern in der »professional category« lag bei 754 Beschäftigten (1,8 %). Ähnlich wie bei ihren deutschen Kollegen war auch der Anteil der Schweizer in den einzelnen Organisationen recht ungleich verteilt. So konnte der Anteil an »professionals« im VN-Sekretariat 2005 mit 0,96 Prozent als ausgeglichen gelten, während die Schweiz zum Beispiel in der ESA oder im Umweltprogramm UNEP der Vereinten Nationen »unterrepräsentiert« ist. Dabei zählt die Schweiz – trotz ihrer kleinen Bevölkerungszahl im Vergleich etwa zu den »big five« der EU (Deutschland, Frankreich, Großbritannien, Italien und Spanien) – zu den großen Beitragszahlern der internationalen Organisationen. Nach Schätzung des EDA war die Schweiz 2002 die zwölftgrößte internationale Beitragszahlerin überhaupt.

Der Personalanteil *Österreichs* in großen internationalen Organisationen lässt vermuten, dass Österreich dort ebenfalls »unterrepräsentiert« ist, obgleich noch keine Gesamterhebung existiert. So wäre der österreichische Personalanteil, gemessen etwa an den Beschäftigten, die 2006 beim VN-Sekretariat unter Vertrag standen, noch ausbaufähig: Von den dort insgesamt 8.192 Beschäftigten stammten 76 (0,93 %) aus Österreich. Damit lag der Anteil der Österreicher noch unter dem der Schweiz mit 2006 insgesamt 102 Beschäftigen (1,25 %). Unter den Beamten und Zeitbediensteten der Europäischen Union waren zu Beginn des Jahres 2007 1,9 Prozent Österreicher gegenüber 2,6 Prozent Schweden und 2,7 Prozent Finnen – EU-Staaten, die von ihrer Bevölkerungszahl her deutlich kleiner sind als Österreich.

Diese »Unterrepräsentanz« Österreichs und der Schweiz kommt teilweise daher, dass beide als ehemals »neutrale« Staaten vielen internationalen Organisationen erst spät beigetreten sind. Das »Missverhältnis« der Personalanteile zur nationalen Beitragshöhe offenbart zudem ein grundsätzliches Problem internationaler Organisationen: Gerade bei Organisationen wie den Vereinten Nationen ist die wirtschaftliche Stärke der Mitgliedsstaaten ausgesprochen heterogen. Entsprechend leistet eine relativ kleine Gruppe wirtschafts- und finanzstarker Staaten einen Großteil der Beiträge.

Da die meisten internationalen Organisationen autonom rekrutieren, setzt eine erfolgreiche internationale Personalpolitik die gezielte Förderung qualifizierter Kandidaten *im Vorfeld* ihrer Bewerbung voraus. Um dies praktisch zu bewältigen, haben die Außenministerien von Deutschland, Österreich und der Schweiz eine Reihe von Einzelmaßnahmen ergriffen, um gerade Hochschulabsolventen mit wenigen Jahren Berufserfahrung gezielt zu fördern. Dazu zählen vor allem Beratungs- und Koordinationsstellen (→ A.), die zum Teil erst vor wenigen Jahren eingerichtet wurden: Die Koordinationsstelle für internationale Personalpolitik des Auswärtigen Amtes, die Website »Allgemeine Informationen zur Bewerbung bei den Institutionen der EU« des österreichischen Bundeskanzleramtes, die vom Bundesministerium für europäische und internationale Angelegenheiten unterstützt wird, sowie die Sektion Präsenz der Schweiz in internationalen Organisationen, die Teil des Eidgenössischen Departements für auswärtige Angelegenheiten ist. Zudem haben die Regierungen spezielle Portale für die gezielte Jobsuche bei internationalen Organisationen eingerichtet und bieten Vorbereitungsseminare an, die Bewerbern helfen, sich auf spezifische Einstiegsverfahren gezielt vorzubereiten.

Diese Maßnahmen sind weniger auf schnelle Lösungen ausgerichtet, sondern Teil einer langfristigen Strategie, die an der personellen Basis ansetzt. Ziel ist es, Kandidaten zu fördern, die an den Einstiegsverfahren teilnehmen oder mit wenigen Jahren Berufserfahrung den Direkteinstieg suchen, so dass diese dann in den Organisationen aufsteigen und als Multiplikatoren und Mentoren für künftige Nachwuchskräfte zur Verfügung stehen.

Dies wird dadurch befördert, dass einige der internationalen Organisationen vor einer Pensionierungswelle stehen. Durch Pensionierungen werden in den kommenden Jahren vor allem auch Deutsche oder Österreicher aus dem internationalen Dienst ausscheiden, so dass sich die personalpolitischen Erfolge der vergangenen Jahre statistisch wieder abschwächen könnten. Andererseits bieten neue Auswahlverfahren gerade Nachwuchskandidaten Einstiegschancen.

1.3 Bewerben bei internationalen Organisationen

Internationale Organisationen rekrutieren regelmäßig neue Fach- und Führungskräfte und schreiben ständig Stellen aus. Bewerbungen erfordern allerdings eine sorgfältige Vorbereitung, Eigeninitiative, Ausdauer und Geduld. Verfahren ziehen sich oft über viele Monate, mit Zwischenmeldungen ist nicht zu rechnen. Nur wer in die engere Wahl kommt, erhält Bescheid.

Die Bewerbungs- und Einstellungsverfahren verlaufen meist mehrstufig und beinhalten mündliche und schriftliche Auswahltests. Reisekosten und andere Aufwendungen müssen in der Regel selbst getragen werden und die Termine sind bis auf wenige Ausnahmen vorgegeben.

1.3.1 Grundlegende Profilmerkmale

Klar umrissen ist das Anforderungsprofil für den »international civil servant« nicht. Die Zielsetzungen und Aufgabenstellungen der internationalen Organisationen variieren zum Teil deutlich, und entsprechend auch die Erwartungen an Bewerber. Und doch zeichnen sich trotz aller Unterschiede einige grundlegende Profilmerkmale ab, die Personaler fast aller internationalen Organisationen bei erfolgreichen Kandidaten sehen möchten.

Wichtigste Voraussetzung für alle Positionen der »professional category« ist ein abgeschlossenes und *relevantes* Studium, das heißt ein Studium, das thematisch zu der späteren Aufgabe passt bzw. auf eines der Themenfelder abgestimmt ist, die eine internationale Organisation behandelt. Der erwartete »Mindest«-Grad und das Fach variieren je nach Bedarf der einzelnen Organisationen. Dabei gilt für den Abschlussgrad: Ein Bachelor ist die Mindestvoraussetzung, viele Mitbewerber werden jedoch einen Master oder ein Diplom mitbringen.

Dies ist besonders dann zu erwarten, wenn die Anforderungen breit definiert sind und eine hohe Anzahl an Bewerbern wahrscheinlich ist. Alle internationalen Organisationen sind daran interessiert, die qualifiziertesten und geeignetsten Kandidaten zu rekrutieren. Wer sich von anderen bereits durch ein hohes Ausbildungsniveau absetzen kann, verschafft sich einen Vorsprung.

Unabhängig hiervon gilt: Internationale Organisationen setzen in aller Regel sehr gute akademische Leistungen voraus. Bewerber sollten sich mindestens im oberen Drittel ihrer Peergroup befinden, das heißt zu den Besten ihres Jahrgangs oder ihres Studiengangs zählen. Dies bedeutet nicht zwingend die Festlegung auf einen bestimmten Notendurchschnitt, jedoch ist es wichtig, dass Bewerber in ihrem Fach innerhalb der dort üblichen Notengebung eine gute bis sehr gute Leistung erworben haben.

Ein fachlich relevanter Master oder ein Aufbaustudium sind fast immer zu empfehlen, auch weil hiermit zumeist eine Spezialisierung einhergeht. Hingegen sollte eine Promotion genau überdacht werden. Wichtiger ist häufig einschlägige Praxiserfahrung und gegebenenfalls Felderfahrung. Einige internationale Organisationen schätzen eine Promotion allerdings sehr, darunter vor allem die internationalen Finanzinstitutionen.

Internationale Organisationen erwarten einen internationalen Fokus des Studienfachs und einen themenrelevanten Studienschwerpunkt. *Der* Studiengang zum Einstieg in eine internationale Organisation existiert allerdings nicht – schon aufgrund der beschriebenen Themenvielfalt internationaler Organisationen.

In der Regel listen die internationalen Organisationen die Themen auf, mit denen sie sich hauptsächlich beschäftigen. Einige Organisationen haben ein breites Themenspektrum, andere sind stärker fokussiert. Insgesamt geht der Trend allerdings zur Spezialisierung: Wer relevante Fachkenntnisse bereits aus dem Studium mitbringt, hat zumeist bessere Chancen als Generalisten. Dies liegt vor allem daran, dass Spezialisten oder Einsteiger, die bereits über die fachliche Basis für eine Spezialisierung verfügen, von internationalen Organisationen konkreter eingesetzt werden können. In Einzelfällen können Spezialkenntnisse sogar das entscheidende Kriterium für eine Einstellung sein. Eine Garantie hierfür kann allerdings auch eine fundierte Expertise nicht geben. Wichtig ist ebenfalls, dass die grundlegenden Profilmerkmale erfüllt sind, die internationale Organisationen voraussetzen, sowie die besonderen Voraussetzungen für die jeweils ausgeschriebene Stelle.

Für Kandidaten, die ihre akademische Ausbildung noch nicht vollständig abgeschlossen haben, bieten sich mehrere Möglichkeiten, um relevante Schwerpunkte zu setzen. Wer noch studiert, kann den Studienschwerpunkt entsprechend legen und darüber hinaus ein relevantes Thema für die Abschlussarbeit wählen. Der gewählte Schwerpunkt und das Thema der Abschlussarbeit sollten aufeinander abgestimmt sein. Bewerber, die unmittelbar vor dem Studienabschluss stehen, können die Abschlussarbeit zur Spezialisierung nutzen. Wer das Studium bereits abgeschlossen hat, kann über ein Aufbaustudium mit einem passenden Themenbezug nachdenken.

Eine fachliche Schwerpunktsetzung bedeutet nicht zwingend eine punktuelle Spezialisierung. Für Einsteiger genügt es häufig, sich auf ein Themenfeld zu konzentrieren, zum Beispiel Entwicklungszusammenarbeit, Management in internationalen Organisationen, Gesundheitspolitik. Wer bisher keine relevanten Schwerpunkte in seiner Biografie vorweisen kann, sollte so bald wie möglich Weichen stellen.

Wer für eine internationale Organisation tätig werden will, muss eine klare *internationale Ausrichtung seines Lebenslaufs* nachweisen. Dieses Kriterium ist so zentral, dass Organisationen selbst hoch qualifizierte Kandidaten ablehnen, wenn sie über keine oder nur wenig internationale Erfahrung verfügen.

Dies hat gute Gründe: Internationale Bedienstete werden häufig außerhalb ihres Herkunftslandes tätig. Die Dienstorte liegen nicht selten in Entwicklungs- und Schwellenländern. Personaler wollen daher bereits im Lebenslauf klar erkennen, dass das Leben und Arbeiten in einem anderen Land von dem Bewerber erfolgreich gemeistert wird. Die internationale Ausrichtung des Lebenslaufs geht über einen entsprechenden Studienfokus hinaus und umfasst immer einen längeren Aufenthalt in einem anderen Land. Art, Dauer und das Zielland, das den Auslandsaufenthalt im Lebenslauf als besonders wertvoll erscheinen lässt, bemessen sich an den Erwartungen der internationalen Organisationen, bei denen der Einstieg angestrebt wird.

Feste Standards existieren nicht, jedoch genügen bei Studierenden oder Hochschulabsolventen hinsichtlich der Dauer in aller Regel studienbezogene Auslandssemester, ein Aufbaustudium, das im Ausland absolviert wurde, oder Auslandspraktika. Wer mehrere solcher Erfahrungen nachweisen kann, steigert zumeist seine Chancen.

Einige internationale Organisationen messen Auslandsaufenthalten in Ländern, die aus organisationsspezifischer Sicht besonders interessant sind, eine besondere Bedeutung zu. Als Faustregel gilt dabei: Wer Erfahrung in Ländern gesammelt hat, in denen eine Organisation ständig aktiv ist, steigert die Attraktivität seines Lebenslaufs. Dies gilt vor allem für Länder, in denen die Arbeitsbedingungen schwierig sein können, wie Entwicklungs- und Schwellenländer.

Wer ein Auslandssemester oder -studium absolviert, wird in aller Regel mindestens sechs Monate im Zielland verbringen. Praktika bei internationalen Organisationen dauern zumeist drei bis sechs Monate. Auch für alle anderen Aufenthalte gilt, dass ein kurzer Aufenthalt von wenigen Wochen noch keine Aussage darüber zulässt, ob sich ein Bewerber in ein fremdes Land integrieren und auftretende Herausforderungen effektiv lösen kann.

Um möglichst früh *einschlägige Praxiserfahrung* zu sammeln, sind Auslandsaufenthalte geeignet, die sich gut mit Praktika oder Freiwilligendiensten (*volunteering*) verbinden lassen. Fast alle internationalen Organisationen schätzen derartige Erfahrungen, häufig werden sie sogar vorausgesetzt. Praktika ebnen den Weg zu einem Direkteinstieg und lassen sich auch zeitlich gut mit dem Studium kombinieren, zum Beispiel indem die vorlesungsfreie Zeit genutzt wird. Sehr empfehlenswert ist es, möglichst früh Praktika bei internationalen Organisationen zu absolvieren und auf diese Weise die Organisation kennenzulernen. Derartige Insider-Erfahrung ist bei späteren Bewerbungen immer ein »Plus«, vor allem wenn es sich um Stellen beim früheren Praktikumsgeber handelt.

Einige internationale Organisationen und einige NGOs bieten die Möglichkeit, »Felderfahrung« zu sammeln, das heißt berufspraktische Erfahrung in einer Feldstation, einem Feldbüro oder einer Dienststelle in einem Missionsgebiet. »Feldpersonal« wird auf allen Ebenen eingesetzt und zumeist führt der Dienst in ein Schwellenland, ein Entwicklungsland oder in eine Krisenregion. Felderfahrung ist ein besonderes »Training« für spätere Karrierestationen, denn die Anforderungen an die Belastbarkeit und die Flexibilität der Bediensteten sind hoch. Sie bietet Kandidaten somit die Chance, die Transferfähigkeit der eigenen Kenntnisse unter Beweis zu stellen und individuell zu prüfen, wie weit die eigene Flexibilität reicht – auch wenn der Dienst »im Feld« keine Tätigkeit auf Lebenszeit ist.

Auch für Praktika und den Dienst »im Feld« ist zu berücksichtigen, dass die Praxiserfahrung für die angestrebten Einstiegsoptionen relevant sein sollte. Dies gilt in fachlicher Hinsicht ebenso wie für die Dienstorte: Internationale Organisationen, die viele Missionen durchführen, schätzen Felderfahrung in Entwicklungsländern, denn solche Einsätze sind eine »Nagelprobe« für die weltweit flexible Einsatzfähigkeit potenzieller Bediensteter.

Sprachkenntnisse erleichtern den Einstieg, vor allem wenn Bewerber die Arbeitssprachen einer internationalen Organisation fließend beherrschen. Trotz aller Diskussionen um die politische Bedeutung der Sprache haben viele internationale Organisationen interne Arbeitssprachen definiert – allein schon, weil die Bediensteten im Arbeitsalltag häufig ohne Übersetzerdienste auskommen müssen.

Fließende Englischkenntnisse werden fast überall erwartet und zumeist ist es von Vorteil, eine weitere Sprache neben Englisch und der Muttersprache zu beherrschen. Je nach Einsatzort und Organisation können auch Minderheitensprachen oder Dialekte von Vorteil sein, um sich von Mitbewerbern abzusetzen.

Internationale Organisationen meinen immer Sprachkenntnisse auf Arbeitsniveau. Auch Praktikanten müssen imstande sein, Dokumente in einer Fremdsprache zu erstellen und kompetent in anderen Sprachen zu kommunizieren. Grundkenntnisse und Kenntnisse auf Konversationsniveau können die Kommunikation mit Kollegen erleichtern, werden jedoch bei der Bewerberauswahl kaum berücksichtigt. Die internationalen Organisationen prüfen Sprachkenntnisse in aller Regel ab, die Methoden hierzu variieren. Bewerber sollten damit rechnen, dass Zugangstests oder Interviews in einer anderen Sprache als der Muttersprache abzulegen sind. Breite Sprachkenntnisse ersetzen allerdings die übrigen Profilmerkmale nicht und sind somit immer nur ein Zusatzkriterium bei der Auswahl.

Die Bedeutung von Sprachkenntnissen wird von Bewerbern bei internationalen Organisationen zuweilen überschätzt. Richtig ist, dass fließende Kenntnisse mindestens einer Sprache neben der Muttersprache fast überall erwartet werden. Sprachkenntnisse ersetzen jedoch nicht die fachliche Eignung oder die Praxiserfahrung.

Wer die Möglichkeit hat, nach dem Studium bei einer internationalen Organisation oder in einen Beruf einzusteigen, der einen Bezug zu den Themen und Aufgabenstellungen von internationalen Organisationen erkennen lässt, kann auf Praktika verzichten. Berufliche Erfahrung hat insgesamt einen höheren Stellenwert als berufspraktische Erfahrung – abgesehen davon, dass sich aus einer »festen Stelle« häufig weitere Karrieremöglichkeiten ergeben. Ein Direkteinstieg bei einer internationalen Organisation ist immer eine besondere Chance und sollte ohne lange Überlegungen angenommen werden.

Häufig gelingt der Einstieg bei internationalen Organisationen auf andere Stellen als Praktika oder ähnliche befristete Einsätze allerdings erst im Anschluss an eine »Zwischenkarriere« bei einer Regierungsorganisation, einer internationalen NGO oder einem Wirtschaftsunternehmen. Wer von dort ein entsprechendes Angebot erhalten hat, sollte ebenfalls »zugreifen«, denn der Berufseinstieg ist generell ein zentraler Schritt, der sich nicht immer einfach gestaltet. Zudem sind Kandidaten, die eine einschlägige »Zwischenkarriere« vorweisen können, bei vielen internationalen Organisationen sogar sehr gefragt, da sie wichtige Fachkenntnisse mitbringen.

Dabei ist eine entscheidende Voraussetzung zu berücksichtigen: Die »Zwischenkarriere« muss einschlägig sein, das heißt von ihrer Aufgabenstellung und den erworbenen Fachkenntnissen her zu internationalen Organisationen passen. Dies kann auch voraussetzen, dass die Tätigkeit in bestimmte Länder führt. So vielfältig wie die internationalen Organisationen sind daher auch die denkbaren »Zwischenkarrieren«, die sich Hochschulabsolventen bieten können. Fast vorbehaltlos zu empfehlen ist ein Direkteinstieg in Organisationen oder Einrichtungen, die in den Handlungsfeldern von internationalen Organisationen tätig sind. Dies können insbesondere internationale NGOs sein, wie die vielfältigen Organisationen zur Entwicklungszusammenarbeit, Regierungsinstitutionen wie insbesondere das Außenministerium und sogenannte Vorfeldorganisationen, die ständig mit bestimmten internationalen

Organisationen kooperieren und zum Teil in deren Beratungs- und Entscheidungsprozesse eingebunden sind. Dies sind vor allem Verbände und ähnliche gesellschaftliche Verbünde.

Auch einige Jahre in Wirtschaftsunternehmen oder bei Dienstleistern für die Wirtschaft, zum Beispiel Unternehmensberatungen oder Kanzleien, können ein Karrieretreiber für einen späteren Einstieg bei einer internationalen Organisation sein, sofern sich ein direkter Bezug der Tätigkeit zu den späteren Handlungsfeldern herstellen lässt.

Checkliste 1: Grundlegende Profilmerkmale zum Einstieg bei internationalen Organisationen

Abschluss/Grad	*Mindestens*: Bachelor *Besser*: Master/Diplom, Aufbaustudium
Fachhintergrund	Grundsätzlich alle *Aber*: Thematisch relevant für die jeweilige Organisation
Spezialisierung	Thematisch relevant für die jeweilige Organisation *Berufseinsteiger*: eine erkennbare (nachweisbare) Grundausrichtung genügt
Internationale Bezüge	*Am besten*: bereits im Studium aufbauen *Alternativ*: durch ein Aufbaustudium, Praktika, Freiwilligendienste etc.
Auslandserfahrung	*Mindestens*: ein Auslandssemester, Auslandspraktika oder Ähnliches *Aber*: mit professionellem/fachlichem Bezug (»Backpacking« etc. zählt nicht) und mindestens sechs Monate
Zielland	Je nach Organisation *Auch*: Entwicklungs- und Schwellenländer
Praxiserfahrung	*Am besten*: Praktika bei internationalen Organisationen, Regierungsinstitutionen, NGOs, Vorfeldorganisationen etc. *Wenn möglich*: in Einsatzländern internationaler Organisationen
Sprachen	*Mindestens*: Englisch oder Französisch fließend und eine weitere Weltsprache oder EU-Sprache sehr gut

1.3.2 Tipps für eine effektive Stellensuche

Rekrutierungsvereinbarungen zwischen Universitäten oder anderen Institutionen und einer internationalen Organisation sind selten – allein schon, weil die Einstellungsverfahren chancengleich verlaufen sollen. Zumeist ist dies auch durch entsprechende Regelungen, an die alle Bediensteten gebunden sind, abgesichert. Bewerber kommen somit nicht umhin, aktiv nach geeigneten Stellen zu suchen. Die Regierungen von Deutschland, Österreich und der Schweiz unterstützen Bewerber aus ihren Ländern hierbei durch verschiedene Serviceangebote. Zum Teil sind diese allgemein zugänglich und auch Kandidaten aus anderen Ländern zu empfehlen.

Zur Erleichterung der Stellensuche hat das Auswärtige Amt 2001 und 2002 zwei virtuelle Datenbanken eingerichtet, die über die Website kostenfrei zugänglich sind: der internationale Stellenpool und der internationale Personalpool (→ A.). Die Datenbanken listen alle offenen Stellen bei internationalen Organisationen auf, von denen das Auswärtige Amt Kenntnis erlangt. Pro Monat finden sich allein im internationalen Stellenpool bis zu 1.300 offene Ausschreibungen. Der internationale Stellenpool ist allgemein zugänglich und ermöglicht die Suche anhand verschiedener Suchkriterien. Für den internationalen Personalpool ist eine Registrierung erforderlich, wobei das Registrierungsformular die Staatsbürgerschaft (deutsch) bereits vorgibt. Nutzer dieser Datenbank definieren ihr Profil, das automatisch mit allen eingestellten Ausschreibungen abgeglichen wird. Auf diese Weise filtert die virtuelle Datenbank offene Positionen, die geeignet sein könnten, und zeigt den Grad der »Passgenauigkeit« durch ein Ranking an.

Für österreichische Bewerber bei den EU-Institutionen hat das Bundeskanzleramt die Website »EU-Jobs« (→ A.) eingerichtet. Dort finden sich aktuelle Hinweise auf kommende Auswahlverfahren, vielfältige Tipps und ein Newsletter-Service. Die Website enthält auch Links zu wichtigen EU-Websites, darunter die des Europäischen Amtes für Personalauswahl (EPSO). Parallel hierzu veröffentlicht das Bundesministerium für europäische und internationale Angelegenheiten in der »Wiener Zeitung Online« (→ A.) laufend ausgewählte Stellenausschreibungen bei den EU-Institutionen. Für Bewerber, die Jobs bei anderen internationalen Organisationen suchen, stellt das Außenministerium zudem jeden Mittwoch ausgewählte Stellenausschreibungen in die »WZ Online« ein. Stellen bei den internationalen Finanzinstitutionen veröffentlicht das Finanzministerium, ebenfalls in der Wiener Zeitung. Das Web-Portal der Zeitung und die Stellenausschreibungen sind allgemein und kostenfrei zugänglich.

Das Eidgenössische Departement für auswärtige Angelegenheiten der Schweiz bietet auf seiner Website Listen zum Herunterladen an, in denen aktuelle Stellenausschreibungen bei internationalen Organisationen gesammelt werden. Die Listen werden ständig aktualisiert und sind allgemein zugänglich. Sie ordnen die offenen Stellen nach Dienstkategorien und nennen neben »employment opportunities« auch Optionen für Nachwuchskräfte (»Young Opportunities« und Praktika). Zudem hat das Zentrum für Information, Beratung und Bildung (cinfo) mit Sitz in Biel die »Stellendatenbank der internationalen Zusammenarbeit« (cinfoPoste) (→ A.) eingerichtet, in der sich freie Stellen mit internationalem Bezug in und außerhalb der Schweiz, bei internationalen Organisationen, in Nachwuchsprogrammen sowie Praktikumsplätze finden. CinfoPoste bietet einen kostenfreien allgemeinen Stellenüberblick. Um Einzelheiten zu einer Stelle einsehen zu können, ist ein Abonnement erforderlich, das gegen eine geringe Gebühr für sechs Monate (derzeit CHF 20,–) oder für ein Jahr (derzeit CHF 35,–) bestellt wird.

Das cinfo bietet zudem eine »Infothek« (→ A.), die neben allgemeinen Informationen Links zu Regierungs- und Nichtregierungsorganisationen beinhaltet, die Personaleinsätze im Ausland koordinieren. Neben Organisationen in der Schweiz sind auch solche in Deutschland, Frankreich, Großbritannien, Italien, den Niederlanden und Österreich genannt, sowie ausgewählte Jobbörsen für die internationale Zusammenarbeit. Die »Infothek« ist allgemein und kostenfrei zugänglich.

Das Internet ist generell das Hauptinstrument für die Stellensuche. Die internationalen Organisationen informieren über offene Stellen, Nachwuchsprogramme und Praktika auf ihren Websites. Zumeist existieren Rekrutierungsseiten, die mit der Hauptseite verlinkt und gut zu finden sind. Einige Organisationen haben zudem zentrale Datenbanken eingerichtet, in denen Ausschreibungen gesammelt, abgerufen und beobachtet werden können. Bewerber sollten berücksichtigen, dass die einzelnen Organisationen ihr Personal nach unterschiedlichen Verfahren rekrutieren. Dies schlägt sich auch in der Ausschreibungspolitik nieder. Unerlässlicher Bestandteil der Stellensuche ist daher, die Websites interessanter Organisationen regelmäßig zu beobachten.

Die Stellensuche bei internationalen Organisationen ist ohne finanziellen Aufwand möglich, wenn man von Internetgebühren und ähnlichen Kosten absieht. Keine Organisation verlangt ein »registration fee« oder eine Servicegebühr für die Suche nach offenen Stellen oder für eine Bewerbung. Das gilt auch für Nachwuchsförderprogramme und für Praktika.

Einige private Anbieter haben spezielle Newsletter (→ A.) entwickelt, die regelmäßig über aktuelle Geschehnisse bei internationalen Organisationen informieren oder Stellenausschreibungen auflisten. Diese Newsletter sollten für Abonnenten kostenfrei sein. Ihre Lektüre ersetzt die Suche auf den Websites der internationalen Organisationen nicht, denn nur diese Seiten und die Datenbanken des Auswärtigen Amtes werden ständig aktualisiert.

Fast alle internationalen Organisationen schreiben offene Stellen virtuell aus. Ausschreibungen in Printmedien oder in ähnlichen Publikationen – zum Beispiel in einem Amtsblatt – sind seltener und folgen zumeist rechtlichen Vorgaben: Durch die Ankündigung eines Verfahrens zum Beispiel in einem Amtsblatt soll die breite Öffentlichkeit Gelegenheit erhalten, sich über das Verfahren zu informieren.

Bewerber bei internationalen Organisationen sehen sich häufig schon während der Stellensuche vor der ersten großen Hürde: Für welche der ausgeschriebenen Stellen ist eine Bewerbung am chancenreichsten? Der Schlüssel liegt in einem möglichst präzisen Abgleich des eigenen Profils mit den in der Ausschreibung genannten Profilmerkmalen.

Der Profilabgleich ist der schwierigste Schritt des gesamten Bewerbungsprozesses und der wichtigste zugleich, denn hiervon hängt ab, ob eine Bewerbung in die nächste Runde kommt. Ein präziser Abgleich wird allerdings nur denjenigen gelingen, die ihr eigenes Profil kennen. Wer den Prozess der eigenen Profildefinition bereits vollzogen hat, kann den nächsten Schritt überspringen. Alle anderen sollten jetzt mit der Definition beginnen und sich zunächst einige Fragen stellen:

✓ Welche Fachexpertise bringe ich mit und woher?
✓ Welche praktische Erfahrung habe ich gesammelt und wo?
✓ Wie sind meine Erfahrungen einzuordnen (Thema, Karrierestufe, Verantwortungsebene etc.)?
✓ Welche internationale Erfahrung habe ich und woher?
✓ Besteht Insider-Erfahrung und wo?
✓ Welche Zusatzqualifikationen habe ich mir angeeignet?
✓ Welche zusätzlichen fachlichen Kompetenzen besitze ich?
✓ Welche regionalen oder sprachlichen Kompetenzen kann ich vorweisen?
✓ Welche sozialen Kompetenzen ergeben sich aus meiner Biografie?
✓ Welche besonderen Auszeichnungen etc. wurden mir zuteil?
✓ Verfüge ich über mindestens drei persönliche Referenzen?
✓ Habe ich mich bereits in schwierigen Verfahren durchgesetzt?
✓ Welche Erfahrungen habe ich dort gesammelt?

Die Liste der Fragen ist keinesfalls vollständig und individuell anzupassen oder zu ergänzen. Die konkrete Definition des eigenen Profils kann zuweilen einen längeren Reflexionsprozess voraussetzen. Professionelle Hilfe, zum Beispiel durch einen Coach, lohnt sich fast immer, auch für die Definition der eigenen Stärken und Schwächen, die häufig weniger gut zu fassen sind, wie das Anfangs- und das Enddatum eines Arbeitseinsatzes.

Wie auch immer Bewerber vorgehen möchten, jeder sollte die Fakten seiner Biografie lückenlos kennen und zu jeder wichtigen Station seines Lebens wissen, welche konkreten Kenntnisse und Fähigkeiten er durch diese Erfahrung gesammelt hat. Bewerber sollten sich zudem vor einer Bewerbung über eventuelle persönliche Einschränkungen im Klaren sein:

✓ Ist die Bereitschaft zum weltweit flexiblen Einsatz vorhanden?
✓ Gibt es Dienstorte, die individuell nicht infrage kommen?
✓ Welche Arbeitsbedingungen wären nicht erträglich?
✓ Welche Vertragsbedingungen kommen infrage?

✓ Sind befristete Verträge akzeptabel und mit welcher Laufzeit?

✓ Gibt es persönliche Aspekte, die zu berücksichtigen sind, zum Beispiel gesundheitliche Einschränkungen, der Wunsch, dass die Familie mitreist, bestimmte Karriereperspektiven etc.?

Internationale Organisationen definieren in Stellenausschreibungen die Kriterien, die ein aussichtsreicher Kandidat in jedem Fall mitbringen sollte. Zumeist wird die Organisation kurz vorgestellt, die Tätigkeit umrissen und die wichtigsten Aufgaben werden summarisch genannt. All diese Informationen zu einer offenen Position sind wesentlich und geben einem Bewerber Aufschluss darüber, ob die jeweilige Stelle für ihn infrage kommt.

Stellenausschreibungen benennen die Mindestvoraussetzungen (*essential criteria*), die in jedem Fall erfüllt werden müssen. Ergänzend werden häufig zusätzliche Kriterien (*desirable criteria*) genannt, deren Vorhandensein aus Sicht der rekrutierenden Organisation gewinnbringend wäre.

Mindestvoraussetzungen entsprechen den Minimalanforderungen der ausschreibenden Organisation und sind zwingende Einstiegsvoraussetzungen. Bewerber sollten diese Merkmale wie eine Checkliste behandeln und durch die Gestaltung des Lebenslaufs deutlich machen, dass alle Mindestvoraussetzungen erfüllt werden. Personaler schließen Bewerbungen, die die Mindestkriterien nicht erfüllen, in aller Regel sofort aus.

Zusätzliche Kriterien erhöhen die Erfolgschancen einer Bewerbung. Bewerber, die einige oder alle dieser Kriterien erfüllen, sollten auch dies klar herausstellen. Zusätzliche Kriterien werden relevant, sobald mehrere Kandidaten alle Mindestvoraussetzungen erfüllen und die Personaler der internationalen Organisationen unter diesen Kandidaten eine Auswahl zu treffen haben.

Bewerber sollten darüber hinausgehende Kompetenzen, Leistungen und Fähigkeiten, die für die jeweilige Position relevant sein könnten, ebenfalls herausstellen. Dies gilt insbesondere, wenn sich aus der Ausschreibung diesbezüglich weitere Informationen ergeben. Zudem lohnt es sich, die Grundwerte der internationalen Organisation zu kennen, bei der die Bewerbung eingereicht wird. Viele Organisationen umreißen ihre »Unternehmenskultur« bereits in der Ausschreibung, in jedem Fall jedoch auf ihrer Website. Werte wie Toleranz, Aufgeschlossenheit und Teamgeist sind keine diplomatischen Floskeln, sondern »weiche« Kriterien, deren Vorhandensein vorausgesetzt wird. Zu den »weichen« Kriterien zählen auch soziale Kompetenzen, die zumeist ausführlich in den Stellenausschreibungen definiert werden.

Die Anzahl der qualifizierten Konkurrenten ist in aller Regel hoch. Wer seine Eignung durch zusätzliche, für die jeweilige Position und Organisation gewinnbringende Kompetenzen unterstreicht, erhöht seine Erfolgschancen.

1.3.3 Hinweise für eine erfolgreiche Bewerbung

Wer sich über das eigene Profil klar geworden ist und eine interessante Stelle entdeckt hat, kann zur konkreten Bewerbung schreiten. Die einzelnen internationalen Organisationen verwenden unterschiedliche Verfahren zur Personalgewinnung. Ein allgemeiner Rahmen existiert nicht. Entsprechend variieren Bewerbungsfristen, Bewerbungsformate und der Ablauf des Bewerbungsprozesses.

Die internationalen Organisationen informieren zumeist ausführlich über die Anforderungen und den Ablauf des Bewerbungsprozesses. Häufig existieren Bewerbungsleitfäden und allgemeine Hinweise, die auf den Rekrutierungsseiten der Organisationen abrufbar sind oder per E-Mail zugänglich gemacht werden. Bewerbungsleitfäden und ähnliche Informationen sind eine Pflichtlektüre. Die Bewerbungsleitfäden informieren in aller Regel auch über besondere Rahmenbedingungen und den Bewerbungsschluss. Dieser ist bei internationalen Organisationen zumeist eine Deadline, das heißt Bewerbungen, die nach dem Bewerbungsschluss eingehen, werden nicht berücksichtigt. In aller Regel werden die Rekrutierungsportale geschlossen, so dass es aussichtslos wäre, eine Bewerbung per E-Mail oder per Post nachzusenden.

Wer sich mit allen Informationen vertraut gemacht hat, kann seine Bewerbung beginnen. Internationale Organisationen akzeptieren Bewerbungen bevorzugt durch ein virtuelles Rekrutierungsportal oder per E-Mail. Ausnahmen sind zumeist auf Bewerber mit einer besonderen Behinderung beschränkt, die gegebenenfalls zu einem späteren Zeitpunkt nachgewiesen werden muss.

Die »Abneigung« vieler internationaler Organisationen gegenüber Papierbewerbungen hat praktische Gründe: Virtuelle Bewerbungen können wesentlich leichter bearbeitet werden und ermöglichen eine verhältnismäßig rasche Durchführung des Auswahlverfahrens. Zudem sind häufig die Fachabteilungen, für die die Positionen ausgeschrieben wurden, an der Auswahl beteiligt und können virtuell leichter in die Bewerbungen Einsicht nehmen.

Bewerbungen sollten rechtzeitig begonnen werden, da die Erstellung zeitaufwendig sein kann. Dies gilt insbesondere für elektronische Lebensläufe. Kommt es kurz vor Ablauf der Deadline zu Übertragungsschwierigkeiten oder scheitert die Übertragung gar, weil der Server überlastet ist, besteht selten die Möglichkeit, die Bewerbung nachzureichen. Fast alle internationalen Organisationen warnen daher vor einer Online-Übertragung in »letzter Minute«.

Einige internationale Organisationen setzen bereits für die Erstellung der virtuellen Bewerbungen einen Zeitrahmen, innerhalb dessen die Bewerbung auch übermittelt werden muss. Wird dieser Zeitrahmen überschritten, schaltet sich das Profil automatisch ab oder die Bewerbung wird – vollständig oder nicht – an die Organisation übersandt. Derartige Details werden immer erläutert und sind unbedingt zu berücksichtigen.

Unterlagen für eine Papierbewerbung müssen häufig auf dem Postweg angefordert werden, zum Teil können die Unterlagen auch im Internet heruntergeladen werden. Wer auf die Bewerbung auf dem Postweg zurückgreifen muss, sollte hinreichend Zeit für beide Postwege einkalkulieren und ein registriertes Verfahren (Einschreiben/Rückschein etc.) nutzen.

Wird ein Zeitrahmen vorgegeben, sollten Bewerber davon ausgehen, dass diese Zeit zur Erstellung der Bewerbung benötigt wird – auch wenn der Zeitrahmen großzügig bemessen scheint. Es empfiehlt sich, alle Informationen bereitzulegen und erst dann mit der Bewerbung zu beginnen.

Internationale Organisationen geben das Format für eine Bewerbung häufig vor. Zumeist sind bereits die Rekrutierungsportale entsprechend gestaltet. Existiert kein virtuelles Profil, sind Vorgaben für ein Lebenslaufformat üblich. Gängig sind standardisierte Lebenslaufformate wie der Europass-Lebenslauf (auch: European CV-Format) (→ A.) oder der CV bzw. *resumee* im angloamerikanischen Stil.

Die internationalen Organisationen informieren in aller Regel über ihre Erwartungen hinsichtlich des Bewerbungsformats. Bewerber sollten sich an derartige Vorgaben genauestens halten, denn die Nichtbeachtung kann zum Ausschluss der Bewerbung führen.

Wird kein konkretes Bewerbungsformat gefordert, sollten Bewerber einen Lebenslauf und ein Anschreiben im angloamerikanischen Stil einreichen. Zum Teil wird dies indirekt dadurch gefordert, dass die Organisation um die Übermittlung eines CV oder *resumee* und eines *cover letter* bittet.

Werden zusätzliche Dokumente oder Bilddateien verlangt, sollten diese in gängigen Formaten und gut lesbar übermittelt werden. Technische »Finessen«, die das Öffnen des Dokuments erschweren, sind zu vermeiden. Dies gilt auch für ein Bewerbungsschreiben (*cover letter*) oder für ein Motivationsschreiben.

Häufig können Bewerber zusätzliche Dokumente zur Unterstützung ihrer Bewerbung und somit auf freiwilliger Basis einreichen. Werden Dokumente hingegen explizit gefordert, sind sie Bestandteil der Pflichtunterlagen. Internationale Organisationen werten Bewerbungen, in denen solche Informationen oder Anhänge »fehlen«, zumeist als unvollständig und damit formfehlerhaft ab.

Der Umfang der Dokumente und Nachweise, die internationale Organisationen bei der Bewerbung verlangen, ist in aller Regel überschaubar. Zumeist genügen ein Lebenslauf und gegebenenfalls ein Anschreiben. Die klassische »Bewerbungsmappe« ist weitgehend unbekannt. Erst in einem späteren Stadium des Auswahlprozesses sind Nachweise und Referenzen vorzulegen.

Der European CV und der CV im angloamerikanischen Stil sind die gängigsten Lebenslaufformate bei internationalen Organisationen. Bewerber erleichtern sich die Vorbereitung, wenn Sie eine Version ihres Lebenslaufes in beiden Formaten erstellen. Die Sprache kann variieren, Englisch akzeptieren jedoch fast alle internationalen Organisationen.

Wer Gelegenheit erhält, mit der Bewerbung einen Lebenslauf einzureichen, sollte diese Chance zum »Selbstmarketing« nutzen. Der eigene

Lebenslauf ist die beste Möglichkeit, dem Personaler die eigenen Kenntnisse und Fähigkeiten übersichtlich vorzustellen und dessen Aufmerksamkeit zu wecken. Allerdings ist die Darstellung entscheidend, denn Personaler verwenden im Durchschnitt nur 30 bis 60 Sekunden für eine erste Durchsicht der Unterlagen. In dieser Zeit muss eine Bewerbung »ins Auge stechen«, um eine reale Erfolgsaussicht zu haben. Einen genaueren Blick werfen Personaler dabei nur auf die Bewerber, die bei der ersten Durchsicht vermuten ließen, dass sie für die ausgeschriebene Position qualifiziert und geeignet sein könnten.

Die Literatur zur Erstellung von Lebensläufen und Anschreiben ist umfangreich. Es existieren Ratgeber in allen Sprachen und für die verschiedensten Bewerbungsformate. Wer einen Lebenslauf im angloamerikanischen Stil einreicht, sollte einige grundlegende Unterschiede zu den Lebenslaufformaten beachten, die im deutschsprachigen Raum üblich sind. CVs oder *resumees* sind kurz (maximal 2 Seiten) und immer in umgekehrter chronologischer Reihenfolge verfasst. Die Inhalte beschränken sich auf die für die ausgeschriebene Position relevanten Informationen. Relevanz geht dabei vor Vollständigkeit: Zwar sollten Lücken vermieden werden, jedoch können weniger relevante »Stationen« weggelassen werden, zum Beispiel alle Schulstationen vor dem Hochschulabschluss. Jede berufliche und berufspraktische Erfahrung wird zudem mit prägnanten Sätzen und Kernbegriffen (*key words*) erläutert, so dass der Leser über die wesentlichen Kompetenzen, die erlernten Fähigkeiten und die Ergebnisse aus der jeweiligen Tätigkeit einen Überblick gewinnt.

Kenntnisse und Fähigkeiten sollten proaktiv, dynamisch und positiv präsentiert werden, ohne zu unter- oder zu übertreiben. Da im ersten Durchlauf keine Zeugnisse oder ähnliche Referenzen herangezogen werden, kommt der verständlichen Darstellung der für die jeweilige Position relevanten Fähigkeiten eine zentrale Bedeutung zu. Bewerber sollten bei der Wortwahl (*wording*) zudem immer davon ausgehen, dass internationale Personaler Eigennamen oder Funktionsbezeichnungen, die im eigenen Land geläufig sind, *nicht* kennen. Ein erläuternder Schreibstil ist daher häufig effektiver, als die Beschränkung auf vermeintlich allseits bekannte Begriffe und Namen (*name dropping*).

Das Vorhandensein der Mindestkriterien muss klar ersichtlich sein, daher sollten Bewerber hierauf bei der Gestaltung des Lebenslaufs ein besonderes Augenmerk legen. Wichtig ist zudem, dass eine progressive Entwicklung des Kompetenz- und Verantwortungsbereichs in der eigenen Biografie erkenntlich wird, denn dies signalisiert gute oder sehr gute Leistungen, Lernfähigkeit und Eigeninitiative.

Der Darstellung kommt auch hier eine Schlüsselrolle zu. Bereits ein Praktikum im Inland und ein Folgepraktikum in einer internationalen Organisation können einen Karrieresprung darstellen, der herausgehoben werden sollte. Persönliche Informationen beschränken sich in einem CV oder *resumee* auf diskriminierungsfreie Angaben, während Geburtsdatum und -ort, Geschlecht, Familienstand etc., weggelassen werden. Internationale Organisationen benennen, ob und welche persönlichen Angaben sie erwarten.

Bewerber aus dem deutschprachigen Raum neigen häufig zu einer deskriptiv-formalistischen Darstellungsweise der eigenen Kenntnisse und Fähigkeiten. Wer bei internationalen Organisationen Erfolg haben will, sollte zu einem erläuternden Stil übergehen und die einzelnen Stationen der eigenen Vita prägnant und klar verständlich beschreiben.

Der Lebenslauf sollte auch über die sozialen Kompetenzen eines Bewerbers Aufschluss geben. Soziale Kompetenzen ergeben sich aus dem Gesamtprofil eines Bewerbers, vor allem aus beruflichen und berufspraktischen Erfahrungen, aus Auslandsaufenthalten und aus zusätzlichen Tätigkeiten und Interessen wie gesellschaftlichem Engagement, Patenschaften etc.

Internationale Organisationen erwarten, dass die sozialen Kompetenzen anhand konkreter »Stationen« in der Biografie eines Bewerbers nachweisbar sind. Es genügt daher nicht, die eigenen sozialen Kompetenzen abstrakt zu definieren oder an einer Stelle im Lebenslauf aufzulisten. Vielmehr sollten Bewerber anhand konkreter Erfahrungen darlegen, wann welche Kompetenz erworben oder unter Beweis gestellt wurde. Insbesondere Berufseinsteiger tun sich schwer, ihre beruflichen oder sonstigen Erfahrungen in einen konkreten Bezug zu sozialen Kompetenzen zu stellen und diese so nachzuweisen. Zum Teil sind soziale Kompetenzen so stark internalisiert worden, dass ihr Vorhandensein als geradezu selbstverständlich erscheint.

Sie können sich aus jeder Tätigkeit und Erfahrung ergeben, die ein

Bewerber im Laufe seiner Biografie gesammelt hat und lassen sich besonders überzeugend aus beruflichen oder berufspraktischen Funktionen, gesellschaftlichem Engagement oder aus Auslandsaufenthalten ableiten. Die folgenden Beispiele veranschaulichen, wie leicht sich in aller Regel der Bezug zwischen konkreter Erfahrung und sozialer Kompetenz herstellen lässt:

Berufspraktische oder berufliche Erfahrungen, ob im nationalen oder in einem internationalen Rahmen, können zum Nachweis fast aller sozialen Kompetenzen herangezogen werden, darunter vor allem Organisationsgeschick und Leistungsbereitschaft, Kritik- und Lernfähigkeit, Flexibilität, Anpassungsfähigkeit, Aufgeschlossenheit, Eigeninitiative, Teamgeist, hohe Belastbarkeit, diplomatisches Geschick, Konfliktmanagement usw.

Auslandsaufenthalte signalisieren Aufgeschlossenheit, Flexibilität, Anpassungsfähigkeit und das Interesse an anderen Kulturen, längere Aufenthalte in einem Entwicklungsland unterstreichen zudem das persönliche Interesse an den Problemen der armen und ärmsten Länder dieser Erde.

Ehrenamtliches Engagement zeigt soziale Verantwortung, Altruismus und die persönliche Bereitschaft, für übergeordnete Ziele einzutreten, zudem auch Teamgeist, Führungs- und Managementpotenzial (*leadership*) sowie Organisationsgeschick.

Felderfahrung – auch als Praktikum – zeugt von einer hohen Anpassungsfähigkeit, körperlicher und physischer Belastbarkeit, »Frustrationstoleranz«, Eigeninitiative, Mobilität und Flexibilität.

Mit der Bewerbung sind in aller Regel *Referenzpersonen* mit Namen und Kontaktdaten zu benennen. Dies kann bereits bei Praktika der Fall sein, für einen Direkteinstieg bei internationalen Organisationen sind drei Referenzen obligatorisch. Persönlichen Referenzen kommt in internationalen Organisationen eine große Bedeutung zu und zum Teil können sie schriftliche Referenzen oder Zeugnisse ersetzen. In jedem Fall werden persönliche Referenzen abgeprüft, wenn eine Einstellung aus Sicht der Organisation infrage kommt. Die Organisation kontaktiert die Referenzpersonen dabei direkt. Bewerber sollten daher rechtzeitig das Einverständnis der betreffenden Personen einholen und sicherstellen, dass diese alle nötigen Informationen erhalten haben. Referenzpersonen können ehemalige Vorgesetzte und Kollegen oder andere Personen sein, die über die fachlichen und persönlichen Fähigkeiten eines Bewerbers eine Aussage machen können. Persönliche Referenzen sind ein Gefallen, den andere einem Bewerber zukommen lassen. Es lohnt sich daher, frühzeitig ein Vertrauensverhältnis zu potenziellen Referenzpersonen aufzubauen.

Besonders wichtig sind Referenzen von ehemaligen Vorgesetzten. Der letzte Fachvorgesetzte oder Line-Manager sollte in jedem Fall zu den genannten Referenzpersonen zählen. Wer noch studiert oder gerade sein Studium abgeschlossen hat, sollte die Betreuer seiner Abschlussarbeit oder einen anderen Prüfer benennen, bei dem eine längere Studienzeit absolviert wurde.

1.3.4 Nach der Bewerbung: So geht es weiter

Ist die Bewerbung abgeschickt, beginnt das Warten. Bewerber sollten diese Zeit nutzen, um ihrem Karriereziel näher zu kommen. Wer sich auf offene Stellenausschreibungen oder für ein Nachwuchsprogramm beworben hat, sollte den Bewerbungsprozess fortsetzen. Bewerber für Einstiegsverfahren sollten sich spätestens mit dem Erhalt des Zulassungsbescheids auf die Auswahltests vorbereiten.

Internationale Organisationen führen in aller Regel mehrere Auswahlrunden nach verschiedenen Kriterien durch, bevor eine Endauswahl getroffen wird. Dabei werden alle fristgerecht und vollständig eingegangenen Bewerbungen (*longlist*) zunächst begutachtet und vorselektiert. Im weiteren Verlauf des Verfahrens können sodann Tests und telefonische oder persönliche Auswahlgespräche anberaumt werden.

Bewerber, die in einer Auswahlrunde überzeugt haben und zum nächsten Verfahrensschritt zugelassen wurden, gelangen auf eine »shortlist«. »Shortlists« sind Listen mit Kandidaten, die in die engere Wahl des jeweiligen Auswahlschritts gelangt sind. Es können verschiedene »shortlistings« existieren, bis ein Auswahlgespräch anberaumt oder eine Endauswahl getroffen wird. Jedes »shortlisting« baut auf dem vorhergehenden auf und ist daher ein Schritt zum Erfolg. Mitbewerber, die in der jeweiligen Runde nicht auf eine solche Liste aufgenommen wurden, scheiden an diesem Punkt aus dem Auswahlverfahren aus, so dass die einstige »longlist« aller Bewerber im Laufe des Auswahlverfahrens immer kürzer wird, bis nur noch wenige Kandidaten in der Endauswahl stehen. Bewerber, die auf eine »shortlist« aufgenommen wurden, werden in jedem Fall informiert. Wer dazu aufgefordert wird, Unterlagen einzureichen, kann ebenfalls davon ausgehen, dass er auf dem Weg in die nächste Auswahlrunde ist. Dennoch gilt: Erst die Endauswahl entscheidet, wem eine Position angeboten wird.

Wer keinerlei Feedback erhält, sollte erst einmal abwarten. Internationale Organisationen benötigen Zeit und kommen von sich aus auf die Bewerber zu. Allerdings versenden nicht alle internationalen Organisationen eine Absage an Bewerber, die für kein »shortlisting« ausgewählt wurden. Wer über Monate hinweg nichts hört, sollte damit rechnen, dass die Bewerbung erfolglos war.

Zudem begründen internationale Organisationen ihre Auswahlentscheidungen auch auf eine konkrete Nachfrage hin nicht. Wer trotz aller Bemühungen mit allen Bewerbungen erfolglos bleibt, sollte zunächst die Darstellung der eigenen Kenntnisse und Fähigkeiten überprüfen und sicherstellen, dass die in einer Ausschreibung genannten Profilmerkmale sichtlich erfüllt wurden.

Häufig kann die Darstellung der eigenen Kenntnisse und Fähigkeiten optimiert werden, um die Passgenauigkeit des eigenen mit dem ausgeschriebenen Profil stärker hervorzuheben. Gerade Berufsanfänger können noch an ihrem Profil arbeiten und sich etwa durch Sprachkurse oder einschlägige Praktika »fehlende« Profilmerkmale aneignen.

Wer Feedback erhält, auch von Freunden oder Mitbewerbern, sollte zuhören. Außenstehenden fallen Unstimmigkeiten oder »Lücken« in den Bewerbungsunterlagen häufig eher auf als dem Bewerber selbst. Zudem kann nur ein Außenstehender Auskunft darüber geben, welchen Eindruck er hätte, wenn er der verantwortliche Personaler einer internationalen Organisation wäre.

Ungeachtet dieser Aspekte zählt zu jeder Bewerbungsstrategie ein »Plan B« für den Fall, dass alle Bewerbungen dauerhaft erfolglos bleiben. Wann genau dieser Fall eintritt, lässt sich nur individuell feststellen.

Wer die Liste seiner Möglichkeiten »abgearbeitet« hat und trotzdem nicht erfolgreich war, dem bleibt eine internationale Karriere zunächst verschlossen. Dieses Szenario ist fester Bestandteil des Berufsbildes.

Wer sein unangefochtenes Karriereziel in einer internationalen Organisation sieht, sollte es trotzdem erneut versuchen, zum Beispiel nach einem Aufbaustudium oder einigen Jahren in einem anderen relevanten Beruf. Viele internationale Bedienstete sind erst nach einer einschlägigen Zwischenkarriere oder nach mehreren »Anläufen« eingestiegen. Eventuell gelingt der Einstieg zu einem späteren Zeitpunkt oder auch bei einer anderen internationalen Organisation.

Wer sich selbst für qualifiziert und geeignet hält und aus eigener Sicht alle Profilmerkmale erfüllt, sollte Lebenslauf und Motivationsschreiben grundsätzlich überarbeiten, wenn die Bewerbungen dauerhaft erfolglos bleiben. In diesem Fall kann eine Diskrepanz bestehen zwischen der Qualifikation eines Bewerbers und dem Eindruck, den die Selbstdarstellung vermittelt.

Bewerber sollten ihre Netzwerke aktivieren – spätestens dann, wenn sie auf eine der letzten »shortlists« vor der Endauswahl aufgenommen wurden. Zumeist beginnt die Endauswahl nach einem persönlichen Auswahlgespräch, wenn alle Unterlagen überprüft wurden und alle Tests abgelegt sind. Netzwerke sind hilfreich und können eine »internationale« Karriere durchaus befördern, vorausgesetzt, die Einstellungskriterien sind erfüllt und alle sonstigen Voraussetzungen, wie Auswahltests, wurden erfolgreich abgelegt. »Networking« setzt dabei keinesfalls gute oder freundschaftliche Kontakte zu Personen voraus, die über die Einstellung entscheiden. Im Gegenteil lassen sich Netzwerke auch aktiv herstellen.

Professionelle Netzwerke sind daher nicht zu verwechseln mit persönlichen Bekanntschaften und sind daran gebunden, dass Leistungen und andere objektiv nachprüfbare Kriterien die Grundlage für die Förderung eines Kandidaten bilden. Zwar ist die Vorstellung, dass »Vitamin B« allein den Weg ebnen kann, gerade für den Dienst in internationalen Organisationen recht häufig. De facto kann jedoch kein noch so guter Kontakt eine Anstellung garantieren und in keinem Fall die Erfüllung der Einstellungsvoraussetzungen ersetzen. Netzwerke sind somit für diejenigen hilfreich, die alle Einstellungsvoraussetzungen erfüllen und sich unter den qualifizierten und geeigneten Mitbewerbern durchsetzen müssen. Diese Kandidaten sollten vorhandene Netzwerke aktiv nutzen, denn durch interne Referenzen und Empfehlungen unterstreichen sie ihre persönliche Eignung für eine Position.

Wer über keine Netzwerke verfügt, sollte eine Strategie entwickeln, um sich den zuständigen Entscheidungsträgern bekannt zu machen. Die Personalabteilung oder das Praktikumsbüro sind naturgemäß der erste Ansprechpartner in allen internationalen Organisationen. Die Personalabteilungen bringen Kandidaten direkt mit den Abteilungsleitern in Kontakt oder vermitteln Kontaktdaten.

Bewerber sollten vor einer Kontaktaufnahme allerdings zunächst abwarten, wie das Ergebnis der Vorauswahl und der Auswahltests ausfällt. Zumeist lässt sich der Status der Bewerbung im Internet beobachten oder die Personalabteilungen versenden Feedback. Erst, wenn alle formalen Hürden genommen sind, lohnt sich das Netzwerken.

Für Kandidaten allgemeiner Einstiegsverfahren läuft die Vorbereitungszeit ab dem Zulassungsbescheid, der meist per E-Mail übermittelt oder in eine virtuelle Postbox eingestellt wird. Die Vorbereitungsstrategie hängt einerseits vom Verfahren und andererseits von den individuellen Vorkenntnissen ab.

Um die Teilnahme am Auswahlverfahren nicht durch vermeidbare Formfehler zu vereiteln, sind zunächst die Anweisungen im Zulassungsbescheid zu berücksichtigen. Dazu zählen vor allem die rechtzeitige Anmeldung zu einem der Testtermine, die Übermittlung gewünschter Unterlagen und die rechtzeitige Organisation der Anreise zum Testort. Jeder Testkandidat sollte sich zudem rechtzeitig mit den methodischen Besonderheiten des Auswahlverfahrens vertraut machen und sich eine Strategie zur inhaltlichen Vorbereitung zurechtlegen. Die internationalen Organisationen stellen zu den Einstiegsverfahren, die sie durchführen, kostenfreie Informationen auf ihrer Website zur Verfügung. Hierzu zählen vor allem Hinweise zum Testverfahren und zur inhaltlichen Vorbereitung sowie Probetests. Zu allen wichtigen Einstiegsverfahren ist zudem vorbereitende Literatur in Form von Ratgebern erhältlich. Ratgeber sind auch für Auswahltests eine solide Vorbereitungs- und Trainingsgrundlage. Einschlägige Ratgeber verfolgen zumeist zwei Zielsetzungen: als Basisliteratur vermitteln sie Hintergrundwissen zur Lösung der inhaltlichen Testfragen und als in Buchform gebrachte Probetests (*sample tests*) erklären sie die Testmethode.

Die Testmethoden in standardisierten Einstiegsverfahren können im Einzelnen variieren, jedoch lassen sich auch hier einige Gemeinsamkeiten beobachten. Fast alle internationalen Organisationen haben ihre Verfahren auf computerbasierte Tests umgestellt. Papierbasierte Tests sind hingegen eher selten, können jedoch noch verwendet werden.

Fast immer werden die Tests unter hohem Zeitdruck durchgeführt, so dass Zeitmanagement ebenfalls trainiert werden sollte. Die Tests sind zumeist nach psychometrischen Methoden konstruiert und gliedern sich in Einzeltests, die die analytischen Fähigkeiten, das logische Denkvermögen und das Fachwissen abprüfen. Einige Verfahren können einen Aufsatz (*essay*) beinhalten oder besondere Fähigkeiten abprüfen. Eine häufige Testfrageform ist das »multiple choice«-Verfahren.

Zum Umgang mit allen psychometrischen Verfahren existieren Ratgeber, die die Struktur und Methodik dieser Verfahren erläutern. Bewerber sollten zudem im Internet nach geeigneten Probetests suchen und am Computer unter Realbedingungen trainieren. In jüngerer Zeit haben Privatanbieter spezielle Test-Websites entwickelt, die gegen eine Gebühr genutzt werden können. Diese können als Ergänzung zu den von den internationalen Organisationen angebotenen Probetests genutzt werden.

Jeder Testkandidat sollte selbst entscheiden, welcher Weg zur Vorbereitung ihm am Besten geeignet erscheint. Alle Bewerber sollten sich jedoch rechtzeitig ein Grundwissen erarbeiten und den Umgang mit den Testmethoden trainieren. »Mut zur Lücke« oder Schwierigkeiten mit bestimmten Testmethoden können in der realen Testsituation die entscheidenden Punkte kosten.

Das Auswärtige Amt bietet deutschen Bewerbern für die Einstiegsverfahren der Europäischen Union (EU-Concours) und, bei Bedarf, auch für ausgewählte Verfahren anderer internationaler Organisationen in regelmäßigen Abständen professionell organisierte Vorbereitungsseminare (→ A.) an. Für Kandidaten aus Österreich, die an einem EU-Concours teilnehmen möchten, bieten die diplomatische Akademie in Wien und einige andere Einrichtungen ebenfalls Vorbereitungsseminare an, über die das Bundeskanzleramt auf seiner Website »EU-Jobs« aktuell informiert (→ A.). Die Seminare werden rechtzeitig vor den Terminen der schriftlichen Auswahltests durchgeführt. Zu allen Vorbereitungsseminaren ist eine Anmeldung erforderlich. Die Seminardaten sowie alle erforderlichen Hinweise zur Anmeldung und zum Ablauf sind auf der Website des Auswärtigen Amtes bzw. des Bundeskanzleramtes abrufbar. Die Teilnahme ist an einen geringen Kostenbeitrag gebunden, der so bemessen ist, dass eine Teilnahme auch bei knapper Kasse möglich sein sollte.

Die Vorbereitungsangebote zum EU-Concours unterscheiden zwei Trainingsniveaus: Vorbereitungsseminare zu den schriftlichen Auswahlverfahren und eine spezielle Vorbereitung (Coaching) auf das mündliche Verfahren. Deutsche Bewerber können sich zu einem Vorbereitungsseminar auf die schriftlichen Auswahlverfahren einfach über die Website des Auswärtigen Amtes anmelden. Der Zulassungsbescheid zum Verfahren muss dabei nicht vorgelegt werden. Wer hingegen nach den schriftlichen Auswahltests ein Coaching zur Vorbereitung auf das mündliche Verfahren (*interview*) erhalten möchte, muss den Zulassungsnachweis vorlegen. Österreichische Bewerber registrieren sich für die Vorbereitungsseminare auf die schriftlichen Verfahren mittels des jeweiligen Anmeldungsformulars, das auf der Website des Bundeskanzleramtes verfügbar ist. Wer sich für ein Coaching anmelden möchte, setzt sich direkt mit der Fachreferentin im Bundeskanzleramt in Verbindung (→ A.).

Die Vorbereitungsseminare in Deutschland und Österreich unterscheiden sich in ihrer Schwerpunktsetzung deutlich: Während das Auswärtige Amt primär den Umgang mit den Testmethoden trainiert, behandeln die Seminare österreichischer Einrichtungen Inhalte der europäischen Integrationsentwicklung. Das Auswärtige Amt trägt mit seiner Seminargestaltung der Erfahrung Rechnung, dass deutsche Teilnehmer an Einstiegsverfahren weniger an den fachlich-inhaltlichen Herausforderungen »scheiterten«, sondern häufig mit den Testmethoden überfordert waren.

2 Fachübergreifende Einstiegsoptionen und Förderprogramme

Hochschulabsolventen stehen häufig vor dem Problem, dass ihnen für einen Direkteinstieg bei internationalen Organisationen die einschlägige Berufserfahrung fehlt. Internationale Organisationen bevorzugen für viele Stellen Kandidaten, die bereits Berufserfahrung vorweisen können. Eine »bewährte« Strategie, um fehlende Berufserfahrung auszugleichen, sind einschlägige Praktika. Sie sind ein wichtiger Baustein für fast jede Karriere und auch »internationale Karrieren« haben häufig mit einem Praktikum begonnen. Für Einsteiger ohne Berufserfahrung sind sie der »Königsweg«, um erste Einblicke in eine internationale Organisation zu gewinnen.

Um deutsche Bewerber auf Praktikumsplätze und Arbeitseinsätze bei internationalen Organisationen gezielt zu fördern, haben deutsche Stiftungen in Kooperation mit dem Auswärtigen Amt zwei Stipendienprogramme entwickelt. Diese Stipendienprogramme zählen zu den Fördermaßnahmen der deutschen Bundesregierung und tragen der Erkenntnis Rechnung, dass eine »internationale Karriere« häufig mit einem Praktikum beginnt.

Die Programme bauen nicht zwangsläufig aufeinander auf und bieten zwei Alternativen für Deutsche zu einer Direktbewerbung auf Praktikumsstellen bei internationalen Organisationen. Beide Programme wenden sich an Studierende und junge Graduierte, die über die deutsche Staatsbürgerschaft verfügen. Der Wohnsitz ist nicht entscheidend, auch Deutsche, die im Ausland leben oder studieren, können sich bewerben.

Einsätze auf Friedensmissionen, als Wahlhelfer oder als UN-Volunteer sind keine Praktika. Bewerber, die an solchen Missionen teilgenommen haben, sollten prüfen, ob ein Direkteinstieg oder ein Nachwuchsprogramm infrage kommen.

2.1 Praktika bei internationalen Organisationen

Praktika bei internationalen Organisationen sind häufig das entscheidende Profilmerkmal, um sich bei einer späteren Bewerbung auf offene

Stellenausschreibungen durchzusetzen. Sie ermöglichen Insider-Erfahrung sowie Kontakte und können den Karriereweg ebnen, auch wenn ein unmittelbarer Anschlussvertrag häufig ausgeschlossen ist.

Kein Wunder, dass Praktika bei internationalen Organisationen sehr begehrt sind – nicht nur bei denjenigen, die einmal dort arbeiten wollen. Die gute Nachricht lautet dabei: Fast alle internationalen Organisationen bieten Praktikumsplätze an. Nur wenige von ihnen akzeptieren keine Praktikanten und dies hat dann triftige Gründe. Zumeist ist die Tätigkeit fachlich zu komplex oder birgt einen hohen Gefährdungsgrad.

Die Anzahl der verfügbaren Praktikumsplätze variiert allerdings je nach Organisation und der Wettbewerb um die verfügbaren Plätze ist groß, denn in aller Regel übersteigt die Anzahl der Bewerber die Kapazitäten der internationalen Organisationen. Für Praktika bei internationalen Organisationen gilt daher im Grundsatz, was bereits zum Einstieg in den internationalen Dienst gesagt wurde: Eine sorgfältige Vorbereitung der Bewerbung ist dringend zu empfehlen.

2.1.1 Grundlegende Hinweise für Bewerber

Die Mindestvoraussetzungen, die internationale Organisationen an Praktikumsbewerber stellen, sind in aller Regel moderat, denn Praktika sollen ja gerade Berufseinsteigern eine Chance ermöglichen. Bewerber müssen zumeist über einen ersten Studienabschluss (Bachelor) verfügen oder in einem höheren Semester kurz vor dem Abschluss stehen. Fließende Englischkenntnisse sind fast überall eine Voraussetzung, gute Kenntnisse einer weiteren Fremdsprache sind die Regel. Die darüber hinausgehenden Kenntnisse und Fähigkeiten variieren, bewegen sich jedoch in dem beschriebenen Rahmen: Ein relevantes Studienfach, Auslandserfahrung, Erfahrung in einer internationalen Organisation oder in einem anderen relevanten Umfeld und weitere Kenntnisse können vorausgesetzt werden und sind in jedem Fall gern gesehen.

Praktikumsstellen werden nicht in die Datenbanken des Auswärtigen Amtes aufgenommen, so dass eine aktive Suche nach einem geeigneten Praktikumsplatz erforderlich ist. Diese Suche erfolgt in erster Linie über das Internet und gestaltet sich zumeist einfach: Praktikumsstellen werden auf der Seite des Praktikumsbüros oder auf den Rekrutierungsseiten der internationalen Organisationen ausgeschrieben und sind in aller Regel leicht zu finden.

Die Auswahl an Praktikumsmöglichkeiten ist groß, die Anzahl der Mitbewerber schwankt je nach Organisation. Vor allem »populäre« internationale Organisationen wie das VN-Sekretariat und die EU-Institutionen erhalten ein Vielfaches an Bewerbungen auf die verfügbaren Plätze.

Bewerber konkurrieren dabei nicht nur mit Landsleuten, sondern mit Kandidaten aus allen Mitgliedsstaaten, denn nationale Margen existieren für Praktikumsplätze nicht. Es empfiehlt sich daher, die Bewerbungen strategisch auszurichten und möglichst breit zu streuen. Strategisch sinnvoll sind Bewerbungen bei internationalen Organisationen, für deren Aufgabenfelder die eigenen Fachkenntnisse oder Erfahrungen nützlich sein könnten oder sogar dringend gesucht werden. Bewerber können ihre eigene Biografie großzügig interpretieren, denn eine fortgeschrittene Expertise wird für Praktika in aller Regel nicht erwartet. Sie sollten dabei alle denkbaren Themenfelder in Betracht ziehen, die sie besetzen könnten, und sich auf dieser Basis bei allen Organisationen bewerben, die infrage kommen. Dies kann bei Organisations-Familien oder bei großen internationalen Organisationen in die unterschiedlichsten Einzel- bzw. Unterorganisationen führen. Bewerber mit einem eher generalistischen Hintergrund sollten ihre Studienschwerpunkte und berufliche oder berufspraktische Erfahrungen zugrunde legen. Gerade für Studierende und für Hochschulabsolventen ohne Berufserfahrung ist es dabei wichtig, flexibel und offen zu bleiben. Wer auch andere als seine »Lieblingsorganisationen« in Betracht zieht und mit überzeugenden Worten einen Bezug des eigenen Profils zu der jeweiligen Zielorganisation herstellen kann, hat gute Erfolgsaussichten.

Der Praktikumsablauf ist bei internationalen Organisationen fast immer standardisiert, insbesondere was die Praktikumsdauer und den konkreten Ablauf betrifft. Zumeist existieren Bewerbungsfristen, die einzuhalten sind. Die Praktikumsdauer liegt in aller Regel bei drei bis sechs Monaten und ist nicht individuell aushandelbar.

Sehr kurze Praktika sind unüblich, sehr lange Praktika ebenfalls. Sofern dies nicht anders dargestellt wird, entscheidet der Praktikumsgeber über den Einsatzort und die Abteilung. Neben dem Hauptsitz einer internationalen Organisation kommen grundsätzlich alle Dienststellen und auch Feldstationen in Betracht.

Praktikanten sollten sich bewusst machen, dass sie »Gast« der jeweiligen internationalen Organisation sind. Unter Umständen existiert eine ausgeprägte Hierarchie und nicht immer ist ein eigenverantwortliches Arbeiten vorgesehen. Häufig unterstützen Praktikanten ein Team aus festen Mitarbeitern, das schon länger zusammen arbeitet.

Praktikanten sollten daher ein hohes Maß an Flexibilität und Eigeninitiative mitbringen. Überhöhte Ansprüche sind ebenso zu vermeiden wie eine allzu große Zurückhaltung. Das interkulturelle Umfeld erfordert einen sensiblen Umgang mit kulturellen Besonderheiten. Höflichkeit, ein selbstbewusstes Auftreten und Teamfähigkeit zählen zu den sozialen Kernkompetenzen.

Gerade der Praktikumsbeginn kann fordernd sein, wenn sich Praktikanten am Dienstort und im Team noch »eingewöhnen« müssen. Wer sich auf seine Aufgaben konzentriert und das Praktikum als Training für spätere Karrierestationen betrachtet, wird wertvolle Erfahrungen sammeln und die Praktikumszeit als Gewinn betrachten.

Scheitern alle Bewerbungen um einen Praktikumsplatz bei einer internationalen Organisation, sollten Bewerber an ihrem Profil arbeiten. »Juniors« haben gute Chancen, effektiv nachzubessern. Zunächst empfiehlt sich ein Blick auf den Lebenslauf. Wer sich selbst zu bescheiden darstellt oder relevante Erfahrungen schlichtweg »vergessen« hat, sollte den Lebenslauf ergänzen.

Zumeist »scheitern« Praktikumsbewerbungen jedoch nicht an der Gestaltung des Lebenslaufs, sondern daran, dass Mitbewerber aus Sicht der rekrutierenden Organisation qualifizierter sind. Bewerber sollten daher das eigene Profil nochmals mit dem bereits vorgestellten Grundprofil für den Einstieg bei internationalen Organisationen und mit den Profilmerkmalen für das jeweilige Praktikumsprogramm abgleichen. Fehlende Auslandserfahrung oder Sprachkenntnisse können während des Studiums oder unmittelbar nach dem Studienabschluss leicht nachgeholt werden. Ähnliches gilt für eine thematische Schwerpunktsetzung und für andere Qualifikationen. Der eine oder andere mag sich dabei fragen, ob ein solcher Aufwand für einen Praktikumsplatz lohnt. Deshalb soll hier nochmals darauf hingewiesen werden, dass Praktika häufig der zentrale Baustein sind, auf dem alle weiteren Schritte zum Dienst in internationalen Organisationen aufbauen.

Erneute Bewerbungen zum nächsten Praktikumsturnus sind bei allen internationalen Organisationen möglich und stehen auch nicht unter dem Einfluss einer gescheiterten Erstbewerbung. »Rote Listen« existieren nirgendwo und zum Teil wechselt auch das rekrutierende Personal.

2.1.2 Spezielle Programme für deutsche Bewerber

Im Rahmen des »Carlo-Schmid-Programms« (→ B.) fördert der Deutsche Akademische Austausch Dienst (DAAD) in Kooperation mit der Studienstiftung des deutschen Volkes Praktika bei internationalen Organisationen. Zur Umsetzung des Programms kooperieren beide Stiftungen mit der Robert Bosch Stiftung, dem Tönissteiner Kreis und mit dem Auswärtigen Amt.

Der Name ist dabei Programm: Carlo Schmid war einer der Gründerväter des deutschen Grundgesetzes, gehörte viele Jahre der Versammlung des Europarates an und war zeitweise Präsident der Versammlung der Westeuropäischen Union.

Zu den Bewerbungsvoraussetzungen zählt neben der deutschen Staatsbürgerschaft ein abgeschlossenes Grundstudium oder ein Hochschulabschluss, der maximal zwei Jahre zurückliegt. Bachelor-Studenten können sich ab dem dritten Fachsemester bewerben. Sehr gute Englischkenntnisse und gute Kenntnisse einer weiteren Fremdsprache werden ebenfalls erwartet. Das Höchstalter für eine Bewerbung liegt bei 28 Jahren.

Das Carlo-Schmid-Programm unterscheidet zwei Programmlinien, A und B. Bewerber entscheiden sich mit der Bewerbung für eine Programmlinie. Kandidaten der Programmlinie A akquirieren ihr Praktikum oder mehrere Praktika bei internationalen Organisationen in Eigeninitiative und erhalten ein Stipendium durch das Carlo-Schmid-Programm. Bewerber für die Programmlinie B des Carlo-Schmid-Programms brauchen sich nicht eigeninitiativ um einen Praktikumsplatz zu bemühen, sondern wählen mit der Bewerbung unter verschiedenen Praktikumsangeboten, die die Trägerorganisationen bereits akquiriert haben. Die offenen Praktikumsplätze werden mit der Ausschreibung des Carlo-Schmid-Programms zugänglich gemacht.

Die Entscheidung für eine der beiden Programmlinien erfolgt mit der Bewerbung und kann zu einem späteren Zeitpunkt nicht revidiert werden. Bewerber für die Programmlinie A sollten zudem wissen, dass die Zusage der praktikumsgebenden Stellen vorliegen muss, bevor die Auswahlkommission des Carlo-Schmid-Programms eine Endentscheidung trifft.

Bewerber für die Programmlinie B des Carlo-Schmid-Programms können bis zu zwei der Angebote mit einer Praktikumsdauer von insgesamt vier bis zehn Monaten wählen. Die Endentscheidung über die Besetzung der Praktikumsplätze liegt dabei bei der jeweiligen internationalen Organisation.

Das Carlo-Schmid-Programm fördert grundsätzlich Praktika bei allen internationalen Organisationen, denen Deutschland als Mitgliedsstaat angehört. Dies gilt für beide Programmlinien. Die in der Programmlinie B zur Auswahl stehenden Praktikumsplätze variieren in jedem Programmjahr je nach dem Bedarf der kooperierenden Organisationen. Zum Teil können die Trägerorganisationen Schwerpunkte setzen, wie etwa für das Programmjahr 2007 auf die OECD.

Von einer Förderung ausgenommen sind bezahlte Langzeitpraktika bei den EU-Institutionen (*stage*) sowie Praktika bei NGOs, Stiftungen und Regierungsagenturen sowie bei allen anderen Einrichtungen und Organisationen, die keine internationalen Organisationen sind.

Das Carlo-Schmid-Programm wird zum Jahresende ausgeschrieben. Bewerber reichen bis zum Bewerbungsschluss (derzeit 1. März) eine umfangreiche Papierbewerbung ein, die möglichst in deutscher und in englischer Sprache zu erstellen ist. Sie sollten frühzeitig beginnen, die Bewerbung vorzubereiten und alle erforderlichen Unterlagen zusammenzustellen. Umfassende Informationen und die erforderlichen Formulare finden sich auf der Website des DAAD oder der Studienstiftung des deutschen Volkes. Die Bewerbung ist beim DAAD einzureichen. Fehlerhafte und unvollständige Bewerbungen werden zurückgeschickt. Bewerber haben jedoch die Möglichkeit, die Bewerbung vor Ablauf der Bewerbungsfrist zu ergänzen bzw. zu korrigieren. Wer von dieser Möglichkeit Gebrauch machen möchte, sollte seine Bewerbung zeitig einreichen und erhält sie gegebenenfalls zur Ergänzung bzw. Korrektur zurück. Der DAAD benötigt für diese Prüfung auf formale Richtigkeit zwei Wochen ab Eingang einer Bewerbung. Sind die Unterlagen in Ordnung, erhalten Bewerber eine schriftliche Bestätigung.

Nach Ablauf der Bewerbungsfrist beginnt die Vorauswahl durch eine Auswahlkommission. Für die Programmlinie B werden die vorausgewählten Kandidaten den Supervisoren der gewählten internationalen Organisationen vorgestellt, die sodann aus der Liste der Vorschläge ihre Präferenzkandidaten benennen.

Bewerber, die auf eine solche Präferenzliste aufgenommen wurden, werden vom DAAD zu einem eintägigen Auswahlverfahren eingeladen. Erst hiernach erfolgt die Endentscheidung und sodann die Stipendienvergabe. Bewerber für die Programmlinie A durchlaufen ebenfalls eine Vorauswahl und gegebenenfalls eine Auswahltagung, jedoch muss die Praktikumszusage der Auswahlkommission spätestens zwei Wochen vor der Auswahlsitzung vorliegen.

Wer die Auswahlkommission überzeugt hat, erhält eine Stipendiumszusage und – für die Programmlinie B – den gewählten Praktikumsplatz. Das Stipendium umfasst eine monatliche Zuwendung in Höhe von derzeit 650 Euro für Studierende, Graduierte erhalten derzeit 925 Euro. Zum Stipendium zählt auch eine Reisekostenpauschale sowie eine Auslandskranken-, Unfall- und Haftpflichtversicherung.

Insgesamt bietet das Carlo-Schmid-Programm eine ideale Möglichkeit, um einschlägige berufspraktische Erfahrungen bei einer internationalen Organisation zu sammeln. Erfolgreiche Carlo-Schmid-Stipendiaten profitieren dabei vom Renommee der Trägerorganisationen und vom wachsenden Alumni-Netzwerk des Programms.

Die Wahl der Programmlinie hängt von den individuellen Bedürfnissen jedes Bewerbers ab. Allgemein lässt sich nicht sagen, welche der beiden Programmlinien empfehlenswerter wäre. Bewerber zur Programmlinie A sollten allerdings rechtzeitig mit den Bewerbungen beginnen und die Dauer des Auswahlprozesses einkalkulieren.

Sehr begabte Hochschulabsolventen können sich für das »Stiftungskolleg für internationale Aufgaben« (→ B.) der Robert Bosch Stiftung und der Studienstiftung des deutschen Volkes bewerben. Das Stiftungskolleg kooperiert ebenfalls mit dem Auswärtigen Amt und fördert Absolventen aller Fachrichtungen, die einen Projektaufenthalt in einer internationalen Organisation planen.

Das Stiftungskolleg beschränkt sich auf die finanzielle Förderung seiner Stipendiaten, die ein selbst entwickeltes Projekt zu einem relevanten Thema entwerfen und die gewünschten Arbeitsstationen zur Realisierung dieses Projekts bei einer internationalen Organisation auch selbstständig akquirieren. Es setzt somit ein hohes Maß an Eigeninitiative voraus.

Die wichtigsten Bewerbungsvoraussetzungen sind die deutsche Staatsbürgerschaft und eine Skizze des Projektvorhabens. Bewerber benennen zudem die möglichen Arbeitsstationen bei zwei bis drei internationalen Organisationen, vorzugsweise im VN-System, bei der Europäischen Union, der OECD oder der NATO. Sowohl das Projektvorhaben als auch die Arbeitsstationen sind im Vorfeld der Bewerbung zu organisieren.

Bewerber sollten neben diesen Grundvoraussetzungen einen herausragenden Hochschul- oder Fachhochschulabschluss mitbringen und über sehr gute Englischkenntnisse in Wort und Schrift verfügen. Sehr gute Kenntnisse einer weiteren Fremdsprache werden ebenfalls erwartet und zudem ist ein mindestens einjähriger Auslandsaufenthalt nach dem Schulabschluss nachzuweisen.

Neben diesen Profilmerkmalen sind berufspraktische oder ähnliche Erfahrungen erwünscht, ebenso wie eine gute Allgemeinbildung und sehr gute Kenntnisse der internationalen Politik und Wirtschaft. Breit gestreute persönliche Interessen und gesellschaftliches Engagement werden sehr geschätzt. Das Höchstalter für eine Bewerbung liegt bei 28 Jahren. Das Stiftungskolleg wird jährlich ausgeschrieben. Bewerbungen sind bis zum Bewerbungsschluss (derzeit 15. März) bei der Studienstiftung des deutschen Volkes einzureichen. Erfolgreiche Bewerber werden nach einer Vorauswahl zu einem Auswahlseminar eingeladen. Hiernach erfolgt die Vergabe der insgesamt 20 Stipendien. Die monatliche Zuwendung beträgt derzeit 1.205 Euro, Reisekosten zu den »Auslandsstationen« sowie eine Kostenpauschale für Sprachkurse werden ebenfalls erstattet.

Die Gesamtförderdauer des Programms beträgt 13 Monate. Die Stiftungskollegiaten durchlaufen dabei ein festes Programm, das eine Abschlusspräsentation zum Ende der Programmlaufzeit beinhaltet. Insgesamt konnten seit der Gründung des Stiftungskollegs mehr als 200 Kollegiaten gefördert werden. Ehemalige Stiftungskollegiaten haben sich zu einem Alumni-Netzwerk zusammengeschlossen.

Aufgrund seines Renommees und seiner hohen Exklusivität ist das Stiftungskolleg ein besonderes »Gütesiegel« im Lebenslauf. Die Eigeninitiative, die den Stipendiaten abverlangt wird, ist zugleich ein Test für künftige Karriereschritte: Wer eine internationale Organisation ohne fremde Hilfe von seinem Projekt überzeugt, bringt beste Voraussetzungen für den internationalen Dienst mit.

2.1.3 Kurzstipendien für internationale Praktika

Deutsche Studierende, die in erster Linie eine finanzielle Unterstützung für ein Praktikum bei einer internationalen Organisationen suchen, können sich beim DAAD für ein Kurzstipendium bewerben (→ B.). Das Kurzstipendien-Programm des DAAD fördert Fachpraktika bei internationalen Organisationen und auch bei den deutschen Auslandsvertretungen.

Wer Interesse hat, muss in einem auslandsbezogenen Studiengang immatrikuliert sein, der ein auslandsbezogenes Praktikum als Pflichtpraktikum vorsieht oder dringend empfiehlt. Der DAAD verlangt einen entsprechenden Nachweis der Studiengangsleitung oder des Fachbereichs. Das Praktikum ist von den Bewerbern selbst zu akquirieren und muss sich über mindestens zwei Monate erstrecken. Die maximale Förderzeit beträgt drei Monate.

Bewerben können sich Studierende im Hauptstudium, wenn eine Zwischenprüfung oder die Diplomvorprüfung vorliegt, und Bachelor-Studenten, die sich mindestens im 3. Fachsemester ihres Studiums befinden. Zu den Bewerbungsvoraussetzungen zählen zudem überdurchschnittliche Studienleistungen und gute Sprachkenntnisse.

Die Bewerbungsunterlagen sind im Akademischen Auslandsamt der Universität oder Ausbildungsstätte sowie im Referat »Internationaler Praktikantenaustausch« des DAAD (Referat 225) erhältlich. Bewerber sollten sich zudem mit den Informationen auf der Website des DAAD vertraut machen. Die Bewerbungsunterlagen sind vollständig über das Akademische Auslandsamt oder den Fachbereich beim DAAD einzureichen. Der DAAD nimmt ständig Bewerbungen entgegen, jedoch sollte die Bewerbung spätestens zwei Monate vor dem geplanten Praktikumsbeginn beim DAAD vorliegen.

Neben den Kurzstipendien bietet der DAAD allein oder in Kooperation mit anderen Einrichtungen weitere Stipendien für Studierende und Graduierte der verschiedensten Fachrichtungen an, die ein auslandsbezogenes Praktikum absolvieren möchten, im Ausland studieren wollen oder eine finanzielle Förderung für einen Forschungsaufenthalt im Ausland suchen. Darüber hinaus hält der DAAD für ausländische Studierende, die in Deutschland studieren, promovieren oder ein Praktikum absolvieren möchten, eine spezielle Datenbank bereit, die auch über Fördermöglichkeiten durch andere deutsche Organisationen informiert. Wer Interesse hat, sollte in der infrage kommenden Stipendiendatenbank des DAAD (→ B.) gezielt nach Angeboten suchen. Ein Blick in diese Datenbanken lohnt sich allemal, denn die Angebote für eine finanzielle Förderung sind ausgesprochen vielfältig.

Deutsche Bewerber finden Fördermöglichkeiten für internationale Studien- oder Arbeitsaufenthalte zudem in der »Übersicht über Programme und Initiativen der internationalen Nachwuchsförderung in Deutschland« des Auswärtigen Amtes (→ B.).

Österreicher, die nach Fördermöglichkeiten für ein Projekt im Ausland suchen, oder Nichtösterreicher, die in Österreich studieren möchten, finden Stipendienangebote in den Stipendiendatenbanken des Österreichischen Austauschdienstes (ÖAD) (→ B.). Die Datenbanken listen vor allem Angebote zur Studienförderung, jedoch finden sich auch Möglichkeiten zur Praktikumsförderung.

Schweizer Organisationen unterstützen in erster Linie Forschungs- und Studienaufenthalte. Wen dies interessiert, der findet einen Überblick mit Links auf der Website der Rektorenkonferenz der Schweizer Universitäten (CRUS) (→ B.). Wer im EU-Raum ein Praktikum absolvieren will, sollte zudem das Angebot »StudEx« des Schweizer Staatssekretariats für Bildung und Forschung prüfen, sofern das Praktikum nicht bei einer EU-Institution, einer Regierungseinrichtung oder an einer Bildungseinrichtung (Hochschule, Think Tank) absolviert wird.

2.2 Einstieg als Junior Professional Officer

Neben ihren Pflichtbeiträgen und Sonderbeiträgen, zum Beispiel für Friedensmissionen, unterstützen einige Staaten ausgewählte internationale Organisationen durch sogenanntes »Gratispersonal«. Hierzu zählen insbesondere die »Junior Professional Officers« (JPO),[2] die auch von Deutschland, Österreich und der Schweiz finanziert werden. Die JPOs stehen bei der jeweiligen Organisation unter Vertrag und sind dort für bis zu drei Jahre in Vollzeit tätig. Sie sind deshalb »Gratispersonal«, da sie zwar in der Dienstpflicht der aufnehmenden Organisationen stehen, ihre Besoldung jedoch durch die Förderstaaten finanziert wird. Die Dauer des JPO-Einsatzes und die Anzahl der verfügbaren Stellen bemessen sich daher nach den Mitteln, die das jeweilige Förderland bereitstellt.

Die Regierungen der Förderstaaten definieren grundsätzlich selbst, für welche Organisationen sie JPOs finanzieren möchten. Die offenen Stellen und deren Beschreibungen werden von den internationalen Organisationen benannt, die auch ihren Bedarf an Gratispersonal an die Regierungen kommunizieren.

Da die JPOs von den Regierungen finanziert werden, ist die wichtigste Voraussetzung für eine Bewerbung die Staatsangehörigkeit des Förderlandes, mit Ausnahme der Schweiz, die auch Ausländer zulässt, die über eine Niederlassungsbewilligung C verfügen.[3] Weitere Grundvoraussetzungen sind ein Hochschulabschluss und einschlägige Berufserfahrung von mindestens einem Jahr.

Das JPO-Programm eignet sich somit sehr gut für Einsteiger mit wenig Berufserfahrung. Sehr gefragt ist Erfahrung mit einem internationalen oder entwicklungspolitischen Bezug, auch aus Trainee-Programmen, Freiwilligendiensten oder ähnlichen Einsätzen zum Beispiel bei einer NGO. Internationale Bezüge während des Studiums oder entsprechende ergänzende Qualifikationen sollten ebenfalls vorhanden sein und herausgestellt werden. Erfahrung in einem Entwicklungsland und »im Feld«

---

2 Auch: Associate Experts (AE) oder Associate Professional Officers (APO)
3 Einzelheiten unter: Eidgenössisches Justiz- und Polizeidepartement, Bundesamt für Migration (http://www.bfm.admin.ch/bfm/de/home.html).

sind vor allem bei VN-Organisationen von Vorteil, ebenso wie breite Sprachkenntnisse.

Die Bewerbung als JPO erfolgt national. In Deutschland ist der Ansprechpartner das Büro Führungskräfte zu internationalen Organisationen (BFIO) mit Sitz in Bonn und in Österreich die 2004 gegründete Austrian Development Agency (ADA) mit Sitz in Wien. In der Schweiz sind sowohl die Direktion für Entwicklung und Zusammenarbeit der Schweiz (DEZA) als auch der Schweizerische Expertenpool für zivile Friedensförderung (SEF), beide mit Sitz in Bern, zuständig.

Die nationalen Stellen nehmen die Vorauswahl der Kandidaten vor und präsentieren geeignete Bewerber bei den internationalen Organisationen, in die JPOs »entsandt« werden sollen. Die Endauswahl der Kandidaten obliegt allerdings ausschließlich der Organisation, die die JPOs aufnimmt. Wer es auf einen der Plätze geschafft hat, erhält von dort ein Vertragsangebot und muss sich in aller Regel einer medizinischen Untersuchung unterziehen.

Bewerber konkurrieren während des gesamten Verfahrens nur mit Landsleuten, jedoch ist auch diese Konkurrenz beachtlich: Pro Jahr gehen zum Beispiel für die bis zu 40 JPO-Plätze, die die deutsche Bundesregierung fördert, gut 1.200 Bewerbungen ein.

Trotzdem lohnt sich eine Bewerbung, denn das JPO-Programm ist ein aussichtsreiches »Sprungbrett« für qualifizierte Nachwuchskräfte, die den Einstieg in den internationalen Dienst suchen. Die Übernahmequote ist hoch: Ein großer Teil der ehemaligen JPOs, AEs und APOs ist langfristig in einer internationalen Organisation tätig, manche erreichen oberste Führungspositionen. Die guten Perspektiven resultieren vor allem daraus, dass ehemalige JPOs die Kenntnisse und Kontakte mitbringen, um auch langfristig internationale Personaler und Führungskräfte zu überzeugen. Über einschlägige Berufserfahrung verfügen sie allemal, denn sie werden in einer Fachabteilung eingesetzt und sind dort von Anfang an in das Team integriert.

Die deutsche Bundesregierung finanziert deutsche JPOs durch das »Programm Beigeordnete Sachverständige«. Die Federführung liegt beim Bundesministerium für wirtschaftliche Zusammenarbeit und Entwicklung (BMZ), verwaltet wird das Programm durch das BFIO (→ B.).

Checkliste 2: JPOs aus Deutschland, Österreich und der Schweiz

	Deutschland	Österreich	Schweiz
Ansprech-partner	BFIO	ADA	DEZA/cinfo oder SEF
Förderdauer	2 bis 3 Jahre	1 bis 2 Jahre	1 bis 3 Jahre
Zielorgani-sation	Vor allem VN-System, EU, andere Organisationen	Vor allem VN, andere internationale Organisationen	VN-Friedensmissionen, VN-Organisationen, NGOs
Turnus	Jährlich	Jährlich	Alle 18 Monate (DEZA), nach Bedarf (SEF)
Bewerbung	Bis 15. März	Frühjahr	Ab 1. September (DEZA)
Mindest-voraus-setzungen	Deutsche Staatsangehörige, einschlägiger Hochschulabschluss	Österreichische Staatsangehörige, Universitäts- oder FH-Abschluss	Schweizer Staatsangehörige oder Niederlassungsbewilligung C, Hochschulabschluss
Berufs-erfahrung	Mindestens 1 Jahr	1 bis 2 Jahre	Mindestens 1 Jahr
Sprachen	Englisch, eine weitere EU- oder Weltsprache	Zwei Arbeitssprachen der VN	Zwei Amtssprachen (der Schweiz) und Englisch
Alter	30 (Weltbank), sonst 32	30 Jahre	Zwischen 26 und 31
Erfahrung in der EZ	Von Vorteil	Von Vorteil	Voraussetzung (Praktika, etc.)
Vorauswahl	Unterlagen und Auswahlverfahren	Unterlagen und »JPO-Hearing«	Unterlagen und Assessment Center bzw. Auswahltag

Das BFIO ist Teil der Zentralen Auslands- und Fachvermittlung (ZAV), einer Dienststelle der Bundesagentur für Arbeit, und versteht sich als zentrale Serviceeinrichtung für deutsche Fach- und Führungskräfte, die eine Karriere bei einer internationalen Organisation anstreben.

Das »Programm Beigeordnete Sachverständige« wird jährlich ausgeschrieben. Weitere Voraussetzungen neben den Grundanforderungen sind fließende Englischkenntnisse in Wort und Schrift und sehr gute Kenntnisse einer weiteren EU-Amtssprache oder einer Weltsprache. Das Höchstalter für eine Bewerbung liegt bei 32 Jahren für Stellen im VN-System und bei 30 Jahren für Positionen bei der Weltbank und bei den EU-Institutionen. Einzelne Stellenausschreibungen können darüber hinausgehende Voraussetzungen beinhalten.

Wer Interesse hat, sollte zunächst die Website des BFIO konsultieren und sich mit den Informationen zum Programm vertraut machen. Offene Stellenausschreibungen werden vom BFIO auf seine Website eingestellt und finden sich auch in den Datenbanken des Auswärtigen Amtes. Bewerbungen sind in dem vorgegebenen Format bis zum Bewerbungsschluss (derzeit 15. März) möglich. Interessenten können sich auf bis zu zwei konkrete Stellen bewerben und sollten die Stellen auswählen, auf die das eigene Profil ersichtlich passt, denn eine hohe Passgenauigkeit des eigenen mit dem ausgeschriebenen Profil ist das entscheidende Erfolgskriterium.

Alle Bewerbungen werden zunächst von einem Programmausschuss vorausgewählt. Die vorausgewählten Bewerber werden sodann zu einem Auswahlverfahren nach Bonn eingeladen, das das Verfassen eines Aufsatzes und ein Auswahlgespräch beinhaltet. Im Anschluss an die Auswahlgespräche stellt das BFIO den internationalen Organisationen bis zu drei Kandidaten vor, deren Profil auf die einzelnen Stellen am besten passt.

Die Programmlaufzeit für deutsche JPOs beträgt 24 Monate, bei einigen Organisationen besteht die Möglichkeit eines einjährigen Anschlussvertrages. In Kooperation mit den Bundesministerien findet eine Vorbereitung auf den Einsatz statt, bevor die Kandidaten ihre Tätigkeit aufnehmen (derzeit Oktober des Bewerbungsjahres).

Neben dem Programm Beigeordnete Sachverständige informiert das BFIO auch allgemein über eine Tätigkeit bei internationalen Organisationen und ist Ansprechpartner für deutsche Führungskräfte, die sich für Stellen bei internationalen Organisationen interessieren. Es berät Interessenten, bewertet Stellenausschreibungen und merkt besonders qualifizierte Kandidaten in einer eigenen Datenbank vor. In Kooperation mit der Bundesagentur für Arbeit und dem Auswärtigen Amt werden zudem Vorträge an Hochschulen veranstaltet.

Ähnlich wie in Deutschland erfolgt auch die JPO-Auswahl in *Österreich*. Interessenten am JPO-Programm können sich einmal jährlich bei der ADA (→ B.) bewerben, einer Gesellschaft mit beschränkter Haftung, die im Alleineigentum des Bundes steht. Die ADA versteht sich als Kompetenzzentrum der österreichischen Regierung zur Entwicklungs- und Ostzusammenarbeit und ist für die Umsetzung von Projekten mit entsprechender Themenstellung verantwortlich. Die Vertretung der Bundesregierung bei der ADA obliegt dem Außenministerium der Republik Österreich.

Das JPO-Programm in Österreich lässt auch Fachhochschulabsolventen zu. Weitere Voraussetzungen sind neben den Grundanforderungen fließende Kenntnisse von zwei Arbeitssprachen der Vereinten Nationen, ein erkennbares Interesse an internationalen Fragestellungen und die Bereitschaft zum Einsatz in Entwicklungsländern. Bei der ADA gern gesehen sind Zusatzqualifikationen wie einschlägige Praktika, ein Postgraduiertenabschluss und weitere Sprachkenntnisse. Das Höchstalter für eine Bewerbung liegt bei 30 Jahren.

Die offenen Stellen werden von der ADA rechtzeitig ausgeschrieben (derzeit Frühjahr). Bewerbungen sind mit den vorgegebenen Unterlagen – ein Lebenslauf, ein Motivationsschreiben und Kopien relevanter Dokumente – an die ADA zu richten. Eine Besonderheit liegt darin, dass die Kandidaten ein ausgefülltes »Personal History Form« (→ B.) einreichen, das allgemeine Bewerbungsformular der Vereinten Nationen. Alle Bewerbungen werden durch zwei voneinander unabhängige Prüfungsteams vorselektiert, sodann werden die besten Kandidaten zu einem »JPO-Hearing« vor einer Auswahlkommission eingeladen.

Die Programmlaufzeit für österreichische JPOs beträgt ein bis zwei Jahre, der Einsatz erfolgt insbesondere im VN-System. Neben dem JPO-Programm schreibt die ADA auch Stellenangebote bei anderen internationalen Organisationen und Projektfördermöglichkeiten aus. Zudem finden sich auf ihrer Website aktuelle Termine von Veranstaltungen, die Themen der internationalen und der Entwicklungszusammenarbeit betreffen.

Die Schweiz finanziert JPOs durch das JPO-Nachwuchsprogramm in der Entwicklungszusammenarbeit, das in der Verantwortung der

DEZA (→ B.) liegt, sowie durch JPO-Stellen, die vom SEF (→ B.) vermittelt werden, darunter vor allem Stellen im VN-Sekretariat. Sowohl die DEZA als auch der SEF sind eine Einrichtung im Eidgenössischen Departement für auswärtige Angelegenheiten (EDA).

Ein Einstieg in das JPO-Programm der DEZA ist alle 18 Monate möglich. Die Ausschreibung erfolgt durch das cinfo, das auch die Bewerbungen entgegennimmt.

Bewerber müssen neben den Grundanforderungen fließende Kenntnisse von zwei Arbeitssprachen der Schweiz und Englisch mitbringen, zudem wird ein ersichtliches Interesse an der Entwicklungszusammenarbeit, zum Beispiel durch einschlägige Praktika, erwartet. Das Mindestalter liegt bei 26 Jahren, das Höchstalter bei 31. Informationen und alle Modalitäten zur Bewerbung sind ab Herbst auf der cinfo-Website erhältlich, das Programm beginnt am 1. September. Die Auswahl erfolgt aufgrund der Bewerbungsunterlagen und eines Assessment-Centers.

Die erfolgreichen Kandidaten beginnen ihren JPO-Einsatz nicht direkt bei einer internationalen Organisation, sondern durchlaufen zunächst eine einjährige Ausbildung in der Schweiz. Dieser Ausbildungsschritt ist ein fester Bestandteil des Programms und soll die JPOs auf ihren späteren internationalen Einsatz vorbereiten. Während des »Vorbereitungsjahres« arbeiten die JPOs in der DEZA-Zentrale in Bern oder bei einer NGO und nehmen parallel zu ihrer Tätigkeit an einem Ausbildungsprogramm teil. Der internationale Einsatz erfolgt sodann für zwei bis drei Jahre, und zwar in einem DEZA-Projekt, bei einer Schweizer NGO oder bei einer internationalen Organisation, darunter vor allem die VN-Organisationen.

Wer an einer Vermittlung als JPO durch den SEF interessiert ist, bewirbt sich direkt dort um die Aufnahme in den Expertenpool. Das Bewerbungsformular ist auf der Website des SEF erhältlich. Neben den Grundanforderungen sind vor allem Sprachkenntnisse sowie interkulturelle Kompetenzen gefragt. Die Vermittlungsmöglichkeiten auf JPO-Stellen werden auf der Website des SEF ausgeschrieben; Interessenten können sich nur auf konkret ausgeschriebene Stellen bewerben. Die Auswahl erfolgt aufgrund der Bewerbungsunterlagen und eines Rekrutierungstages. Die Endauswahl und die Anstellung der JPOs erfolgen auch hier durch die internationalen Organisationen, wobei der SEF eine Vermittlerrolle übernimmt.

2.3 Praktische Tipps

Praktika bei internationalen Organisationen sind mit wenigen Ausnahmen unbezahlt. Die Zeit als JPO wird zwar vergütet, jedoch sollten auch Anwärter auf diese Positionen rechtzeitig mit den Ausreisevorbereitungen beginnen, denn Praktikanten und JPOs müssen sich um organisatorische und finanzielle Fragen selbst kümmern. Wer frühzeitig mit den Vorbereitungen beginnt und weiß, welche Kosten auf ihn zukommen, erspart sich unnötige Sorgen und kann sich voll und ganz auf die neue Umgebung konzentrieren. Dies gilt vor allem für Praktikanten, die zum Praktikumsantritt über die Mittel oder über ein hinreichend hohes Stipendium verfügen sollten, um die gesamte Zeit zu finanzieren. In keinem Fall sollte ein Praktikum aus »Geldmangel« scheitern, denn es ist eine grundlegende Investition in die eigene Karriere. Praktika bei internationalen Organisationen zahlen sich zu einem späteren Zeitpunkt fast immer aus, auch für diejenigen, die nicht in den internationalen Dienst einsteigen.

Die zu erwartenden Kosten hängen im Einzelnen vom Dienstort ab und können deutlich variieren. Zumeist geben die internationalen Organisationen eine Schätzung der Kosten ab, die für die Lebenshaltung einschließlich Miete und unerlässliche Aufwendungen wie öffentliche Transportmittel anfallen. Derartige Schätzungen beruhen häufig auf Durchschnittswerten, das heißt höhere Kosten sind nicht auszuschließen, jedoch geht es unter Umständen auch günstiger.

Bewerber können sich die zu erwartenden Kosten auch selbst errechnen. Die Kalkulation sollte neben den Aufwendungen für Miete und Lebenshaltung im außereuropäischen Raum auch eine Auslandskrankenversicherung beinhalten. Weitere unvermeidbare Kosten sind die Hin- und Rückreise und Kosten für persönliche Aufwendungen, je nach den Ansprüchen des Einzelnen.

Diese Kosten sollte jeder einkalkulieren:

✓ Miete, Nebenkosten, eventuell Kaution, Maklergebühren
✓ Lebenshaltung
✓ Hin- und Rückreise
✓ Öffentliche Transportmittel vor Ort
✓ Auslandskrankenversicherung, weitere Versicherungen (Reisegepäck etc.)
✓ Telefon und Internet, Mobiltelefon
✓ Persönliche Aufwendungen
✓ Reserve für unvorhergesehene Kosten

Bewerber sollten wissen, dass die Immigrationsbehörden der Länder außerhalb des Europäischen Wirtschaftsraums in aller Regel ein spezielles Visum für die Dauer des Praktikums oder Arbeitseinsatzes ausstellen. Dieses Visum beinhaltet für Praktikanten in aller Regel keine Arbeitserlaubnis, so dass ein Nebenjob illegal wäre. Auch JPOs sollten den Wunsch nach einer Nebentätigkeit vorher rechtlich prüfen und berücksichtigen, dass internationale Organisationen Nebenbeschäftigungen unter Umständen untersagen.

Neben der Kostenkalkulation sollten auch alle organisatorischen Fragen rechtzeitig vor der Abreise geklärt sein. Hierzu zählen insbesondere eine geeignete Unterkunft für die Dauer des Praktikums oder des Arbeitseinsatzes, eine Krankenversicherung sowie der Bargeldtransfer während des Praktikums oder Einsatzes. Organisatorische Fragen zählen zur individuellen Ausreisevorbereitung und sind von den Praktikanten oder JPOs selbst zu klären, ebenso wie die Anreise zum Einsatzort.

Die Suche nach einer günstigen und zentral gelegenen Unterkunft kann gerade in Ballungszentren eine Herausforderung darstellen. Andererseits sind die Standorte von internationalen Organisationen an »expatriates«, das heißt Mitarbeiter aus dem Ausland, gewöhnt. Wichtig ist, dass der Suchende flexibel bleibt und bereit ist, Abstriche bei Komfort und Preis zu machen. An vielen Standorten internationaler Organisationen sind Platz und Preis zentrale Themen bei der Wohnungssuche, daher sollte die Priorität darauf liegen, dass die Unterkunft zentral und möglichst nah an der Dienststelle liegt. Empfehlenswert sind zudem möblierte Unterkünfte, die eine gute Grundausstattung bieten.

Die Mietkonditionen variieren in den einzelnen Ländern sehr stark und sollten vorher in Erfahrung gebracht werden. Bewerber sollten auf Flexibilität achten, das heißt kurze Kündigungsfristen und unkomplizierte Vertragsbedingungen. Im Internet finden sich für fast jedes Land der Erde Informationsseiten und Plattformen, in denen Vermieter und Neumieter miteinander in Kontakt treten können und erfahrene »expatriates« Neuankömmlingen Tipps geben. Auch Ex-Praktikanten oder andere Bedienstete haben unter Umständen wertvolle Hinweise oder können Fragen beantworten.

Neben der Unterkunft sollte sich jeder über die Modalitäten seiner Krankenversicherung im Zielland informieren. Außerhalb des Europäischen Wirtschaftsraumes ist zumeist eine Auslandskrankenversicherung erforderlich, wenn diese nicht bereits durch den Arbeitgeber abgeschlossen wird. Ebenso wichtig ist ein Gespräch mit der Hausbank über die Möglichkeiten, im Ausland an Bargeld zu kommen. Während der Kapitaltransfer innerhalb der Europäischen Union umkompliziert ist, variieren die Möglichkeiten in anderen Ländern. JPOs und Praktikanten, die länger bleiben, sollten eine Kontoeröffnung vor Ort prüfen. Wer in einem Schwellen- oder Entwicklungsland tätig wird, sollte sich schließlich über empfohlene Vorsorgebehandlungen informieren, wenn nicht bereits die einsetzende Organisation entsprechende medizinische Maßnahmen voraussetzt.

Das ist unbedingt vor der Ausreise zu klären:

✓ Visa- und Immigrationsangelegenheiten
✓ Unterkunft und Einzugsmodalitäten
✓ Krankenversicherung, weitere Versicherungen
✓ Hin- und Rückreise
✓ Bargeld und Bargeldtransfer
✓ Impfungen und ähnliche Untersuchungen, sofern erforderlich oder vorgeschrieben

Wer alles Wesentliche organisiert hat, kann sich entspannt auf seine Ausreise freuen und sollte sich nicht allzu viele Gedanken machen. Der Aufenthalt lässt sich nicht in jeder Einzelheit planen und viele Dinge ergeben sich vor Ort. Westliche Industrieländer bieten alles, was Bewerber auch in Deutschland gewohnt sind, und auch die Standorte in Schwellen- und Entwicklungsländern haben sich zumeist an die Bedürfnisse der internationalen Bediensteten angepasst. Schließlich ist kein Praktikant oder JPO ein Pionier an seinem Einsatzort.

Ein hohes Maß an Flexibilität ist generell das beste Konzept, um sich schnell einzuleben. Das gilt auch für die Unterkunft und den Lebensstandard. Die Millionenmetropolen bieten zwar höchsten Komfort, der hat allerdings seinen Preis. Sparlösungen wie »flat/appartment sharing« (Wohngemeinschaften), gemeinsam genutzte Internetverbindungen und der Verzicht auf Autos oder Taxis sind in großen Städten normal. Wer offen ist, wird den Aufenthalt und das Angebot der großen Städte genießen.

Dr. Peter Woeste ist stellvertretender Leiter der Abteilung Wirtschaftspolitik der Ständigen Vertretung der Bundesrepublik Deutschland bei den Vereinten Nationen in New York. Von seinem Büro aus hat er einen freien Blick auf das Hauptgebäude des VN-Sekretariats am East River. Vor seinem »Amtsantritt« in New York war Peter Woeste stellvertretender Koordinator für Internationale Personalpolitik im Auswärtigen Amt.

Wie schätzen Sie den Personalbedarf im VN-System in den nächsten Jahren ein?
Der größte Zukunftsmarkt ist peacekeeping – DPKO. Dort ist absehbar, dass die Missionen zunehmen, technischer werden und dass immer mehr Personal aus Hochtechnologieländern benötigt werden wird. Dementsprechend wird auch die zivile Seite – und das ist das, was Bewerber interessiert – zunehmend professionalisiert.

Das klassische Geschäft des Sekretariats – Konferenzen etc. – stagniert seit Jahren. Was auch zunimmt, ist der gesamte Umweltbereich.

Was kann die deutsche Vertretung bei den Vereinten Nationen für Bewerber tun?
Wir tun eine Menge für die Beigeordneten Sachverständigen. Die unterstützen wir, damit sie eine dauerhafte Beschäftigung im VN-System finden. Wir tun eine Menge für alle NCRE-Absolventen, denn wenn sie einmal auf dem *roster* sind, wollen wir auch, dass sie einsteigen.

Aber: Es gibt keine Quoten. Es gibt keine festen Stellen, auf die Deutschland zurückgreifen kann. Es geht tatsächlich nur im Wettbewerb. Es gibt vereinbarte Zielmargen, aber es gibt keinen Anspruch.

Wie sieht ein Bewerber aus, der für die Vereinten Nationen topqualifiziert ist?

Das, was in den Ausschreibungen steht, sollte erfüllt werden. Das gilt zumindest für die Profilpunkte, die ein *recruiter* einfach abhaken will. Wenn zehn Jahre Berufserfahrung gefordert werden, kommt man mit acht Jahren nicht durch.

Bei der großen Menge an Bewerbungen ist ein *recruiter* über jedes Kriterium dankbar, aufgrund dessen er eine Bewerbung aussortieren kann.

Wie sieht ein international ausgerichteter Lebenslauf aus?
Ein vielversprechender Lebenslauf beinhaltet: Auslandsstudium, Auslandspraktika – möglichst in der späteren Berufsgruppe. Sehr kritisch muss man die Frage der Promotion prüfen. Oft bieten sich andere Möglichkeiten an, diese Zeit für eine international interessantere Zusatzqualifikation zu nutzen, zum Beispiel einen ausländischen Master. Eine Promotion müsste auf die angestrebte Berufsthematik passen, so dass man sich damit vorstellen kann.

Das Kernkompetenzmodell der Vereinten Nationen betrachten viele für sich als zutreffend. Was unterscheidet erfolgreiche Bewerber von anderen?
Die Vereinten Nationen suchen eher Fachleute als Generalisten. Die sind deutlich anders strukturiert als etwa eine nationale Behörde. Deshalb haben deutsche Absolventen von generalistischen Studiengängen häufig ein Problem, denn im Ausland sucht man dann plötzlich den Spezialisten.

Das Programm Beigeordnete Sachverständige erfordert Berufserfahrung – ein weiter Begriff.
Da man sich bei dem Programm ja nur auf zwei spezielle Stellen bewerben kann, sollte man relevante Berufserfahrung haben. Allerdings gibt es keine allgemeine Empfehlung.

Das Programm Beigeordnete Sachverständige ist gut und vor allem sind alle, die wir jetzt in der mittleren Generation auf Führungspositionen haben, durch dieses Programm gekommen. Die, die jetzt auf den D-Positionen sind, sind einmal JPOs gewesen.

Inwieweit helfen »informelle Kontakte« zum Einstieg und wem?
Es widerspräche ja jeder Lebenserfahrung, dass informelle Kontakte nicht hilfreich wären. Das ist bei den Vereinten Nationen auch so, solange die Einstellungsvoraussetzungen erfüllt werden.

Womit ich sagen will: Es geht tatsächlich um Leistung. Eine Organisation bestraft sich nicht selbst, indem sie einen Top-Qualifizierten zugunsten eines weniger Qualifizierten ablehnt.

Teil II: Einstiegsoptionen bei internationalen Organisationen

Wer sich mit den allgemeinen Hinweisen für einen Einstieg bei internationalen Organisationen vertraut gemacht hat, möchte unter Umständen direkt mit den Bewerbungen beginnen. Bevor die Informationen des vorigen Teils »umgesetzt« werden, sollte man sich jedoch zunächst einen Gesamtüberblick verschaffen. Die folgenden Kapitel stellen die Aufgaben und Strukturen der großen internationalen Organisationen vor und erläutern die konkreten Einstiegsmöglichkeiten.

Bewerber sollten zudem eine grundlegende funktionale Unterscheidung kennen: Alle Akteure, die für eine internationale Organisation im weitesten Sinne tätig sind, sind einer von zwei zentralen Funktionsebenen zuzuordnen – der politischen Entscheidungsebene oder der Verwaltungsebene. Diese Trennung ist sehr wichtig, denn hieran bemisst sich der potenzielle Arbeitgeber.

Die politische Entscheidungsebene lenkt die Geschicke einer internationalen Organisation. Ihre Akteure sind die Vertreter der nationalen Regierungen im weitesten Sinne. Die Verwaltungsebene steht der politischen Entscheidungsebene unterstützend und beratend zur Seite. Ihre Akteure sind die internationalen Bediensteten. Nicht immer ist die Trennung scharf und zuweilen sind internationale Bedienstete sehr einflussreich. Dies ändert jedoch nichts am Grundprinzip.

Kandidaten für internationale Organisationen bewerben sich um einen Einstieg in die Verwaltungsebene. Bei der effektiven Suche nach möglichen Einstiegsoptionen sollten sich Bewerber daher auch einen Überblick über die Verwaltungsstruktur einer internationalen Organisation verschaffen, denn dort werden sie im Erfolgsfall arbeiten. Wer für die politischen Entscheidungsträger tätig werden möchte, sucht nach Positionen bei der Regierung seines Heimatlandes.

1   Im Dienst des Weltfriedens: Arbeiten für die Vereinten Nationen

While not answering every conflict during half-century history, United Nations peacekeepers have saved tens of thousands of lives.
Kofi Annan zum 50-jährigen Bestehen der UN-Friedensmissionen am 6. Oktober 1998

Mit ihren zahlreichen Unterorganisationen, Sonderorganisationen und angeschlossenen Organisationen sowie einem Gesamtetat von jährlich circa 1,8 Milliarden Dollar sind die Vereinten Nationen (VN)[4] die größte internationale Organisation dieser Erde. Genau genommen handelt es sich um eine Organisations-Familie, das »System der Vereinten Nationen«.

Begründet wurden die Vereinten Nationen am 26. Juni 1945 in San Francisco von 51 Staaten, darunter eine Reihe europäischer Staaten, die USA, Kanada und Australien. Österreich trat den Vereinten Nationen bereits 1955 bei, die Schweiz ist hingegen erst seit 2002 VN-Mitglied. Die Bundesrepublik Deutschland wurde 1973 in die Vereinten Nationen aufgenommen, zeitgleich mit der DDR. Die deutsche diplomatische Vertretung bei den Vereinten Nationen existiert allerdings schon seit 1952.

Die Mitgliedschaft in den Vereinten Nationen steht grundsätzlich jedem »friedliebenden« Staat offen, der bereit ist, die VN-Verpflichtungen zu übernehmen. Seit der Begründung der Vereinten Nationen hat sich die Anzahl ihrer Mitglieder ständig vergrößert, auch durch territoriale Veränderungen. Insgesamt gehören den Vereinten Nationen heute 192 Mitgliedsstaaten an. Damit sind die Vereinten Nationen eine »echte« Weltgemeinschaft, denn derzeit sind 194 Staaten international als unabhängig anerkannt.

Die »Satzung« der Vereinten Nationen ist die VN-Charta. Sie enthält alle Rechte und Pflichten der Mitgliedsstaaten und definiert auch die Organe der Vereinten Nationen. Aus der VN-Charta ergeben sich zudem die Grundprinzipien der Vereinten Nationen, vor allem das Prinzip der souveränen Gleichheit aller Mitgliedsstaaten und die Pflicht, die

---

4   Englisch: United Nations (UN) oder United Nations Organization (UNO)

aus der Charta erwachsenden Verpflichtungen zu erfüllen. Für Bewerber bei den Vereinten Nationen gehört die VN-Charta zur Pflichtlektüre.

Die Vereinten Nationen kennen fünf offizielle Sprachen, die sogenannten »Weltsprachen«: Chinesisch, Englisch, Französisch, Russisch und Spanisch. Arabisch kam später als offizielle Sprache einiger der Hauptorgane der Vereinten Nationen hinzu.

1.1 Die Vereinten Nationen im Überblick

Die Vereinten Nationen sind keine in sich kohärente Organisations-Familie, sondern von einem hohen Maß an organisatorischer und thematischer Vielfalt geprägt. Ein zentraler Rekrutierungsmechanismus existiert ebenso wenig wie ein allgemeines System zur Stellenausschreibung. Die Vereinten Nationen sind auch nicht identisch mit dem VN-System, obgleich sie Teil des VN-Systems sind.

Die Organisationsbreite und -tiefe des VN-Systems mag Bewerber zuweilen verwirren. Wer für die Vereinten Nationen arbeiten möchte, kommt allerdings nicht umhin, sich mit dem VN-System vertraut zu machen. Dies gelingt am besten, indem sich Bewerber zunächst einen Gesamtüberblick verschaffen und sich dann mit denjenigen VN-Organisationen genauer beschäftigen, die als Arbeitgeber interessant sein könnten. Insgesamt lassen sich innerhalb des VN-Systems drei Gruppen von VN-Organisationen unterscheiden:
– Die Vereinten Nationen, ihre Organe und Unterorganisationen
– Die Sonderorganisationen der Vereinten Nationen
– Die angeschlossenen Organisationen.

Ein Organigramm zum Gesamtüberblick findet sich in Teil III.
Eine vollständige Übersicht bietet das »United Nations System Chart«
(→ C.1). Die VN-Terminologie mit ihren vielfältigen Abkürzungen
erläutert die »United Nations Multilingual Terminology Database«
(→ C.1). Informationen finden sich zudem beim Regionalen Informationszentrum der Vereinten Nationen für Westeuropa sowie bei der Deutschen Gesellschaft für die Vereinten Nationen oder der Gesellschaft Schweiz – UNO (→ C.1).

Die Vereinten Nationen verfügen über sechs Hauptorgane:
- Sicherheitsrat (»Weltsicherheitsrat«, Security Council)
- Sekretariat (United Nations Secretariat)
- Generalversammlung (General Assembly)
- Wirtschafts- und Sozialrat (Economic and Social Council)
- Treuhandrat (Trusteeship Council)
- Internationaler Gerichtshof (International Court of Justice).

Mit Ausnahme des Internationalen Gerichtshofs, der seinen Sitz in Den Haag hat, haben alle Hauptorgane der Vereinten Nationen ihren Sitz in New York. Der Sicherheitsrat ist das zentrale Entscheidungsgremium der Vereinten Nationen und trägt die Hauptverantwortung für die Wahrung des Weltfriedens und der internationalen Sicherheit.

Seine fünf ständigen Mitglieder China, Frankreich, Großbritannien, die Russische Föderation und die USA verfügen bei Abstimmungen über ein Vetorecht: Ohne ihre Zustimmung kommt kein Beschluss zustande. Neben den ständigen Mitgliedern gehören dem Sicherheitsrat zehn nichtständige Mitglieder an, die von der Generalversammlung für eine »Amtszeit« von jeweils zwei Jahren gewählt werden.

Die Generalversammlung ist die Plattform der Vereinten Nationen zur Debatte und zur Beratung von Einzelfragen. Sie wird zuweilen als »Weltparlament« bezeichnet, dies trifft jedoch nicht ganz zu, denn die Generalversammlung setzt sich aus Vertretern der Regierungen der VN-Mitgliedsstaaten zusammen, die ihrer Regierung gegenüber weisungsgebunden sind.

Die Generalversammlung kann sich mit jeder Frage von internationaler Bedeutung befassen, die nicht zugleich im Sicherheitsrat behandelt wird. Sie setzt auch die Programme, Fonds und die anderen Unterorganisationen der Vereinten Nationen ein und wählt die Mitglieder des Wirtschafts- und Sozialrates und die Richter des Internationalen Gerichtshofes.

Der Internationale Gerichtshof ist das Hauptrechtsprechungsorgan der Weltgemeinschaft und deren universelles völkerrechtliches Schiedsgericht. Seine Richter werden für eine Amtszeit von neun Jahren ernannt und entscheiden über Rechtsstreitigkeiten zwischen den Staaten, die die Gerichtsbarkeit des Internationalen Gerichtshofes anerkennen. Alle Mitgliedsstaaten haben sich mit ihrem VN-Beitritt dazu verpflichtet, sie selbst betreffende Entscheidungen des Gerichtshofs anzuerkennen.

Der Internationale Gerichtshof ist nicht zu verwechseln mit zwei internationalen Straftribunalen zur Ahndung schwerer Verbrechen gegen die Menschlichkeit: das Internationale Tribunal für Kriegsverbrechen im ehemaligen Jugoslawien (International Crime Tribunal for Former Yugoslavia) und das Internationale Tribunal für Kriegsverbrechen in Ruanda (International Crime Tribunal for Ruanda).

Die zentrale Verwaltungseinheit der Vereinten Nationen ist das Sekretariat. Von seinem Hauptsitz in New York aus (→ C.1) und drei weiteren Dienststellen in Genf, Wien und Nairobi (→ C.1) unterstützt das VN-Sekretariat die übrigen VN-Organe. Seine Mitarbeiter organisieren Konferenzen, erarbeiten Studien und Berichte und stellen auch den Haushaltsplan auf. Zu den Aufgaben des VN-Sekretariats zählt zudem die Koordination der humanitären und friedenssichernden Maßnahmen der Vereinten Nationen.

Der höchste Verwaltungsbeamte der Vereinten Nationen ist der Generalsekretär, der auf Empfehlung des Sicherheitsrates von der Generalversammlung auf fünf Jahre ernannt wird. Neben seiner Aufgabe als Verwaltungschef des Sekretariats ist der Generalsekretär der diplomatische »Kopf« der Vereinten Nationen und globaler Anwalt ihrer Ziele. Im öffentlichen Bild erscheint der Generalsekretär häufig als tragende Figur des VN-Systems, obgleich er an die Entscheidungen des Sicherheitsrates und an die Beschlüsse der Generalversammlung gebunden ist. Von 1997 bis 2006 wurde diese Funktion von dem Ghanaer Kofi Annan erfüllt, der seine Karriere selbst auf der Einstiegsebene begann. Seit 1. Januar 2007 ist der Süd-Koreaner Ban Ki-moon Generalsekretär der Vereinten Nationen.

Insbesondere in den 1960er und 1970er Jahren sind zu den Haupt- und Nebenorganen der Vereinten Nationen eine Reihe von Spezialinstitutionen hinzugekommen, um spezielle Aufgaben der Vereinten Nationen zu erfüllen. Hierzu zählen insbesondere:
- Die Programme und Fonds der Vereinten Nationen
- Die Forschungs- und Ausbildungsinstitute
- Die »anderen Einrichtungen« der Vereinten Nationen.

Die Programme und Fonds der Vereinten Nationen werden häufig als »Spezialorgane« oder »Unterorganisationen«[5] bezeichnet. Sie treten nach außen zumeist eigenständig in Erscheinung und werden daher auch als »quasi-autonom« beschrieben. Formal sind die VN-Unterorganisationen jedoch integraler Bestandteil der Vereinten Nationen, vor allem in verwaltungs- und haushaltsrechtlicher Sicht. Im Hinblick auf die Personalgewinnung ergeben sich hingegen Unterschiede, die noch erläutert werden.

Während die VN-Unterorganisationen von der Generalversammlung eingesetzt werden, hat auch der Wirtschafts- und Sozialrat der Vereinten Nationen zur Bewältigung seiner Aufgaben eine Reihe von Spezialinstitutionen geschaffen. Der Wirtschafts- und Sozialrat ist das Koordinations- und Kontrollorgan für die wirtschaftlichen und sozialen Maßnahmen der Vereinten Nationen und setzt sich aus 54 VN-Mitgliedern zusammen. Zu seinen Unterinstitutionen zählen:
- Die Fachkommissionen
- Die Regionalkommissionen
- Die ständigen Ausschüsse
- Die Sachverständigen- und Ad-hoc-Ausschüsse sowie die anderen Körperschaften.

Der Wirtschafts- und Sozialrat koordiniert zudem die Sonderorganisationen des VN-Systems (*specialized agencies*), die sich von den VN-Unterorganisationen vor allem dadurch unterscheiden, dass sie völkerrechtlich autonom sind. Die VN-Sonderorganisationen sind eigenständige internationale Organisationen, die zum Teil außerhalb der Vereinten Nationen entstanden und mit den Vereinten Nationen aufgrund von Beziehungsabkommen verbunden sind.

Die VN-Sonderorganisationen gleichen in diesen Punkten der dritten Kategorie von VN-Organisationen: den angeschlossenen Organisationen (*related organizations*). Sowohl die Sonderorganisationen als auch die angeschlossenen Organisationen der Vereinten Nationen handeln vollständig autonom, stellen eigene Regularien auf und verwalten ihre Maßnahmen eigenständig. Sie verfügen über ein eigenes Budget und

---

5 Im Folgenden wird der Begriff »Unterorganisationen« verwendet.

bestimmen überdies ihre Mitgliedsstaaten selbst. Die vertragliche Vereinbarung, die sie mit den Vereinten Nationen verbindet, räumt letzteren beschränkte Mitspracherechte ein. Zudem sind die Vereinten Nationen, ihre Sonderorganisationen und ihre angeschlossenen Organisationen gemeinsam darum bemüht, ihre Maßnahmen zu koordinieren, um Überschneidungen und Doppelungen zu vermeiden.

Die Koordination all dieser Organisationen erfolgt auf verschiedenen Ebenen durch die Generalversammlung, den Wirtschafts- und Sozialrat, einen Verwaltungsausschuss (Chief Executives Board for Coordination, CEB) und – für personalrechtliche Fragen – durch die Experten-Kommission für den internationalen öffentlichen Dienst (International Civil Service Commission, ICSC) (→ C.1).

Die Organisationsvielfalt des VN-Systems mag auf den ersten Blick verwirrend erscheinen, ist jedoch zugleich eine Chance, denn Bewerber können sich bei den verschiedenen Organisationen gleichzeitig um eine Position bemühen.

Die Sonderorganisationen und die angeschlossenen Organisationen verfügen über einen eigenen Verwaltungsapparat und rekrutieren auch ihr Personal autonom. Bewerber sollten daher die organisatorische Vielfalt des VN-Systems berücksichtigen, bevor sie auf Stellensuche gehen. Ein zentraler Rekrutierungsmechanismus existiert für das VN-System ebenso wenig wie ein allgemeines, von allen Organisationen angewendetes Dienstrecht.[6]

Allerdings haben die Vereinten Nationen für ihre Beschäftigten ein gemeinsames Dienst- und Personalrecht entwickelt (*common system*), das auch von den VN-Unterorganisationen, von einigen VN-Sonderorganisationen und überdies von einigen anderen internationalen Organisationen angewendet wird:

Unterorganisationen, die das »common system« anwenden:
- United Nations Development Programme (UNDP)
- United Nations Population Fund (UNFPA)
- United Nations Office for Project Services (UNOPS)
- United Nations High Commissioner for Refugees (UNHCR)

---

6 Das Dienstrecht regelt neben der Besoldung vor allem die Pensions- und alle sonstigen Ansprüche, die Dienstränge, den Dienstaufstieg und ähnliche Fragen.

- United Nations Children's Fund (UNICEF)
- United Nations Relief and Works Agency for Palestine Refugees in the Near East (UNRWA)
- International Trade Centre (ITC)
- World Food Programme (WFP).

Sonderorganisationen, die das »common system« anwenden:
- International Labour Organization (ILO)
- Food and Agriculture Organization (FAO)
- United Nations Educational, Scientific and Cultural Organization (UNESCO)
- World Health Organization (WHO)
- International Civil Aviation Organization (ICAO)
- Universal Postal Union (UPU)
- International Telecommunication Union (ITU)
- World Meteorological Organization (WMO)
- International Maritime Organization (IMO)
- World Intellectual Property Organization (WIPO)
- International Fund for Agricultural Development (IFAD)
- United Nations Industrial Development Organization (UNIDO)
- International Atomic Energy Agency (IAEA)
- World Tourism Organization (WTO)[7].

1.2 Die Vereinten Nationen als Arbeitgeber

Wer für die Vereinten Nationen arbeiten möchte, kommt um eine umfangreiche Stellensuche nicht umhin. Das gilt selbst für diejenigen, die bereits als Berater oder JPO im VN-System arbeiten, denn das VN-System verfügt über keine zentrale Datenbank, in der sich alle aktuellen Stellenausschreibungen finden würden.

Jedoch rekrutieren die Vereinten Nationen und die meisten ihrer Unterorganisationen über ein zentrales Rekrutierungsportal: das »Galaxy e-Staffing«-System (→ C.5). Das »Galaxy e-Staffing«-Sys-

---

7 Die Welttourismus-Organisation (VN-Sonderorganisation) und die Welthandelsorganisation (VN-angeschlossene Organisation) verwenden das gleiche Akronym.

tem listet alle offenen Stellen innerhalb des VN-Sekretariats und dessen Dienststellen sowie Positionen bei VN-Unterorganisationen und auch auf den VN-Friedensmissionen auf.

Offene Stellen bei den VN-Sonderorganisationen und bei den angeschlossenen Organisationen sind über deren Websites abzurufen. Zur Erleichterung der Suche haben die Vereinten Nationen die zentrale Website »United Nations System Employment Opportunities« (→ C.5) eingerichtet, die mit den Rekrutierungsseiten der einzelnen VN-Organisationen verlinkt ist. Stellen im VN-Sekretariat und bei den VN-Organisationen werden zudem in die Datenbanken des Auswärtigen Amtes aufgenommen.

1.2.1 Einstiegs- und Aufstiegschancen im VN-System

Zu den größten und wichtigsten »Arbeitgebern« innerhalb des VN-Systems zählt das VN-Sekretariat. Beim VN-Sekretariat stehen die Mitarbeiter aller Hauptabteilungen, der Büros, Programme, Fonds, Feldmissionen und der Regionalkommissionen unter Vertrag, sowie die JPOs, die Berater (*consultants*) und die Beschäftigten des »general service«.

2006 beschäftigte das VN-Sekretariat insgesamt 30.548 Mitarbeiter, davon etwa ein Drittel (31 %) in der »professional category«. Mehr als ein Drittel aller Bediensteten (35 %) war am Hauptsitz der Vereinten Nationen in New York tätig. Die Hälfte (56 %) aller Bediensteten – einschließlich der lokalen Kräfte (*local staff*) – war auf einer der Feldmissionen im Einsatz, mehrheitlich unter der Koordination der Abteilung für Friedensoperationen (DPKO).

Von den »professionals«, die das VN-Sekretariat 2006 beschäftigte, waren 1.112 auf Einstiegspositionen (P-1/P-2) tätig, gegenüber 4.798 Bediensteten auf Positionen der mittleren Karrierestufe (P-3/P-4). Dies verdeutlicht, dass die Vereinten Nationen bevorzugt Kandidaten mit einschlägiger Berufserfahrung rekrutieren. Zudem zeigen die Zahlen, dass das Durchschnittsalter der VN-Bediensteten hoch ist.

Neben dem VN-Sekretariat zählt die Weltbank zu den größten »Arbeitgebern« innerhalb des VN-Systems. Insgesamt beschäftigt die Weltbankgruppe in ihrem Hauptsitz in Washington oder in einem ihrer mehr als 100 Länderbüros weltweit circa 10.000 Mitarbeiter aus den verschiedensten VN-Mitgliedsstaaten. Etwa 3.000 Weltbank-Bediensteten, das heißt fast ein Drittel, sind in einem Entwicklungsland tätig.

Die Vereinten Nationen stehen vor einer Pensionierungswelle: 15 Prozent bzw. 1.759 aller Beschäftigten allein des VN-Sekretariats werden in den nächsten Jahren das Pensionierungsalter erreichen. Der Anteil der erwarteten Pensionierungen liegt dabei in der »professional category« bei etwa 32 Prozent, im »general service« bei gut 60 Prozent der Bediensteten. Pro Jahr werden durchschnittlich 352 Beschäftigte in den Ruhestand treten, wobei die Spitze für das Jahr 2009 mit dann 435 Pensionierungen erwartet wird. Die Pensionierungen betreffen alle Dienststufen, auch die Führungsebenen.

Die Vereinten Nationen haben bereits ihre »replacement needs« definiert, das heißt die Bereiche, in denen viele oder sehr viele Pensionierungen erwartet werden. Recht jung ist die Belegschaft in einigen Abteilungen des VN-Sekretariats, darunter DPKO, sowie bei UNEP und bei einigen Regionalkommissionen. Dort schätzen die Vereinten Nationen »low replacement needs«, das heißt Pensionierungen von weniger als 25 Prozent der derzeitigen Belegschaft.

Ein höherer Rekrutierungsbedarf (»medium replacement needs« von 25 bis 40 Prozent der derzeitigen Belegschaft) wird bei einigen Hauptabteilungen des Sekretariats erwartet, sowie bei UNCTAD, OCHA, UN-Habitat sowie auf den Feldmissionen von DPKO. Mehr als 30 Prozent »replacement needs« werden zudem für einige Regionalkommissionen und das VN-Büro in Wien erwartet.

Ein hoher Bedarf an Nachwuchskräften (»high replacement need« von über 40 Prozent) besteht in der Hauptabteilung für die Generalversammlung und das Konferenzmanagement (DGACM), in der Personalabteilung (OHRM) und in der Wirtschafts- und Sozialkommission für Westasien. Für das VN-Büro in Genf belaufen sich die Pensionierungsschätzungen auf knapp 46 Prozent.

Die Entwicklung dürfte mit dieser Pensionierungswelle nur temporär abgeschlossen sein. Dies zeigt ein Blick auf das Durchschnittsalter der Bediensteten, das 2006 bei 45,9 Jahren lag. Nur 5 Prozent der Bediensteten waren jünger als 30 Jahre, knapp ein Drittel der Bediensteten waren immerhin jünger als 40 Jahre. Der Anteil der über 45-Jährigen lag 2006 bei insgesamt 56 Prozent.

Gemessen an den »replacement needs« stehen die Chancen für qualifizierte Einsteiger und Fachkräfte somit gut. Dies zeigt auch ein Blick
auf den Anteil an Pensionierungen unter den Beschäftigten, deren Stellen unter das System der nationalen Quoten bei den Vereinten Nationen
(*system of desirable ranges*) fallen: Ab 2008 bis einschließlich 2010 werden 226 Positionen dieser Art »frei«.

Dabei sollten Bewerber wissen, dass die Vereinten Nationen und
ihre Organisationen zunehmend Stellen flexibilisieren. Befristete
Verträge sind schon heute eine gängige Form der Beschäftigung:
Von allen Bediensteten des VN-Sekretariats waren 2006 gut 48 Prozent auf befristeten Verträgen (*fixed-term appointments*) beschäftigt,
gegenüber 13 Prozent auf Dauerstellen (*permanent positions*). Die
meisten Dauerbeschäftigten finden sich in den Hauptabteilungen des
Sekretariats, die wenigsten auf VN-Friedensmissionen. Dabei haben
auch die Vereinten Nationen seit 1998 Stelleneinsparungen vorgenommen, insbesondere im Stabsbereich. Zugleich haben sich »Wachs-
tumsbranchen« entwickelt, in denen die Nachfrage nach Personal
steigt. Hierzu zählen insbesondere die Friedensmissionen der Vereinten Nationen.

Hinsichtlich der nationalen Herkunft ist das Personal der »professional category« bei den Vereinten Nationen recht ungleich verteilt:
20 VN-Staaten »stellen« 62 Prozent der Bediensteten, darunter auch
Deutschland. Den stärksten Personalanteil an den »professionals«, die
2006 beim VN-Sekretariat unter Vertrag standen, stellten die USA mit
939 Mitarbeitern (11,5 %), gefolgt von Frankreich mit 553 Beschäftigten (6,8 %) und Großbritannien (417 bzw. 5,1 %). Erst an sechster Stelle
folgt Deutschland nach Russland und Kanada mit 278 Beschäftigten
(3,4 %). Die Schweiz war 2006 noch unter den 20 bei den Vereinten
Nationen personell am stärksten »vertretenen« Staaten, Österreich
nicht mehr.

*Der auffallend starke Personalanteil der USA, Frankreichs oder Groß-
britanniens verdeutlicht, wie effektiv »Lobbying« der Regierungen für
Kandidaten aus dem eigenen Land ist, ebenso wie »Mentoring«, das
heißt die aktive Unterstützung von Einsteigern durch »Landsleute« in
den Organisationen. Allerdings ist auch festzustellen, dass Schwellen- und*

Entwicklungsländer generell schwach »vertreten« sind, so zum Beispiel China, das bei einer mehr als zehnmal so großen Bevölkerung weniger Personal als Deutschland stellt, oder Argentinien, das mit 40 Millionen Einwohnern so viele VN-Bedienstete stellt wie die Schweiz mit 7,5 Millionen Einwohnern.

1.2.2 Aufgabengebiete und Arbeitgeber im Überblick

Wie bei den meisten internationalen Organisationen haben sich die Aufgaben der Vereinten Nationen im Laufe ihrer Existenz stark entwickelt. Eigens gegründet als Friedensgemeinschaft, erfordert die weltweit steigende Anzahl an regionalen und innerstaatlichen Konflikten zunehmend das Eingreifen der Weltgemeinschaft durch Maßnahmen zum Konfliktmanagement, zur Post-Konfliktrehabilitation und zur humanitären Hilfe einschließlich der Flüchtlingshilfe und der Nahrungsmittelhilfe.

»Traditionelle« Dauerthemen der Vereinten Nationen sind zudem die weltweite Einhaltung der Menschenrechte und die Eindämmung von Menschenrechtsverletzungen sowie die Entwicklungszusammenarbeit, vor allem in den ärmsten Regionen der Erde, in denen auch Konflikte nicht selten sind.

Zentrale VN-Themen, die in jüngerer Zeit besondere globale Bedeutung gewonnen haben, sind der Umwelt- und der Klimaschutz, der Verlust von Ackerflächen durch Wüstenbildung (*desertification*) und der Artenschutz, der Umgang mit den wichtigsten »Treibern« der Globalisierung, Telekommunikation und globale Mobilität sowie die weltweite Regulierung anderer Schlüsseltechnologien.

Die Formen und das Ausmaß von Diskriminierungen haben global zugenommen, was die Weltgemeinschaft ebenso fordert wie die Bekämpfung von Seuchen, vor allem von HIV/Aids, und von anderen Krankheiten. Zwei zentrale Themen von aktueller Bedeutung sind auch die Bekämpfung der organisierten internationalen Kriminalität und des internationalen Terrorismus.

Obgleich das VN-Sekretariat und die meisten VN-Organisationen thematisch recht breit aufgestellt sind, besteht ein großer Bedarf an Spezialisten. Experten bilden das fachlich-inhaltliche Rückgrat jeder internationalen Organisation, ohne das auch die VN-Organisationen ihre häufig schwierigen Aufgabenstellungen nicht erfüllen könnten. Spezialwissen ist daher ein wichtiger Karrieretreiber – nicht nur bei den Vereinten Nationen.

Die Ausnahme bilden einige Stabsstellen, die das VN-Sekretariat und die anderen VN-Organisationen besetzen, darunter insbesondere die allgemeine Verwaltung, Finanzen und Stellen im Personalbereich. Fachkräfte für diese Verwaltungsaufgaben werden ebenfalls regelmäßig rekrutiert und müssen Fachwissen auf diesen Gebieten mitbringen, die Anzahl der verfügbaren Stellen ist jedoch begrenzt.

Der Bedarf nach fachlich-inhaltlicher Expertise variiert je nach VN-Organisation und bemisst sich in erster Linie an deren Zielsetzungen. Um effektiv nach individuellen Einstiegsoptionen suchen zu können, sollten sich Bewerber zunächst einen Überblick über die thematische Schwerpunktsetzung der einzelnen VN-Organisationen verschaffen und die Verwaltungsstruktur in Augenschein nehmen. Vor allem im VN-Sekretariat vollzieht sich die Eingrenzung der Themen in den spezialisierten Abteilungen.

Die folgenden Kapitel vermitteln einen Überblick über die einzelnen VN-Organisationen. Dieser kann freilich nicht abschließend sein. Wer eine VN-Organisation entdeckt, die am eigenen Profil interessiert sein könnte, sollte sich mit dieser Organisation eingehend befassen und die dortigen Beschäftigungsmöglichkeiten prüfen.

Das Sekretariat der Vereinten Nationen ist ein »populäres« Karriereziel innerhalb des VN-Systems. Dies mag an den attraktiven Dienstorten liegen, zudem rekrutiert das Sekretariat regelmäßig Beschäftigte auf Lebenszeit und für zeitlich befristete Stellen. Stellen im Sekretariat finden sich im »Galaxy e-Staffing«-System und in den Datenbanken des Auswärtigen Amtes.

Die »professionals« im Sekretariat der Vereinten Nationen arbeiten in erster Linie in den Hauptabteilungen und in einem der Büros, die das Sekretariat für spezielle Aufgaben eingerichtet hat. Die Büros sind einer Abteilung des Sekretariats vergleichbar und nicht zu verwechseln mit den vier Dienststellen des Sekretariats in den unterschiedlichen Städten.

Zu den Hauptabteilungen des Sekretariats zählen neben dem Büro des Generalsekretärs (EOSG):
- Das Amt für interne Aufsichtsdienste (OIOS)
- Der Bereich Rechtsangelegenheiten (OLA)
- Die Abteilung Politische Angelegenheiten (DPA)
- Die Abteilung für Abrüstungsfragen (DDA)
- Die Hauptabteilung für Friedenssicherungseinsätze (DPKO)
- Das Amt für die Koordinierung humanitärer Angelegenheiten (OCHA)
- Die Abteilung Wirtschaftliche und Soziale Fragen (DESA)
- Die Hauptabteilung Generalversammlung und Konferenzmanagement (DGACM)
- Die Hauptabteilung für Presse und Information (DPI)
- Die Abteilung für die Sicherheitskoordination (DSS)
- Die Hauptabteilung Management (DM).

Die Hauptabteilungen des Sekretariats decken ein breites Themen- und Aufgabenspektrum ab und befassen sich mit fast allen Fragen, die die Vereinten Nationen behandeln. Die Büros haben hingegen spezielle Aufgaben. Sie sind direkt dem Sekretariat oder dem Generalsekretär der Vereinten Nationen unterstellt und können jederzeit um weitere Büros ergänzt werden.

Spezialbüros des Sekretariats sind derzeit:
- Das Büro des Hohen Beauftragten für die am wenigsten entwickelten Länder, Binnenentwicklungsländer und kleinen Inselentwicklungsländer (OHRLLS)
- Das Büro des Spezialbeauftragten für Afrika (OSAA)
- Das Büro der Beauftragten des Generalsekretärs für Kinder in Konfliktgebieten (Office of the Special Representative of the Secretary-General for Children and Armed Conflict)
- Das Büro des Ombudsmanns der Vereinten Nationen (Office of the United Nations Ombudsman).

Zu den Spezialbüros, die direkt dem Sekretariat unterstehen, gehören zudem das Büro für Drogen- und Verbrechensbekämpfung der Vereinten Nationen (United Nations Office on Drugs and Crime, UNODC) mit

Sitz in Wien (→ C.1) und das Büro des Hohen Kommissars der Vereinten Nationen für Menschenrechte (Office of the United Nations High Commissioner for Human Rights, OHCHR) (→ C.1).

UNODC wurde 1997 gegründet und zählt zu den jüngeren Büros der Vereinten Nationen. Das Büro bekämpft den Handel mit illegalen Drogen, den Drogenmissbrauch sowie die internationale Drogenkriminalität und koordiniert das Drogenkontrollprogramm der Vereinten Nationen (UNDCP). Dazu führt UNODC Recherchen und Analysen durch, berät Staaten in der Ratifikation und Umsetzung von Drogenkontrollverträgen und koordiniert Projekte zur Abwehr von illegalem Drogenhandel. UNODC hat circa 500 Mitarbeiter, die in Wien und in 21 Feldstationen im Einsatz sind.

OHCHR hat die Aufgabe, die Menschenrechte in allen Teilen der Erde und für jeden Einzelnen zu verwirklichen. Dies umfasst die Verhinderung und Bekämpfung von Menschenrechtsverletzungen, den Schutz der Würde und der Rechte jedes Menschen sowie die Förderung der internationalen Kooperation zum Schutz der Menschenrechte. OHCHR unterhält Regional- oder Länderbüros und Feldstationen auf allen Kontinenten außer Australien.

Die Unterorganisationen der Vereinten Nationen haben ihren Sitz überwiegend in einer der »VN-Städte«, das heißt den Dienstsitzen des VN-Sekretariats. Ihr Themenspektrum ist recht breit, dennoch sind sie insgesamt stärker spezialisiert als das VN-Sekretariat. Dies ist nur konsequent, denn die Unterorganisationen wurden von den Vereinten Nationen zur Erfüllung besonderer Ziele eingesetzt.

Für Bewerber sind die VN-Unterorganisationen unter Umständen sehr interessant, denn die Bandbreite der nachgefragten Fachhintergründe ist groß. Zudem ist die Anbindung an die Vereinten Nationen, zum Beispiel im Wege des Dienstrechts, recht eng. Die VN-Unterorganisationen lassen sich insgesamt drei thematischen Schwerpunkten zuordnen:

- Unterorganisationen mit einem sozio-ökonomischen, kulturellen oder humanitären Fokus
- Unterorganisationen mit einem naturwissenschaftlich-technischen Fokus
- Freiwilligen- und Projektdienste der Vereinten Nationen

Zu den VN-Unterorganisationen mit einem sozio-ökonomischen, kulturellen oder humanitären Fokus gehören:

The United Nations Conference on Trade and Development (UNCTAD): Die 1964 gegründete Handels- und Entwicklungskonferenz der Vereinten Nationen mit Sitz in Genf (→ C.2) war lange Zeit die wichtigste Verhandlungsplattform im »Nord-Süd-Dialog«, dem politischen Dialog zwischen Industrienationen und Ländern der »Dritten Welt«. Seit Mitte der 1990er Jahre liegt die Verhandlungs- und Entscheidungskompetenz über Fragen der internationalen Handelsbeziehungen bei der Welthandelsorganisation (WTO).

UNCTAD versteht sich seitdem als Forum für den Dialog zwischen Regierungen und Experten, führt Recherchen durch und fertigt Analysen zu den verschiedensten Fragen der wirtschaftlichen Entwicklung und des internationalen Handels an. UNCTAD bietet zudem technische Hilfe für Entwicklungsländer und berät die Regierungen der am wenigsten entwickelten Länder.

The International Trade Center UNCTAD/WTO (ITC): Das Internationale Handelszentrum, ebenfalls mit Sitz in Genf (→ C.2), ist die technische Kooperationsagentur der UNCTAD und der WTO für betriebliche, betriebswirtschaftliche und unternehmensorientierte Fragen des internationalen Handels. Das ITC unterstützt Unternehmen und mittelständische Betriebe in Entwicklungsländern und hilft ihnen, international wettbewerbsfähig zu werden.

Das ITC ist technisch-operativ ausgerichtet und wird vor allem beratend tätig. Es erarbeitet zudem Marktstudien zur unternehmensorientierten Förderung des Exports, vermittelt Kontakte zwischen Exporteuren und Importeuren, fördert den Aufbau von Informationssystemen und hilft bei der Ausbildung von Regierungsbeamten, Geschäftsleuten und Mitarbeitern in Handelskammern.

The United Nations Children's Fund (UNICEF): Das Kinderhilfswerk der Vereinten Nationen mit Hauptsitz in New York (→ C.2) setzt sich für die weltweite Achtung und Umsetzung der Rechte von Kindern ein und beschäftigt sich mit den verschiedensten Fragestellungen im Kontext des Schutzes und der Förderung von Kindern. UNICEF ist in 191

Staaten aktiv und kooperiert mit Regierungen, regierungsnahen Einrichtungen, NGOs und Privatpersonen, die zum Beispiel als UNICEF-Botschafter seine Arbeit unterstützen.

Zu den aktuellen Themen von UNICEF zählen frühkindliche Entwicklung, Schulbildung, Gleichbehandlung von Jungen und Mädchen, die Folgen von HIV/Aids für Kinder, der Schutz von Kindern vor Ausbeutung und Missbrauch, die Bekämpfung der Kinderarmut, eine kindgerechte Entwicklung, gesundheitliche Grundversorgung und Fürsorge für Kinder.

The United Nations Development Programme (UNDP): Das Entwicklungsprogramm der Vereinten Nationen mit Sitz in New York (→ C.2) versteht sich als das globale VN-Netzwerk für Fragen der Entwicklung und der wirtschaftlichen Zusammenarbeit. UNDP führt keine eigenen Projekte durch, sondern koordiniert und finanziert Projekte, die von anderen VN-Organisationen, Regierungsinstitutionen oder NGOs durchgeführt werden. UNDP kooperiert derzeit mit 166 verschiedenen Ländern.

Wichtige Einzelthemen von UNDP sind der Aufbau von demokratischer Regierungsführung (*democratic governance*), Armutsbekämpfung, Konfliktprävention und Konfliktbewältigung, der nachhaltige Umgang mit Energie- und Umweltressourcen, die Bekämpfung von HIV/Aids und die Stärkung der Gleichberechtigung von Frauen (*womens' empowerment*). Ein Thema aus jüngerer Zeit ist die Verwirklichung der VN-Millenniums-Entwicklungsziele (Millennium Development Goals, MDGs).

The United Nations Development Fund for Women (UNIFEM): Der Entwicklungsfonds der Vereinten Nationen für die Gleichstellung von Frauen mit Sitz in New York (→ C.2) hat die Verwirklichung der Gleichberechtigung von Männern und Frauen (*gender equality*) und den weltweiten Respekt der Menschenrechte von Frauen zum Ziel. UNIFEM fördert hierzu Projekte und Strategien durch finanzielle oder technische Hilfe.

Im Mittelpunkt der Arbeit von UNIFEM stehen vier Strategien: die Reduzierung geschlechtsspezifischer Armut (*feminized poverty*), die Bekämpfung von Gewalt gegen Frauen, die Reduktion der Ausbreitung von HIV/Aids-Infektionen unter Mädchen und Frauen sowie die Gleichstellung und Gleichberechtigung der Geschlechter in Friedens- *und* in Kriegszeiten. UNIFEM unterhält 15 Regionalbüros und zwei Länderbüros und ist in 16 Staaten mit einer UNIFEM-Kommission vertreten.

The United Nations High Commissioner for Refugees (UNHCR): Das Büro des Hohen Flüchtlingskommissars der Vereinten Nationen mit Sitz in Genf (→ C.2) wurde bereits 1950 gegründet und hat die Aufgabe, die Maßnahmen der Vereinten Nationen zum Schutz von Flüchtlingen und zur Lösung von Flüchtlingsproblemen zu leiten. Seit 1950 hat UNHCR mehr als 50 Millionen Flüchtlinge unterstützt.

UNHCR wird durch konkrete operative Hilfestellungen tätig und durch globale »Lobbyarbeit« für die Rechte von Flüchtlingen. Dazu zählen vor allem Sofortmaßnahmen wie die Bereitstellung von Nahrungsmitteln, Unterkünften und anderen materiellen Hilfsgütern. Zudem setzt sich UNHCR für den Schutz und die Rechte von Flüchtlingen in den aufnehmenden Ländern und in ihren Heimatländern ein. Derzeit sind circa 6.700 UNHCR-Mitarbeiter für 20,8 Millionen Menschen in 166 Ländern im Einsatz.

The World Food Programme (WFP): Das Welternährungsprogramm der Vereinten Nationen mit Sitz in Rom (→ C.2) ist deren wichtigstes Instrument zur Bekämpfung von Hunger und Mangelernährung und zugleich das weltweit größte Programm zur multilateralen Nahrungsmittelhilfe. WFP nahm 1962, ein Jahr vor dem offiziellen Programmstart und aus Anlass konkreter Krisensituationen, seine Tätigkeit auf und sollte zunächst auf eine Laufzeit von drei Jahren begrenzt sein. Die Nachfrage nach WFP-Hilfsleistungen war allerdings so enorm, dass das Programm dauerhaft eingerichtet wurde.

WFP unterstützt Projekte zur Eindämmung oder Prävention von Hunger und Mangelernährung durch direkte Hilfen. Zudem erarbeitet WFP Analysen über die Ursachen von Mangelernährung und deren nachhaltige Bekämpfung. WFP-Hilfen erreichen derzeit 96,7 Millionen Menschen in 82 Ländern, aber decken damit nur einen Bruchteil des Bedarfs: Weltweit verfügen nach Schätzungen des WFP circa 852 Millionen Menschen nicht über hinreichend Nahrung, davon 815 Millionen allein in Entwicklungsländern.

Zu den VN-Unterorganisationen mit einem naturwissenschaftlich-technischen Fokus zählen:

The United Nations Environment Programme (UNEP): Das Umweltprogramm der Vereinten Nationen mit Sitz in Nairobi (→ C.2) ging aus der VN-Konferenz zur menschlichen Umwelt hervor und existiert seit 1972. UNEP versteht sich als »Stimme für den Umweltschutz« innerhalb des VN-Systems. Die Bandbreite seiner Themen ist umfangreich und beinhaltet Biodiversität, Klimawandel, den Umgang mit Wasserressourcen, den Meer- und Küstenschutz, Armut und Umwelt, Sport und Umwelt usw.

UNEP ist ein zentraler Partner für staatliche und nichtstaatliche Akteure und kooperiert auch mit zivilgesellschaftlichen Organisationen. UNEP unterhält sechs Regionalbüros, zahlreiche Verbindungsbüros und Feldstationen und kooperiert zudem mit verschiedenen Zentren sowie mit den VN-Konventionssekretariaten.

The United Nations Population Fund (UNFPA): Der Bevölkerungsfonds der Vereinten Nationen mit Sitz in New York (→ C.2) existiert seit 1969 und wurde zunächst durch UNDP verwaltet. 1980 wurde UNFPA aufgrund der wachsenden Bedeutung seiner Tätigkeit zu einer VN-Unterorganisation.

UNFPA versteht sich als internationale Entwicklungsagentur zur Durchsetzung des Rechts jedes Menschen auf ein menschenwürdiges Leben und zur weltweiten Realisierung von Chancengleichheit. Dazu unterstützt UNFPA Projekte zur Armutsbekämpfung, zur Vorbeugung von ungewollten Schwangerschaften, zur Bekämpfung von HIV/Aids und zur Stärkung der Rechte und der körperlichen Unversehrtheit von Frauen und Mädchen. Gefördert werden zudem Maßnahmen zur reproduktiven Gesundheit, gegen Gewalt und Diskriminierung und zur Reduktion der Kinder- und Müttersterblichkeit.

The Joint United Nations Programme on HIV/Aids (UNAIDS): Das Gemeinsame Programm der Vereinten Nationen zur Bekämpfung von HIV/Aids (→ C.2) bündelt die Bemühungen von zehn VN-Organisationen zur Vorbeugung und Bekämpfung von HIV/Aids. Zu den Ko-Sponsoren von UNAIDS zählen unter anderem UNHCR, UNICEF,

WFP, UNDP, UNFPA, UNODC, ILO, die UNESCO und die WHO. UNAIDS koordiniert seine Maßnahmen durch ein Sekretariat mit Sitz in Genf und ist in mehr als 75 Ländern tätig.

UNAIDS hat sich fünf Schwerpunktbereiche gesetzt: Das Management der Bemühungen zur Bekämpfung von HIV/Aids, Information und Aufklärung, technische Hilfe, Monitoring und Evaluation, die Förderung von zivilgesellschaftlichem Engagement sowie die Mobilisierung von Ressourcen. Insgesamt zählt die Bekämpfung von HIV/Aids zu den zentralen Themen der Vereinten Nationen und ihrer Organisationen im 21. Jahrhundert und fand auch Eingang in die VN-Millenniumsziele.

Freiwilligen- und Projektdienste der Vereinten Nationen sind:

The United Nations Volunteers Programme (UNV): Das Freiwilligenwerk der Vereinten Nationen, das seit 1996 seinen Sitz in Bonn hat (→ C.2), ist das »Freiwilligenkorps« der Vereinten Nationen. 1970 gegründet, stützt UNV seine Tätigkeit auf eine langjährige Erfahrung in der Durchführung von Freiwilligeneinsätzen in den verschiedensten Konflikt- und Krisenregionen der Welt.

UNV steht unter der Koordination und Verwaltung von UNDP und realisiert seine Freiwilligeneinsätze durch die Länderbüros von UNDP. VN-Volunteers können auch von anderen VN-Organisationen oder Regierungen der VN-Staaten angefragt werden und sind ein zentraler Partner in der operativen Entwicklungszusammenarbeit. UNV versteht sich dabei als Unterstützer und Ratgeber, während die Entscheidungsautonomie der Einsatzstaaten konsequent respektiert wird.

The United Nations Office for Project Services (UNOPS): Das Büro der Vereinten Nationen für Projektdienste mit Sitz in New York (→ C.2) versteht sich als »service provider of choice« für andere VN-Organisationen, für Regierungen und Regierungsinstitutionen sowie für andere Partner, die Entwicklungsprojekte durchführen möchten. UNOPS verfügt neben seinem Hauptsitz über Büros und operative Zentren in allen Erdteilen.

Ähnlich einer »Agentur« für Entwicklungsprojekte übernimmt UNOPS die Organisation und das operative Management von Projekten, kümmert sich um Beschaffungsfragen und unterstützt seine »Kunden« bei der Durchführung ihrer Projekte und Programme. Die Projektinhalte und Themen werden von der Organisation definiert, die die Dienste von UNOPS anfragt und auch finanziert.

Zu den Unterorganisationen der Vereinten Nationen zählen auch ihre *Forschungs- und Ausbildungsinstitute*. Diese sind keine öffentlichen Bildungseinrichtungen, sondern Spezialeinrichtungen des VN-Systems. Sie kooperieren allerdings mit öffentlichen Universitäten und anderen Forschungseinrichtungen und unterstützen die Tätigkeit der Vereinten Nationen durch eine zielgerichtete Forschung, durch Konferenzen, Publikationen und ähnliche Aktivitäten.

Die Aus- und Weiterbildungsangebote der VN-Ausbildungsinstitute stehen in aller Regel nur den VN-Mitarbeitern sowie den Vertretern der VN-Staaten offen. Das gilt auch für die Universität der Vereinten Nationen mit Sitz in Tokio, die keine Universität im eigentlichen Sinne ist.

UNU unterstützt die Ziele der Vereinten Nationen und die Lösung drängender globaler Probleme durch Forschung und Wissensaufbau. Die »Studentenschaft« von UNU setzt sich in erster Linie aus Wissenschaftlern aus den VN-Staaten zusammen.

Die Ausbildungs- und Forschungseinrichtungen bieten ebenfalls Praktikumsplätze an und schreiben Stellen aus, jedoch setzt das Anforderungsprofil häufig einen einschlägigen Wissenschafts- und Forschungshintergrund voraus. Bei einzelnen Forschungs- und Ausbildungsinstituten existieren Fellowships und Postgraduierten-Programme (*post-doc*) für Kandidaten aus der einschlägigen Wissenschaft und Forschung.

Die »special agencies« der Vereinten Nationen befassen sich, wie schon ihre Bezeichnung indiziert, mit recht spezifischen Fragestellungen. Die deutliche Eingrenzung der Themenfelder erleichtert Bewerbern die »Auswahl« der individuell infrage kommenden Organisationen, zumal sich die Themenstellungen der einzelnen Sonderorganisationen zum Teil deutlich voneinander unterscheiden.

Dabei lassen sich auch die Sonderorganisationen im Hinblick auf ihre thematischen Schwerpunkte drei Kategorien zuordnen:
- Sonderorganisationen mit einem sozio-ökonomischen, kulturellen oder humanitären Fokus

- Sonderorganisationen mit einem naturwissenschaftlich-technischen Fokus
- Währungs- und Finanzorganisationen des VN-Systems.

Zu den VN-Sonderorganisationen mit einem sozio-ökonomischen, kulturellen oder humanitären Fokus gehören:

The Food and Agriculture Organization (FAO): Die Ernährungs- und Landwirtschaftsorganisation der Vereinten Nationen mit Sitz in Rom (→ C.3) existiert seit 1945 und zählt zu den ersten VN-Sonderorganisationen. FAO versteht sich als objektive Plattform zum Dialog von Industrienationen, Schwellen- und Entwicklungsländern, um Hunger und Mangelernährung nachhaltig zu bekämpfen. Dazu entwickelt FAO Analysen und Berichte, berät Regierungen und andere Organisationen und führt Feldprojekte durch. FAO zählt weltweit zu den größten Partnern für Projekte vor allem in ländlichen Gegenden, in denen nach Schätzungen von FAO 70 Prozent der weltweit Armen und Unterernährten leben.

The International Labour Organization (ILO): Die Internationale Arbeitsorganisation mit Sitz in Genf (→ C.3) hat zum Ziel, soziale Gerechtigkeit zu fördern und auf die Verwirklichung der international anerkannten Rechte von Arbeitnehmern hinzuwirken. Die ILO ist innerhalb des VN-Systems eine besondere Organisation, denn sie existiert bereits seit 1919 und hat den Völkerbund, den »Vorläufer« der Vereinten Nationen, überdauert. Seit 1946 ist die ILO Teil des VN-Systems.

Sie definiert internationale Arbeits- und Sozialstandards und setzt sich für die weltweite Einhaltung der Grundfreiheiten von Arbeitnehmern ein. Hierzu zählen vor allem die Organisationsfreiheit, das Recht zur kollektiven Verhandlung von Beschäftigungsmodalitäten, die Abschaffung von Zwangsarbeit sowie die Schaffung von Chancengleichheit und Gleichberechtigung. Die Einzelthemen der ILO sind vielfältig und umfassen alle Bereiche und Facetten von Arbeit und Beschäftigung.

The United Nations Educational, Scientific and Cultural Organization (UNESCO): Die Organisation für Bildung, Wissenschaft und Kultur der Vereinten Nationen mit Sitz in Paris (→ C.3) existiert seit 1946 und sieht sich als Ideenschmiede und »standardsetter« im Bereich der Bildung, Wissenschaft, Kultur, Kommunikation und Information.

Die UNESCO versteht sich zudem als Plattform für den Dialog ihrer Mitgliedsstaaten und hat eine Reihe wichtiger Konventionen verabschiedet, darunter die Konvention gegen Diskriminierung im Unterricht und die Konvention zum Schutz des Kultur- und Naturwelterbes.

UNESCO führt auch Projekte zu verschiedenen Einzelthemen durch, darunter schulische Bildung, die Reduktion der Analphabetenrate oder die HIV/Aids-Aufklärung im Bereich der Bildung, die Förderung der kulturellen Vielfalt und der Schutz des kulturellen Welterbes.

The United Nations Industrial Development Organization (UNIDO): Die 1966 gegründete Organisation für industrielle Entwicklung mit Sitz in Wien (→ C.3) unterstützt die wirtschaftliche Entwicklung in Entwicklungs- und Schwellenländern.

Ein zentrales Ziel von UNIDO ist, der Marginalisierung dieser Länder auf dem Weltmarkt entgegenzuwirken. Dazu unterstützt UNIDO technische Hilfe und Technologietransfer, berät Regierungen und vermittelt Investitionsförderungen, Forschungs- oder Studienprogramme.

Neben seinem Hauptsitz ist UNIDO in 35 Entwicklungsländern vertreten und unterhält eine Reihe von Feldbüros sowie Verbindungsbüros in westlichen Industrieländern. Seit 2006 verfügt UNIDO zudem über ein Verbindungsbüro (*desk*) in den UNDP-Büros jener Entwicklungsländer, in denen sie nicht selbst vertreten ist.

The International Fund for Agricultural Development (IFAD): Der Internationale Fonds für landwirtschaftliche Entwicklung mit Sitz in Rom (→ C.3) wurde 1977 als internationale Finanzorganisation gegründet und zählt zu den wesentlichen Ergebnissen der Internationalen Welternährungskonferenz von 1974, die infolge von Hungersnöten in Afrika einberufen wurde.

Das wesentliche Ziel von IFAD liegt darin, Armut und Hunger nachhaltig zu überwinden, indem die Bevölkerung in verarmten ländlichen Gegenden gezielt unterstützt wird. IFAD ist dabei an Lösungen interessiert, die den landesspezifischen Gegebenheiten entsprechen.

Zu den Instrumenten von IFAD zählt die finanzielle Unterstützung durch Kredite für die Landbevölkerung, die Einführung technischer Hilfsmittel sowie die Vergabe von Land und anderen natürlichen Ressourcen. IFAD folgt einem partizipatorischen Ansatz und kooperiert eng mit den Betroffenen, mit Regierungen, Regierungsinstitutionen und NGOs.

The World Health Organization (WHO): Die WHO mit Sitz in Genf (→ C.3) existiert seit 1948 und ist der globale Gesundheitswarndienst der Vereinten Nationen. Ihre Ziele sind klar umrissen, ihre Aufgaben umso herausfordernder: Die WHO erstrebt ein höchstmögliches Niveau an Gesundheit und gesundheitlicher Versorgung für alle Menschen dieser Erde. Sie versteht Gesundheit dabei als physisches, mentales und soziales Wohlbefinden und nicht nur als bloße Freiheit von Krankheiten.

Die WHO betätigt sich durch Analysen und Recherchen sowie durch Feldeinsätze und Projekte und unterhält Regionalbüros und Kooperationsbüros auf mehreren Kontinenten. Derzeit ist die WHO in 193 Ländern tätig.

Zu ihren Themen zählen alle Fragen des Gesundheitsschutzes, der Vorsorge von Krankheiten und der Versorgung einschließlich damit verbundener Themen wie die Armutsbekämpfung, »good governance« und der Aufbau effektiver Gesundheitssysteme insbesondere in Entwicklungsländern.

Zu den VN-Sonderorganisationen mit einem naturwissenschaftlich-technischen Fokus zählen:

The International Civil Aviation Organization (ICAO): Die 1944 gegründete Internationale Organisation für die zivile Luftfahrt mit Sitz in Montreal (→ C.3) zählt zu den wichtigsten Organisationen zur Sicherung des weltweiten Luftverkehrs.

ICAO beschäftigt sich mit allen Fragen der Sicherung, der Entwicklung und der Abwicklung des internationalen Luftverkehrs. Dazu entwickelt ICAO Richtlinien und Empfehlungen für den Flugverkehr, für die Ausrüstung von Flugzeugen, die Ausstattung von Flugplätzen, die Ausbildung des Personals, die Vermeidung von Fluglärm und zum Umweltschutz und unterstützt auch Entwicklungsländer beim Auf- und Ausbau ihres Luftverkehrs.

The International Maritime Organization (IMO): Die Internationale Seeschifffahrts-Organisation mit Sitz in London (→ C.3) existiert seit 1959 und beschäftigt sich mit der Sicherheit der internationalen Seeschifffahrt und des zivilen Seeverkehrs.

Die Einzelthemen der IMO haben sich im Laufe der Jahre entwickelt und umfassen auch den Schutz der Meeresumwelt, die technische Zusammenarbeit und die Steigerung der wirtschaftlichen Effizienz der Seeschifffahrt. Zudem erarbeitet die IMO Empfehlungen zur Ausbildung von Schiffspersonal und zur Verbesserung der Kontrollen sowie Vorschriften zur Beschaffenheit von Schiffen.

The International Telecommunication Union (ITU): Die Internationale Fernmeldeunion mit Sitz in Genf (→ C.3) zählt zu den ältesten internationalen Organisationen und unterstreicht die globale Bedeutung der Telekommunikation. Die Vorläufer der ITU reichen bis ins vorletzte Jahrhundert.

ITU beschäftigt sich mit allen Fragen der Telekommunikation und unterstützt deren Entwicklung durch Studien und Analysen. ITU setzt sich dabei für den rationalen Umgang mit den Möglichkeiten ein, die sich aus der Telekommunikation ergeben, weist Funkfrequenzen zu, registriert diese und erarbeitet internationale Standards für das Fernmeldewesen.

The World Intellectual Property Organization (WIPO): Auch die Ursprünge der Weltorganisation für geistiges Eigentum mit Sitz in Genf (→ C.3) gehen auf die Industrielle Revolution in Europa zurück. WIPO wurde 1967 gegründet und ist seit 1974 eine VN-Sonderorganisation.

Die WIPO sieht ihre Hauptaufgabe in der Entwicklung eines fairen internationalen Systems zum Schutze der Urheberrechte und des geistigen Eigentums als Grundlage für den Erhalt von Kreativität, für Innovation und für Entwicklung. WIPO hat hierzu fünf strategische Ziele definiert: Die Förderung einer Kultur des Eigentumsschutzes, die Integration von Standards zum Eigentumsschutz in nationale Entwicklungsprogramme, die Entwicklung internationaler Standards zum Schutz der Eigentumsrechte, der Ausbau des bestehenden globalen Systems zum Schutz der Eigentumsrechte und eine gesteigerte Effizienz der Services von WIPO.

Währungs- und Finanzorganisationen des VN-Systems sind:

The World Bank Group: Zu den Sonderorganisationen der Vereinten Nationen zählt auch die Weltbankgruppe (→ C.3). Zumeist ist von »der« Weltbank die Rede und es ist damit deren Hauptinstitution zur finanziellen und technischen Unterstützung von Entwicklungsländern gemeint: die Internationale Bank für Wiederaufbau und Entwicklung (International Bank of Reconstruction and Development, IBRD).

Zur Weltbankgruppe zählen überdies die Internationale Entwicklungsorganisation (International Development Association, IDA), die Internationale Finanz-Gesellschaft (International Finance Corporation, IFC), die Multilaterale Investitions-Garantie-Agentur (Multilateral Investment Guarantee Agency, MIGA) und das Internationale Zentrum zur Beilegung von Investitionsstreitigkeiten (International Centre for Settlement of Investment Disputes, ICSID).

Die Weltbank zählt wie der Internationale Währungsfonds (IWF) zu den Bretton Woods-Institutionen, die aus der Konferenz im gleichnamigen Ort in New Hampshire (USA) im Jahr 1944 hervorgingen. Seit 1973 sind die Weltbank und der IWF Instrumente der internationalen Entwicklungszusammenarbeit.

Die Weltbank versteht sich als zentrale Quelle zur finanziellen Unterstützung von Entwicklungsländern und von Entwicklungsprojekten. Zu ihren Hauptzielen zählen die Armutsbekämpfung und die Verbesserung des Lebensstandards in Entwicklungsländern, auch durch Bildungs- und ähnliche Projekte.

Die Weltbank vergibt hierfür zinsgünstige oder zinsfreie Kredite und Darlehen an Entwicklungsländer zur Finanzierung von Bildungs- und Gesundheitsprojekten, für Infrastruktur, Kommunikation und andere Projekte zur wirtschaftlichen und sozialen Entwicklung.

The International Monetary Fund (IMF): Der Internationale Währungsfonds (IWF) mit Sitz in Washington (→ C.3) wurde 1945 gegründet. Eines seiner Hauptziele ist es, die globale Währungsstabilität zu sichern und globalen Krisen wie der Depression der 1930er Jahre vorzubeugen. Dazu unterstützt der IWF die internationale währungspolitische Zusammenarbeit, entwickelt Maßnahmen zur Stabilisierung der

Kapitalmärkte und fördert wirtschaftliches Wachstum sowie ein hohes Maß an Beschäftigung.

Der IWF vergibt auch Kredite an Entwicklungs- und Schwellenländer, vor allem zur Verhinderung von Zahlungsschwierigkeiten. Zudem führt der IWF Recherchen durch, analysiert Zahlungs- und Devisenbilanzen, erstellt Währungs- und Kreditstatistiken und engagiert sich in der Beratung von Notenbanken. Der IWF beschäftigt weltweit mehr als 2.700 Mitarbeiter aus 165 Ländern und war 2006 in 128 Ländern aktiv.

Zu den angeschlossenen Organisationen der Vereinten Nationen gehören:

The World Trade Organization (WTO): Die Welthandelsorganisation mit Sitz in Genf (→ C.4) ist eine der wichtigsten Organisationen innerhalb des VN-Systems. Sie wurde 1995 infolge der Uruguay-Runde gegründet und versteht sich als Forum für Verhandlungen, als Schlichter und als Mediator. Die WTO unterstützt auch Entwicklungsländer durch technische Hilfe und fördert die Kooperation mit anderen internationalen Organisationen.

Die WTO beobachtet die nationalen Handelspolitiken und überwacht die Einhaltung der Welthandelsvereinbarungen. Zudem beschäftigt sie sich mit den Regeln, die für internationale Handelsbeziehungen gelten sollen. Das Themenfeld der WTO ist breit und reicht von der staatlichen Förderung nationaler Industriesektoren über die Schlichtung von Handelskonflikten zwischen Nationen bis zur Behandlung von Fragen der Eigentumsnutzung.

The International Atomic Energy Agency (IAEA): Die Internationale Atomenergie-Organisation mit Sitz in Wien (→ C.4) wurde 1957 unter dem Motto »Atoms for Peace« gegründet. Die IAEA ist die globale »Aufsichtsbehörde« für die Nutzung von Kerntechnik und versteht sich zudem als Kooperationszentrum zur friedlichen Nutzung der Kernenergie.

Die Hauptziele der IAEA liegen darin, eine weltweit sichere, zuverlässige und friedliche Nutzung der Kerntechnik zu gewährleisten. Die Inspektoren der IAEA kontrollieren vor Ort, dass hohe Sicherheitsstandards eingehalten werden und die Kerntechnik nicht zu militärischen Zwecken verwendet wird.

Die IAEA berät zudem Regierungen und erarbeitet Empfehlungen zur Reaktorsicherheit, zum Strahlenschutz, zur physischen Sicherheit von Kernmaterial, zur Wiederaufarbeitung von Nuklearabfällen und zur Abfallentsorgung. Die IAEA fördert auch den wissenschaftlichen Austausch und berät ihre Mitgliedsstaaten im Umgang mit Kerntechnik.

1.2.3 Die wichtigsten Einstiegsoptionen

Die Vereinten Nationen und ihre Organisationen sind kein »ausbildender« Organisationsverband, das heißt, ein allgemeines und strukturiertes Programm zur Ausbildung von Nachwuchskräften existiert nicht. Zugleich ist für viele offene Stellen einschlägige Berufserfahrung erwünscht oder eine Voraussetzung.

Berufseinsteiger stellt dies häufig vor die grundsätzliche Herausforderung, dass ein Direkteinstieg eine einschlägige Karriereentwicklung voraussetzen würde. Für die Karriereplanung bedeutet dies: Je früher Erfahrungen im VN-System oder in einem relevanten Umfeld gesammelt wurden, desto besser.

Häufig bauen die einzelnen »Stationen« der persönlichen Biografie aufeinander auf. Einschlägige Praktika oder vergleichbare berufliche Erfahrungen zählen fast immer zum »Pflichtprogramm«, ebenso wie die Erfüllung der allgemeinen Profilmerkmale, die im ersten Teil dieses Buches ausführlich beschrieben wurden.

Konkret eröffnen sich für einen Einstieg in das VN-System vor allem fünf Wege, die im Folgenden detailliert vorgestellt werden:
– Praktika im VN-Sekretariat oder bei einer VN-Organisation
– Das »National Competitive Recruitment Examination« (NCRE)
– Nachwuchsprogramme einzelner VN-Organisationen
– Das Junior Professional Officers-Programm
– Der Direkteinstieg auf offene Stellen.

Die Vereinten Nationen ordnen ihre Beschäftigten verschiedenen Dienstkategorien zu, auf die jeder Kandidat im Laufe der Stellensuche ständig stoßen wird. Bewerber sollten diese Dienstkategorien daher kennen. Die Dienstkategorien sagen noch nichts über weitere Kriterien aus, wie Jahre an Berufserfahrung und andere Kenntnisse. Jedoch gilt auch bei den Vereinten Nationen, dass die Anforderungen steigen, je höher eine Position in der Diensthierarchie angesiedelt ist.

Dienstkategorien bei den Vereinten Nationen (nur »professional category«)[8]:	
SG	Secretary-General
USG	Under Secretary-General/Deputy Secretary-General/Director-General
ASG	Assistant Secretary-General/Assistant Director-General/Deputy Director-General
D-2	Director/Head of Division
D-1	Deputy Director/Principal Officer
P-5	Senior Officer/Head of Section
P-4	First Officer
P-3	Second Officer
P-2	Associate Officer
P-1	Assistant Officer

Alle offenen Positionen, die in das »Galaxy e-Staffing«-System eingestellt werden, und auch die allgemeinen Auswahlverfahren (NCRE) werden darüber hinaus je nach fachlichen Schwerpunkten einer Berufsgruppe (*occupational group*) der Vereinten Nationen zugeordnet. Derzeit existieren 28 Berufsgruppen:

Berufsgruppen der allgemeinen Verwaltung und verwandte Tätigkeitsfelder: Verwaltung; »civil affairs«; Konferenzservice; Personal; Praktika; Programmmanagement; Informationen und Öffentlichkeitsarbeit; Sicherheit;

Berufsgruppen mit einem sozio-ökonomischen, juristischen oder politischen Schwerpunkt: ökonomische Fragen; Finanzen; Statistik; humanitäre Angelegenheiten; Menschenrechte; Rechtsfragen; politische Fragen; Bevölkerungswachstum; öffentliche Verwaltung; Soziales;

---

8 Für den »general service«: United Nations Salaries, Allowances, Benefits and Job Classification (→ C.1).

Berufsgruppen mit einem medizinischen Schwerpunkt: Drogenkontrolle; Verbrechensbekämpfung; Gesundheitswesen und alle Fragen um HIV/Aids;

Berufsgruppen mit einem naturwissenschaftlich-technischen Schwerpunkt: Ingenieurswesen; Informationstechnologie; Logistik; Beschaffungswesen; Forschung und Technologie.

Checkliste 3: Einstiegsoptionen in das VN-System im Überblick[9]

	Praktika	NCRE	Offene Stellen
Arbeitgeber	VN-Sekretariat und andere	VN-Sekretariat	VN-System
Turnus	Frühjahr, Sommer, Herbst	Jährlich	Ständig
Nationalität	Staatsangehörige der VN-Mitgliedsstaaten	Staatsangehörige der NCRE-Länder	Staatsangehörige der VN-Mitgliedsstaaten
Höchstalter	–	32 Jahre	–
Ausbildung	Studium, Hochschulabschluss	Hochschulabschluss	Hochschulabschluss, Berufserfahrung
Sprachen	Fließend Englisch oder Französisch	Fließend Englisch oder Französisch	Fließend Englisch/Französisch & weitere VN-Sprachen
Besoldung	Keine	P-1/P-2 (P-3)	Alle Dienstkategorien
Dauer	Drei Monate	Nach 2 Jahren unbefristet	Bis 5 Jahre
Perspektiven	Berater (befristet)	Laufbahn	Anschlussverträge

Wer ein Praktikum im VN-System absolvieren möchte, kann aufatmen: Das VN-Sekretariat und fast alle VN-Organisationen bieten ein Praktikumsprogramm an (→ C.5). Die Ausnahmen beschränken sich auf

---

9 Außer JPO-Programm und YP-Programme. Zum JPO-Programm siehe Erläuterungen und Übersicht in Teil I. Zu den YP-Programmen siehe ausführlich mit Übersicht die Ausführungen in diesem Kapitel.

Einzelfälle und sind in aller Regel begründet. Allerdings sind Praktika im VN-System sehr beliebt: Die Anzahl der Bewerber übersteigt in aller Regel deutlich die Anzahl der verfügbaren Plätze.

Eine zentrale Rekrutierungsdatenbank für Praktikanten oder ein zentrales Praktikumsbüro existieren nicht. Bewerber müssen sich somit auf eine umfangreiche Suche einstellen. Immerhin lässt sich ein Grundprofil beobachten und zudem gelten einige Rahmenbedingungen für Praktika innerhalb des VN-Systems.

Die Mehrheit der VN-Organisationen setzt voraus, dass Bewerber im Masterstudium oder in einem Aufbaustudium immatrikuliert sind (*graduates*). Wer nach einem System vor der Bologna-Reform studiert, sollte sich im vierten Studienjahr befinden. »Undergraduates«, das heißt Studenten im Bachelor, im Grundstudium oder in den Anfängen des Hauptstudiums, werden nur vereinzelt zugelassen. Zu den wenigen »Ausnahmen« zählen unter anderem das Volunteer-Programm der FAO und Praktika bei UNHCR. Einige Organisationen, zum Beispiel die Weltbank oder der IWF, bevorzugen hingegen Kandidaten, die bereits in einem einschlägigen Promotionsstudium oder in einem Ph. D.-Programm immatrikuliert sind und sich somit auf Postgraduierten-Niveau befinden.

Nicht alle VN-Organisationen definieren die fachlichen Hintergründe, an denen sie bei Praktikanten besonders interessiert sind. Dabei gilt auch hier: Das eigene Profil muss zur Organisation insgesamt »passen«. Bewerber können allerdings großzügig vorgehen: Ein allgemeiner fachlicher oder sonstiger Bezug zu der jeweiligen Organisation, verbunden mit einer überzeugenden Darlegung der eigenen Motivation, genügt.

Praktika im VN-Sekretariat und bei VN-Organisationen haben eine Dauer von sechs Wochen bis sechs Monaten. Zum Teil besteht die Möglichkeit zur Verlängerung in gegenseitigem Einvernehmen, so dass die Gesamtdauer eines Praktikums auf bis zu zwölf Monate erweitert werden kann. Die durchschnittliche Dauer liegt allerdings bei zwei bis drei Monaten und wird von der Organisation vorgegeben.

Einige VN-Einrichtungen, darunter vor allem das VN-Sekretariat, rekrutieren Praktikanten aufgrund der hohen Nachfrage in einem festen Bewerbungsturnus, zum Beispiel dreimal jährlich, und für eine feste

Dauer (*session*). Andere Organisationen akzeptieren ganzjährig Bewerbungen. Die Praxis variiert im Einzelnen. Wer Interesse hat, sollte die Suche mindestens sechs und besser zwölf Monate vor dem gewünschten Praktikumsstart beginnen und hinsichtlich der Praktikumslaufzeit flexibel sein.

Die Organisationen des VN-Systems definieren selten eine Altersgrenze für Praktikanten. Allerdings ergibt sich diese häufig aus dem Anforderungsprofil, zum Beispiel durch die Voraussetzung, dass Praktikanten an einer Hochschule oder Fachhochschule immatrikuliert sein müssen. Dies bedeutet, dass das »reguläre« Studienalter nicht überschritten sein sollte. Einzelne VN-Organisationen definieren als Höchstalter für Praktikanten 28 bis 30 Jahre.

Abgesehen von einer Hochschulbildung erwarten alle Organisationen des VN-Systems gute Sprachkenntnisse. Zumeist werden fließende Englischkenntnisse und gute Kenntnisse einer weiteren Weltsprache erwartet. Einige VN-Organisationen legen Wert darauf, dass Praktikanten mindestens zwei Weltsprachen fließend beherrschen.

Im Sinne einer effektiven Abwehr von Nepotismus überprüfen viele VN-Organisationen mit der Bewerbung, ob familiäre Kontakte ins VN-System bestehen. Einige Organisationen schließen Bewerber mit Familienangehörigen im VN-System oder bei der jeweiligen Organisation aus. Familiäre Bindungen sind nicht zu verwechseln mit Mentoren aus professionellen Einsätzen, die zu einer objektiven Leistungsbeurteilung bereit sind.

Berufserfahrung wird von Praktikanten in aller Regel nicht erwartet, allerdings schadet sie auch nicht. Praktika sind daher der Königsweg für Berufsanfänger, um einschlägige berufspraktische Erfahrungen im VN-System zu sammeln. Allerdings bauen VN-Praktika häufig auf anderen Praktika auf, zum Beispiel auf »Stationen« bei einer NGO, bei einer Regierungsinstitution oder auf Arbeitseinsätzen in einem Entwicklungsland.

Praktika beim VN-Sekretariat sind unbezahlt. Andere VN-Organisationen vergüten Praktika zum Teil großzügig: So zahlt der IWF seinen Praktikanten derzeit bis zu 3.600 Dollar monatlich. Bewerber sollten generell aber von einem unbezahlten Praktikum ausgehen und die nötigen Mittel zurücklegen.

Wer mit seiner Bewerbung Erfolg hatte, erhält ein Praktikumsangebot, das zumeist auch den Einsatzort und die Beschäftigung innerhalb der jeweiligen Organisation festlegt. Praktikanten sollten flexibel reagieren, wenn der Einsatzort oder die Art der Aufgaben nicht voll und ganz den individuellen Wünschen entspricht. Praktikanten finden sich in allen Bereichen der VN-Organisationen und an nahezu allen Dienstorten und sind fast immer ein »training on the job«, das heißt, die Praktikanten werden in einem bestehenden Team eingesetzt. Dies eröffnet vor allem die Chance, Kontakte zu knüpfen und interne Entscheidungsträger von den eigenen Fähigkeiten zu überzeugen.

Praktikanten werden in aller Regel in Vollzeit tätig, die Arbeitszeiten werden von der jeweiligen VN-Organisation festgelegt. Teilzeit-Praktika, zum Beispiel neben dem Studium, sind vereinzelt möglich, setzen allerdings voraus, dass die Praktikanten an der Dienststelle der jeweiligen VN-Organisation leben.

Insgesamt sollten sich Praktikanten hinsichtlich der Arbeitszeiten flexibel zeigen und auch Überstunden in Kauf nehmen. Die Bediensteten der VN-Organisationen absolvieren häufig lange Arbeitstage und wer frühzeitig signalisiert, dass er auch die realen Beschäftigungsbedingungen »erträgt«, hinterlässt einen guten Eindruck. Die Anzahl der verfügbaren Praktikumsplätze schwankt deutlich von unter zehn bis 40 und mehr Praktikumsplätzen je Turnus. Bewerber sollten immer davon ausgehen, dass die Anzahl der Mitbewerber hoch ist. Die Erfolgsquote variiert je nach Organisation, jedoch sollten Bewerber nicht vergessen, dass Praktika in Top-Sektoren der Wirtschaft ähnlich stark nachgefragt werden. Es besteht somit kein Grund, die Bewerbungsaussichten von vornherein pessimistisch einzuschätzen. Wer die grundlegenden Profilmerkmale erfüllt und überzeugend darstellt, dass sein Profil zur Organisation passt, hat gute Erfolgschancen.

Die Möglichkeiten für eine direkte Anschlussverwendung nach einem Praktikum innerhalb des VN-Systems sind allerdings begrenzt. Eine »Übernahme« in eine Vollzeitposition ist zumeist nicht vorgesehen und auch das NCRE oder ähnliche Verfahren können nicht umgangen werden. Zum Teil besteht die Möglichkeit, befristet als Berater (*consultants*) einzusteigen, allerdings sind auch diese Verträge an besondere Konditionen gebunden.

Einige VN-Organisationen rekrutieren ausschließlich Praktikanten, die nach Abschluss des Praktikums in die Ausbildung zurückkehren, zum Beispiel in ein Promotionsstudium. Praktika sind daher ein Karrieretreiber für einen *späteren* Einstieg, wenn erfolgreiche Praktikanten ihre Ausbildung beendet oder andere Erfahrungen gesammelt haben und sich dann auf Einstiegsoptionen bewerben.

Wer eine unbefristete Laufbahnstelle bei den Vereinten Nationen anstrebt, muss erfolgreich ein National Competitive Recruitment Examination (NCRE) absolvieren (→ C.5). Die erfolgreiche Teilnahme an einem NCRE ist die wichtigste Zugangsvoraussetzung für alle »Dauerstellen« im Sekretariat.

Das NCRE eignet sich zumeist gut für Berufseinsteiger, denn mehrjährige Berufserfahrung wird allein für NCREs vorausgesetzt, die gezielt für P-3-Stellen ausgeschrieben werden. Diese NCREs sind allerdings selten; das jährliche NCRE rekrutiert Kandidaten für Junior-Positionen (P-1/P-2).

Alle Stellen, die über ein NCRE vergeben werden, unterliegen einer Verteilung nach nationalen Margen. Durch das NCRE soll der Personalanteil der VN-Mitgliedsstaaten erhöht werden, die im Sekretariat nicht oder unterrepräsentiert sind. Dazu definiert das Sekretariat in jedem Jahr erneut die VN-Staaten, die am NCRE teilnehmen.

Deutschland, Österreich und die Schweiz sind derzeit nicht als NCRE-Teilnehmerland zugelassen, da der Personalanteil dieser Staaten auf den zugrunde gelegten Stellen als ausgeglichen gilt. Dies bedeutet nicht, dass die Personalanteile bei den Vereinten Nationen oder gar im VN-System insgesamt ausgeglichen sind, denn das NCRE rekrutiert nur für bestimmte Stellen. Angesichts der zu erwartenden Pensionierungen sollten Kandidaten aus Deutschland, Österreich oder der Schweiz zudem die Entwicklung beobachten.

Das NCRE wird jährlich ausgeschrieben (derzeit Juni eines Jahres). Bewerbungen sind bis zum Bewerbungsschluss (derzeit 31. Oktober) möglich. Die Bewerbung erfolgt durch ein Bewerbungsformular, das auf der NCRE-Website verfügbar und vorzugsweise per E-Mail zu übermitteln ist. Wer zum NCRE zugelassen ist, erhält ein Feedback. Auf der NCRE-Website sind auch alle weiteren Informationen zum Verfahren abrufbar.

Die wichtigste Voraussetzung für eine Teilnahme am NCRE ist die Staatsbürgerschaft eines der NCRE-Teilnehmerländer. Bewerber müssen zudem über einen Hochschulabschluss in einem relevanten Fach und sehr gute Englisch- oder Französischkenntnisse verfügen. Berufliche oder berufspraktische Erfahrungen, Erfahrung in einem Entwicklungsland und ähnliche Kenntnisse sind von Vorteil. Das Höchstalter für eine Bewerbung liegt bei 32 Jahren.

Das NCRE ist kein generalistisches Einstellungsverfahren, sondern wird zielgerichtet für die Berufsgruppen der Vereinten Nationen ausgeschrieben, in denen Nachwuchskräfte gesucht werden. Dies spiegelt sich auch in den Auswahltests: NCRE-Teilnehmer durchlaufen einen schriftlichen Auswahltest, der aus einem allgemeinen Teil (*general paper*) und einem speziellen Teil (*specialized paper*) besteht. Im speziellen Teil wird Fachwissen aus der jeweiligen Berufsgruppe abgefragt.

Der allgemeine Teil der schriftlichen Auswahltests ist in Englisch oder Französisch zu absolvieren, der spezielle Teil kann auch in einer anderen offiziellen VN-Sprache absolviert werden. Die Anreise- und Übernachtungskosten für die Teilnahme an den schriftlichen Tests sind selbst zu tragen. Teilnehmer, die die schriftlichen Auswahltests bestanden haben, werden zu einem mündlichen Interview eingeladen. Wer in beiden Verfahren erfolgreich war, wird auf eine Reserveliste (*roster*) aufgenommen, von der das Sekretariat Kandidaten für frei werdende Stellen rekrutiert.

Das NCRE führt nicht automatisch zu einer Einstellung der erfolgreichen Kandidaten (NCRE-Laureaten), sondern schafft »lediglich« die Voraussetzungen hierfür. Dies mag den einen oder anderen ernüchtern, denn die erfolgreiche Teilnahme an einem NCRE kostet Aufwand und Kraft. Für eine Einstellung bedarf es jedoch einiger weiterer Schritte.

Zunächst muss eine freie Stelle verfügbar sein, die zum Profil des Kandidaten passt. Sodann können die Personalverantwortlichen der jeweiligen Abteilung die geeigneten Kandidaten von der Reserveliste abrufen und zu weiteren Interviews einladen. Erst auf dieser Grundlage erfolgt eine Auswahlentscheidung, die zu einem Einstiegsangebot führen kann.

Für alle erfolgreichen NCRE-Teilnehmer (NCRE-Laureaten) bedeutet dies: Sobald sie auf eine Reserveliste aufgenommen wurden, sollten sie aktiv mit der Stellensuche beginnen und ihrem Einstieg ruhig »nachhelfen«.

NCRE-Laureaten werden in der Berufsgruppe tätig, für die sie sich qualifiziert haben. Der Zielarbeitgeber sind daher die Abteilungen oder Büros des Sekretariats, die sich mit Themen aus der jeweiligen Berufsgruppe beschäftigen. NCRE-Laureaten sollten daher mit den Abteilungsleitern oder anderen Ansprechpartnern in Kontakt treten, um die Möglichkeiten für eine Einstellung auszuloten.

Über »privilegierte« Informationen, wo Stellen verfügbar sind und welches Profil gesucht wird, verfügt auch die Personalabteilung (Office of Human Resources Management) des VN-Sekretariats, die Ansprechpartner vermitteln kann. Es lohnt sich für Bewerber, sich zumindest temporär am Hauptsitz der Vereinten Nationen in New York aufzuhalten, um für Interviews verfügbar zu sein.

Wer bereits bei den Vereinten Nationen oder in deren Umfeld tätig war, sollte Kontakt zu früheren Vorgesetzten oder Kollegen aufnehmen. Es ist dabei nicht entscheidend, dass der einstige Vorgesetzte noch auf seiner »alten« Position tätig ist. Auch innerhalb des Sekretariats zählt »networking« zum Arbeitsalltag. Frühere Vorgesetzte haben unter Umständen ebenfalls Informationen, welche Abteilungen an Nachwuchskräften interessiert sein könnten.

Wer Ansprechpartner in einer Abteilung oder in einem Bereich erhalten hat, sollte diese »goldene Brücke« rasch nutzen. Dabei gilt das Gesagte: Es ist nicht entscheidend, dass bereits eine persönliche Beziehung zu dem jeweiligen Kontaktpartner aufgebaut wurde. »Networking« kann auch den pro-aktiven Aufbau von Kontakten zu fremden Personen bedeuten.

Zumeist werden NCRE-Laureaten ohnehin nicht umhinkommen, fremde Entscheidungsträger zu kontaktieren. Früher oder später muss sich jeder den potenziellen Vorgesetzten und Kollegen persönlich vorstellen. Bewerber sollten sensibel vorgehen, zugleich jedoch nicht allzu zurückhaltend sein. Mitbewerber werden ohne Zögern bei Entscheidungsträgern anrufen und gezielt nach Möglichkeiten für eine Einstellung fragen.

NCRE-Laureaten sollten sich zudem mit der Ständigen Vertretung ihres Heimatlandes bei den Vereinten Nationen (→ C.5) in Verbindung setzen. Neben einer Vertretung am VN-Hauptsitz in New York unterhalten die meisten Staaten auch Vertretungen an anderen Standorten der VN-Büros sowie bei anderen VN-Organisationen. Zum Teil kann die Ständige Vertretung Ansprechpartner vermitteln oder sogar eine Empfehlung für einen Kandidaten aussprechen. In jedem Fall kennt sie Landsleute, die bereits im VN-Sekretariat tätig sind.

Deutsche sollten zudem den Verband deutscher Bediensteter bei Internationalen Organisationen (VdBIO) (→ C.5) konsultieren, der an jedem Dienstort vertreten ist und dem auch Mitglieder angehören, die selbst über ein NCRE in das VN-Sekretariat gekommen sind. Österreicher und Schweizer erhalten praktische Tipps zum Leben im Ausland über den Auslandsösterreicher-Weltbund bzw. die Auslandschweizer-Organisation (→ C.5).

Das JPO-Programm dient grundsätzlich der Finanzierung von Gratispersonal bei den verschiedensten internationalen Organisationen. Allerdings ist die Nachfrage seitens der VN-Organisationen besonders hoch. So kamen 37 der insgesamt 38 JPO-Stellen, die 2007 für Deutsche reserviert waren, aus dem VN-System. Mit Ausnahme einer Position war das Programmjahr 2007 somit für die Beigeordneten Sachverständigen ein reines »VN-Jahr«. In Österreich liegt der Förderschwerpunkt ebenfalls bei den Vereinten Nationen und die Schweiz finanziert JPOs nur für Organisationen der internationalen Entwicklungs- bzw. Friedenszusammenarbeit, darunter Organisationen des VN-Systems, andere internationale und Nichtregierungsorganisationen. Anfang 2007 finanzierten insgesamt 23 westliche Länder, darunter 14 EU-Staaten, insgesamt 251 JPOs für das VN-System. Diese waren in mehr als 100 Dienststellen im Einsatz, überwiegend in Afrika (82) und im Asiatisch-Pazifischen Raum (53). 43 JPOs waren am VN-Hauptsitz in New York tätig. Bewerber, die ihr Berufsziel innerhalb des VN-Systems oder in einer Organisation zur Entwicklungszusammenarbeit sehen, sollten das JPO-Programm daher unbedingt in Erwägung ziehen.

Obgleich dies kein Programmziel ist, fördert das JPO-Programm zudem den Einstieg von Frauen bei den Vereinten Nationen. Unter allen JPOs, die im Januar 2007 im VN-System tätig waren, waren 64 Prozent Frauen gegenüber 36 Prozent Männern. Diese Entwicklung entspricht der Politik der Vereinten Nationen, den Frauenanteil zu erhöhen.

Wer Interesse an einem JPO-Einsatz im VN-System hat, sollte sich zunächst mit den Einzelheiten des Programms vertraut machen und auch die landesspezifischen Besonderheiten berücksichtigen. Wer sich aufgrund seiner Kenntnisse auf mehrere VN-Stellen bewerben könnte, sollte die Bewerbung für eine Weichenstellung nutzen: den JPOs, die bereits vorhandenes Wissen vertiefen, gelingt es unter Umständen leichter, eine Anschlussbeschäftigung zu finden. Grundsätzlich sollte sich jeder JPO vergegenwärtigen, dass die Programmlaufzeit nach der vorgesehenen Förderdauer endet und ein Anschlussvertrag von der individuellen Leistung und Initiative abhängt. JPOs sollten die Programmlaufzeit daher nutzen, um gezielt auf die Anschlusskarriere hinzuarbeiten. Jeder Tag als JPO ist eine Chance, sich bei der jeweiligen Organisation für eine Anschlussverwendung zu empfehlen.

JPOs befinden sich dabei gegenüber externen Bewerbern in einer privilegierten Position, da sie während der Programmlaufzeit als interne Bewerber behandelt werden. Zudem können sie sich leichter über offene Stellen informieren. Dieser Vorteil sollte unbedingt genutzt werden: Spätestens ab Mitte der Vertragslaufzeit sollte jeder aktiv werden und die eigenen Karrierepläne auch mit dem Vorgesetzten besprechen. Im Optimalfall hat die eigene Abteilung oder eine Nachbarabteilung eine geeignete Stelle frei.

Feedback ist zu jeder Zeit ein nützliches »Stimmungsbarometer« und ein wichtiger Hinweis auf die Einschätzung der individuellen Leistungen durch Vorgesetzte und Kollegen. Wer »Kritik« erfährt, sollte an sich arbeiten – auch die Vereinten Nationen schätzen Mitarbeiter, die lernfähig sind. Vorgesetzte und Kollegen lassen sich unter Umständen in die Suche nach einer Anschlussbeschäftigung einbinden. In jedem Fall ist Eigeninitiative gefragt. UNDP hat für »seine« JPOs das virtuelle »Junior Professional Officer Service Center« (→ C.5) eingerichtet, das Informationen rund um die Tätigkeit als JPO zur Verfügung stellt und für alle JPOs zu empfehlen ist. Auf der Website von UNDP können JPOs ihren Lebenslauf in eine Datenbank einstellen, auf die alle Organisationen des VN-Systems zugreifen können.

Abhängig von der Zielsetzung und den verfügbaren Mitteln des fördernden Staates besteht unter Umständen die Möglichkeit, die Programmlaufzeit um ein Jahr zu erweitern. Dieses »Anschlussjahr« schiebt die Stellensuche innerhalb des VN-Systems allerdings nur auf. Wer diese Option nutzen kann, sollte sie freilich nicht ablehnen, das weitere Jahr jedoch dazu nutzen, um die eigene Karriere voranzubringen.

Einige VN-Organisationen bieten Nachwuchsförderprogramme an, die den Management-Trainee-Programmen von Wirtschaftsunternehmen ähneln. Das oberste Ziel dieser Programme ist die Ausbildung von exzellenten Kandidaten, die das Potenzial zur Erfüllung anspruchsvoller Aufgaben innerhalb der jeweiligen Organisation mitbringen.

Die Programme unterscheiden sich im Einzelnen hinsichtlich der Anforderungen an Bewerber, den Ablauf und die Karriereperspektiven. Gemeinsam ist allen, dass sie die Teilnehmer durch verschiedene »trainings on the job« an Fach- und Führungsaufgaben heranführen und durch Feedback oder Mentorenprogramme die Persönlichkeitsentwicklung der Teilnehmer fördern.

Alle Programme verlangen von ihren Teilnehmern ein hohes Maß an Anpassungsfähigkeit, Flexibilität und Eigeninitiative. Die Karriereaussichten sind exzellent, denn die Organisationen haben ein Interesse an der Übernahme der auf diese Weise sorgfältig ausgebildeten Kandidaten. Entsprechend hoch ist die Nachfrage: Auf 20 bis 40 Programmplätze bewerben sich bis zu 10.000 Kandidaten.

Das »Leadership Development Programme« *(LEAD)* (→ C.5) wurde 2007 zum siebten Mal ausgeschrieben und ist das Top-Nachwuchsprogramm von UNDP. Die Teilnahme an LEAD kommt einer Einstiegs- und Aufstiegsgarantie bei UNDP gleich. Die maximal 40 Teilnehmer erwartet ein Anschlussangebot oder sie bewerben sich mit sehr guten Aussichten auf Posten im mittleren Management bei UNDP.

Für diese besondere Förderung stellt LEAD hohe Erwartungen an die Programmteilnehmer. Dies beginnt bereits bei den Bewerbungsvoraussetzungen: Wer Interesse an LEAD hat, muss einen Masterabschluss oder ein Äquivalent mitbringen, vorzugsweise in einem Fach der Entwicklungszusammenarbeit, in Ökonomie, Politikwissenschaft, Public Administration, Business Administration, Regierungslehre, Umweltmanagement, Jura, Konfliktlösung, Mediation oder im Fach Öffentliches Gesundheitswesen.

Checkliste 4: Nachwuchsförderprogramme von VN-Organisationen

	LEAD	Weltbank-»YPP«	IWF-Economist Program	UNESCO-»YPP«
Turnus	Jährlich	Jährlich	Alle zwei Jahre	Jährlich
Dauer	2 bis 5 Jahre	18 bis 20 Monate	36 Monate	6 Monate
Teilnehmer	40	40	25 bis 30	10
Dienstort	UNDP-Dienststellen in 136 Ländern	Weltbank-Hauptsitz, Entwicklungsländer	IWF-Hauptsitz, Entwicklungsländer	UNESCO-Hauptsitz und Dienststellen
Nationalität	Staatsangehörige der UNDP-Staaten	Staatsangehörige der Weltbank-Staaten	Staatsangehörige der IWF-Länder	YPP-Teilnehmerländer
Höchstalter	35 Jahre	32 Jahre	30 Jahre	Jünger als 30 Jahre
Ausbildung	Master/Äquivalent	Master/Äquivalent, Doktor, Ph. D.	Master/Äquivalent, Doktor, Ph. D.	Hochschulabschluss
Berufserfahrung	3 Jahre, Felderfahrung	Mehrjährig, auch Wissenschaft	Von Vorteil, auch Wissenschaft	Möglichst Felderfahrung
Sprachen	Englisch fließend, plus eine Weltsprache	Englisch fließend	Englisch fließend	Englisch/Französisch fließend, plus eine Weltsprache
Perspektiven	Führungsaufgaben bei UNDP	Führungsaufgaben bei der Weltbank	Fach- und Führungsaufgaben	Fach- und Führungsaufgaben

Fließende Englischkenntnisse sind Voraussetzung, zudem erwartet UNDP fließende Kenntnisse einer weiteren Weltsprache. LEAD richtet sich an »young professionals« mit mindestens dreijähriger einschlägiger Berufserfahrung. UNDP verlangt dabei Arbeitserfahrung in einem Entwicklungsland. Berufserfahrung bei einer VN-Organisation oder bei einer anderen internationalen Organisation ist sehr erwünscht. Das Höchstalter für eine Bewerbung liegt bei 35 Jahren.

Die Bewerbung bei LEAD erfolgt online über die Website von UNDP. Das Auswahlverfahren dauert sechs bis sieben Monate und beinhaltet mehrere »shortlistings«. Qualifizierte Kandidaten werden zu einem telefonischen Interview eingeladen.

Dieses Telefoninterview (*behavioural competency assessment*) gibt UNDP Auskunft über die persönliche Eignung der vorausgewählten Kandidaten. Bewerber sollten sich hierauf gut vorbereiten.

Wer aus Sicht von UNDP geeignet erscheint, wird zu einem schriftlichen Auswahltest eingeladen. Im Anschluss können weitere mündliche Auswahlgespräche folgen. Wer in allen Auswahlrunden überzeugt hat, wird zur Teilnahme an LEAD eingeladen. UNDP trägt die Reisekosten für alle Verfahrensschritte, was die besondere Bedeutung unterstreicht, die UNDP diesem Nachwuchsprogramm zumisst.

LEAD-Teilnehmer steigen als Junior-Manager (*assistant resident representative*) oder als Experten (*specialist*) ein und wählen zwischen den *career tracks* Politikberatung (*policy advice*), Entwicklungsmanagement (*development management*) und Geschäftsführung/Projektmanagement (*business operations*). Jeder Teilnehmer durchläuft zwei Arbeitseinsätze in einem der 136 Länder, in denen UNDP Büros oder Feldstationen unterhält.

Die Aufgaben der LEAD-Teilnehmer richten sich im Einzelnen nach den Themen von UNDP. Der erste Arbeitseinsatz dauert zumeist zwei Jahre. Wer in diesem Einsatz erfolgreich war, erhält einen Anschlussvertrag von nochmals zwei bis maximal drei Jahren. Insgesamt beläuft sich die Programmdauer von LEAD auf maximal fünf Jahre. Wer exzellente Leistungen erbringt, kann bereits nach zwei Einsätzen und mindestens zwei Jahren auf eine Führungsposition gelangen.

UNDP fördert die Entwicklung der LEAD-Teilnehmer in jeder Hinsicht. Das Programm beinhaltet Trainings und regelmäßiges Feedback, jeder Teilnehmer erhält zudem einen erfahrenen Mentor, der die Karriereentwicklung seines »Schützlings« unterstützt. Dennoch gilt ein abgeschwächtes »up or out«-Prinzip: Nur wer den Erwartungen entspricht, kommt weiter.

Die fachliche und persönliche Entwicklung der LEAD-Teilnehmer wird regelmäßig durch einen internen Bewertungsausschuss (*corporate review group*) beurteilt. Aufgrund dieser Beurteilung wird auch entschieden, ob die einzelnen Teilnehmer zum zweiten LEAD-Einsatz zugelassen werden. Das Augenmerk der Beurteilung liegt darauf, ob die Teilnehmer hinreichende Kenntnisse und Fähigkeiten erlangt haben, so dass ihnen eine Führungsaufgabe innerhalb von UNDP überantwortet werden kann.

Wie UNDP verfügt auch die Weltbank über ein Programm zur Ausbildung exzellenter Nachwuchskräfte für Führungsaufgaben. Das »Young Professionals Program« (YPP) der Weltbank (→ C.5) hat eine lange Tradition: Es existiert seit 1963 und hat bisher über 1.000 Kandidaten aus 90 verschiedenen Ländern ausgebildet. Viele Führungskräfte und einige der Vizepräsidenten der Weltbank kamen einst als »Young Professionals« zur Weltbank.

Das YPP wird derzeit ab Mai eines Jahres auf der Website der Weltbank und in ausgewählten Printmedien ausgeschrieben. Interessenten können sich bis zum Bewerbungsschluss (derzeit 31. August) online bewerben. Dazu ist ein CV zu übermitteln. Die Weltbank erwartet einen Lebenslauf im amerikanischen Stil, aus dem ersichtlich wird, dass die Bewerbungsvoraussetzungen erfüllt werden. Die Mindestvoraussetzungen sind: ein Master-Abschluss oder ein Äquivalent, Spezialkenntnisse in einem der Themengebiete der Weltbank, einschlägige Berufserfahrung oder Erfahrung im Bereich der Wissenschaft und Forschung und fließende Englischkenntnisse. Das Höchstalter für eine Bewerbung liegt bei 32 Jahren.

Die Weltbank ist an Kandidaten interessiert, die einen hohen akademischen Grad mitbringen, zum Beispiel durch eine Promotion oder einen Ph. D. Eine mehrjährige Tätigkeit in der einschlägigen Wissenschaft und Forschung ist gern gesehen.

Die Themengebiete der Weltbank sind dabei nicht nur auf ökonomische Fragen beschränkt, vielmehr behandelt die Weltbank ein breites Spektrum an Einzelthemen. Für die Weltbank grundsätzlich interessante Fachhintergründe sind: Wirtschaftswissenschaften, Finanzwissenschaft, Bildungswesen und Pädagogik, das öffentliche Gesundheitswesen, Sozialwissenschaften, Ingenieurswesen, Städteplanung und das Management natürlicher Ressourcen.

Pro Programmjahr können bis zu 40 Teilnehmer aufgenommen werden. Die verfügbaren Plätze sind allerdings sehr begehrt: Pro Jahr erhält die Weltbank bis zu 10.000 Bewerbungen. Bewerber steigern ihre Chancen, wenn sie einige zusätzliche Profilmerkmale erfüllen, die für die Weltbank besonders gewinnbringend sind.

Dazu zählt insbesondere ein erkennbares Interesse an Fragen der internationalen Entwicklungszusammenarbeit. Einschlägige Arbeitserfahrung in einem Entwicklungsland und Felderfahrung unterstreichen aus Sicht der Weltbank das »commitment« von Bewerbern zur Entwicklungszusammenarbeit. Weitere Pluspunkte sind fließende Kenntnisse mehrerer Sprachen, Regionalkenntnisse und auch Publikationen zu relevanten Themen.

Der Auswahlprozess ist sehr kompetitiv und beinhaltet mehrere Stufen der Vorselektion. Geeignete Kandidaten werden zur Vorlage weiterer Unterlagen aufgefordert und erhalten gegebenenfalls die Möglichkeit zu einem Interview. Die Endauswahl erfolgt durch einen Auswahlausschuss. Der Auswahlprozess dauert insgesamt circa sieben Monate. Alle Bewerber erhalten ein Feedback über das Ergebnis. Bis zu einer Einstellung vergehen mindestens zwölf Monate.

Hinsichtlich der sozialen Kompetenzen, die bei YPP-Teilnehmern vorausgesetzt werden, hat die Weltbank ein spezielles Modell entwickelt: das Modell der sogenannten *T-Shaped skills*. Damit meint die Weltbank ein fachliches Breitenwissen, das durch eine fachliche Expertise ergänzt wird: Kandidaten sollen über Spezialkenntnisse auf ihrem Gebiet verfügen, dabei jedoch den Überblick über das Gesamtfeld bewahrt haben. Hierneben erwartet die Weltbank ein hohes Maß an Kundenorientierung, Teamfähigkeit und Führungskompetenz (*leadership*).

Wer es in das YPP geschafft hat, durchläuft 18 bis 20 Programmmonate. Im Anschluss besteht die Möglichkeit, auf eine reguläre Position innerhalb der Weltbank rekrutiert zu werden. Ähnlich wie bei UNDP stellt die Weltbank hohe Anforderungen an die YPP-Teilnehmer: Alle Teilnehmer absolvieren bis zu zwei Arbeitseinsätze in verschiedenen Abteilungen und sind pro Einsatz bis zu dreimal in Entwicklungsländern tätig.

Die Leistungen der YPP-Teilnehmer werden regelmäßig überprüft.

Alle Teilnehmer erhalten Trainings und ein persönliches Feedback, einen »senior mentor« aus dem Kreise der langjährigen Mitarbeiter der Weltbank und einen »peer mentor« aus der Vorjahresgruppe des YPP. Die Weltbank hat zudem ein »Young Professionals Program Office« eingerichtet, das von einem ehemaligen YPP-Teilnehmer geleitet wird und die Programmteilnehmer ebenfalls unterstützt.

Das »Economist Program« (EP) des Internationalen Währungsfonds (→ C.5) ist ein Nachwuchsprogramm für exzellente Ökonomen. Der Fokus liegt ausschließlich auf wirtschaftlichen Themen.

Bewerber müssen ein wirtschaftswissenschaftliches Studium mit internationalem Schwerpunkt nachweisen, vorzugsweise im Bereich *international economics*, Volkswirtschaftslehre, Fiskalökonomik, Öffentliche Finanzwirtschaft, Ökonometrik, Arbeitsmarktökonomik oder in der Erforschung der wirtschaftlichen Ursachen von Massenarmut.

Der IWF setzt einen Masterabschluss oder ein Diplom voraus, die Mehrzahl der Bewerber bringt allerdings eine einschlägige Promotion mit oder befindet sich in einem Promotions- oder Ph. D.-Studium kurz vor dem Abschluss. Der IWF erwartet zudem ausgezeichnete akademische Leistungen und sehr gute Englischkenntnisse.

Insider-Kenntnisse und relevante Berufserfahrung sind keine Bewerbungsvoraussetzung, jedoch ein »Plus«. Wer bereits ein Praktikum bei einer internationalen Finanzinstitution absolviert hat, erhöht seine Chancen. Das Höchstalter für eine Bewerbung liegt bei 33 Jahren.

Der IWF legt das Hauptaugenmerk bei der Auswahl der Bewerber auf deren fachliche Expertise. Erwünscht ist ein exponiertes Spezialwissen neben einem professionellen Breitenwissen, das heißt einem guten Überblick über die ökonomischen Gesamtzusammenhänge. EP-Teilnehmer werden in erster Linie mit Analyse- und Recherche-Aufgaben betraut und sollten daher *writing* und *drafting skills* mitbringen, das heißt die Fähigkeit, präzise Analysen anzufertigen.

Der Idealkandidat für das »Economist Program« ist zudem teamfähig und bereit, Juniormitarbeiter zu unterstützen. Darüber hinaus ist eine extensive Reisetätigkeit zu erwarten, die zum Teil in Entwicklungsländer führt. Wer Erfahrung in solchen Ländern gesammelt hat, sollte dies im Lebenslauf unbedingt herausstellen.

Das »Economist Program« hat eine Dauer von drei Jahren. Programmteilnehmer durchlaufen zwei Arbeitseinsätze mit einer Dauer von jeweils 18 Monaten. Wer die Programmlaufzeit mit Erfolg absolviert hat, kann ein Angebot für eine unbefristete (reguläre) Stelle erhalten. Der IWF ist an einer dauerhaften Beschäftigung der EP-Teilnehmer interessiert, jedoch haben EP-Teilnehmer auch bei anderen Finanzinstitutionen sehr gute Chancen.

Trotz der sehr speziellen Anforderungen bewerben sich pro Jahr mehr als 1.500 Kandidaten auf die 25 bis 30 verfügbaren Programmplätze. Bewerbungen sind online über das virtuelle Bewerbungsportal bis zum Bewerbungsschluss (derzeit 30. November) einzureichen. Alle Bewerbungen durchlaufen zunächst eine Vorselektion. Qualifizierte Kandidaten werden sodann zu einem mündlichen Auswahlgespräch (*interview*) eingeladen.

Der IWF führt die Interviews zum EP-Programm an Universitäten, öffentlichen Einrichtungen und am Rande von Fachkonferenzen durch, so dass Bewerber möglichst direkt mit den Personalern in Kontakt treten. Dieser besondere Service verdeutlicht, wie wichtig dem IWF die Rekrutierung der EP-Teilnehmer ist.

Wer im Erstgespräch überzeugt hat, wird zu einem »panel interview« in das Rekrutierungszentrum des IWF in Paris oder an ihren Hauptsitz nach Washington eingeladen. Das »panel interview« gleicht einem Assessment Center und ist die wichtigste Grundlage für die Endauswahl durch den Ausschuss der Ökonomen (*economist committee*) des IWF. Wer ein Angebot erhält, kann sich mit seiner Antwort zwei Wochen Zeit lassen und startet circa ein Jahr nach der Bewerbung beim IWF als EP-Teilnehmer.

Das »Young Professionals Programme« der UNESCO (→ C.5) verfolgt neben der Ausbildung von Nachwuchsführungskräften zugleich das Ziel, den Personalanteil von Staaten auszugleichen, die bei der UNESCO nicht oder unterrepräsentiert sind. Die wichtigste Zugangsvoraussetzung zu dem »Young Professionals Programme« der UNESCO ist daher die Staatsangehörigkeit eines der nicht oder unterrepräsentierten UNESCO-Staaten.

Der deutsche Personalanteil bei der UNESCO gilt derzeit als ausgeglichen, daher zählt Deutschland nicht zu den Teilnehmerländern des YP-Programms. Dies könnte sich ändern, daher sollten deutsche Interessenten die Entwicklungen beobachten. Österreicher und Schweizer hingegen können an dem Nachwuchsprogramm teilnehmen, denn beide Länder gelten bei der UNESCO als unterrepräsentiert. Die aktuelle Liste mit allen Teilnehmerländern am YP-Programm ist im Internet einsehbar.

Zu den Bewerbungsvoraussetzungen zählt neben der Staatsbürgerschaft eines Teilnehmerlandes ein Hochschulabschluss in einem für die UNESCO relevanten Fach, fließende Englisch- oder Französischkenntnisse sowie gute Kenntnisse einer weiteren Weltsprache. Bewerber sollten zudem jünger als 30 Jahre sein.

Entsprechend ihren Themenfeldern interessiert sich die UNESCO besonders für Absolventen der Fächer Bildungswesen und Pädagogik, Kulturwissenschaften, Sozialwissenschaften, Geisteswissenschaften oder von Fächern, deren Schwerpunkt auf der Verwaltung und dem Management internationaler Organisationen liegt. Insider-Erfahrung und einschlägige Berufserfahrung sind von Vorteil.

Bewerbungen sind zwischen März und April eines Jahres möglich und an die UNESCO-Kommission des eigenen Heimatlandes zu richten. Alle Einzelheiten zum Bewerbungsprozess und zum Verfahren sind rechtzeitig über die Websites der nationalen UNESCO-Kommissionen verfügbar. Diese nehmen auch die Vorauswahl der eingegangenen Bewerbungen vor und empfehlen die besonders qualifizierten Bewerber der Personalabteilung (Bureau of Human Resources Management) der UNESCO.

Wer es auf eine Empfehlungsliste geschafft hat, wird zu einem zweitägigen Auswahlverfahren eingeladen, das mehrere Auswahlgespräche und einen Sprachtest beinhaltet. Die Endauswahl trifft ein Auswahlausschuss der UNESCO. Das »Young Professionals Programme« der UNESCO kann maximal zehn Teilnehmer aufnehmen und verfügt damit über eine vergleichsweise kleine Kapazität. Das Programm beginnt circa zehn Monate nach der Bewerbung.

Auch die UNICEF hat in der Vergangenheit ein »Young Professionals Programme« angeboten (→ C.5). Dieses Programm wird allerdings derzeit von der UNICEF intern evaluiert. Das Ergebnis dieser Evaluation steht noch nicht fest und es könnte sein, dass das »Young Professionals Programme« nicht mehr angeboten wird – ähnlich wie das Nachwuchsprogramm der ILO, das ebenfalls nach einer Pilotphase nicht fortgeführt wurde.

Das »Young Professionals Programme« der UNICEF wurde 2001 erstmals für eine Pilotphase von drei Jahren angeboten. Der dritte und letzte Programmjahrgang wurde 2003/04 ausgebildet. Wer grundsätzliches Interesse an diesem Programm hat, sollte beobachten, ob nach der Evaluierung ein weiteres Programmjahr ausgeschrieben wird.

Das VN-Sekretariat und die VN-Organisationen schreiben regelmäßig offene Stellen für alle Dienstkategorien und Berufsgruppen aus. Allein im »Galaxy e-Staffing«-System (→ C.5) finden sich pro Jahr mehrere hundert Stellenangebote. Die Vereinten Nationen und ihre Organisationen akzeptieren allerdings nur Bewerbungen auf Ausschreibungen. Initiativbewerbungen sind im gesamten VN-System aussichtslos mit Ausnahme einiger spezieller Reservelisten (*professional roster*).

Jede in das »Galaxy e-Staffing«-System eingestellte Stelle wird einer Berufsgruppe zugeordnet. Die Berufsgruppe sagt noch nichts über die konkrete Abteilung oder den konkreten Einsatzort aus. Hierüber geben zumeist die Stellenausschreibungen Auskunft. Bewerber sollten sich allerdings bewusst machen, dass die Vereinten Nationen räumliche Flexibilität voraussetzen. Der Dienstort kann sich während einer Beschäftigung verändern.

Wer im »Galaxy e-Staffing«-System eine interessante Stelle gefunden hat und sich zum ersten Mal bewirbt, registriert sich zunächst und erhält sodann einen persönlichen Zugang (My UN). Zur konkreten Bewerbung ist ein virtuelles Bewerberprofil (*personal history profile*) zu erstellen, für das sich Bewerber Zeit nehmen sollten. Das »personal history profile« kann jederzeit modifiziert und für alle Bewerbungen bei den Vereinten Nationen verwendet werden. Das »personal history profile« wird nicht Bestandteil einer allgemeinen Rekrutierungsdatenbank. Bewerber müssen für jede Stelle eine erneute Bewerbung einreichen. In aller Regel existiert ein Bewerbungsschluss, der auch bei offenen Stellenausschreibungen eine »Deadline« darstellt. Die Bewerbungsfristen sind allerdings großzügig gesetzt.

Externe Bewerber – das heißt alle, die zum Zeitpunkt der Bewerbung noch nicht für die Vereinten Nationen tätig sind – sollten ihre Bewerbung zeitig absenden und deutlich herausstellen, dass die Profilmerkmale der Ausschreibung erfüllt werden. Auf die meisten offenen Stellen können sich auch interne Kandidaten bewerben, die bei gleicher Eignung und Leistung bevorzugt behandelt und zuerst begutachtet werden. Externe Kandidaten sollten grundsätzlich damit rechnen, dass sie mit internen Kandidaten konkurrieren und zum Teil auch mit Aufsteigern aus dem »general service«. Bewerber sollten sich daher für die Stellensuche und die Vorbereitung der Bewerbung Zeit nehmen, um Formfehler zu vermeiden und die individuelle Eignung für die jeweilige Position deutlich herauszuarbeiten.

Die Deutung der Bewerbungsvoraussetzungen kann für Bewerber zuweilen recht fordernd sein. Nicht immer ist klar ersichtlich, was sich hinter den Formulierungen der Vereinten Nationen im Einzelnen verbirgt. Der erste Schritt liegt in der sorgfältigen Lektüre der Stellenausschreibung. Jede Stellenausschreibung sollte zudem im Gesamtkontext der VN-Organisation oder Abteilung betrachtet werden, die die Stelle ausgeschrieben hat.

Für alle Stellen oberhalb der Einstiegsstufe (P-1/P-2) wird einschlägige Berufserfahrung erwartet. »Einschlägig« bedeutet auch hier Erfahrung in dem ausgeschriebenen oder einem relevanten Feld. Zumeist wird in der Ausschreibung explizit angezeigt, wie viele Berufsjahre mindestens vorausgesetzt werden. Bewerber können sich dies auch aus der Überschrift der Stellenausschreibung erschließen, denn der VN-Dienstgrad wird dort benannt.

Die Vereinten Nationen haben recht genau definiert, wie viele Jahre an Berufserfahrung je Dienstgrad erwartet werden:

P-3/P-4-Positionen	P-4	P-5
3–5 Jahre Berufserfahrung, davon circa 2 Jahre auf internationaler Ebene	7 Jahre Berufserfahrung, davon circa 3–5 Jahre auf internationaler Ebene	10–15 Jahre Berufserfahrung, davon circa 5–7 Jahre auf internationaler Ebene

Sie erwarten bereits für mittlere Dienstgrade, dass Berufserfahrung auf »internationaler Ebene« gesammelt wurde. Zum Teil wird dies in Stellenausschreibungen dadurch umschrieben, dass ein »internationaler Bezug« der bisherigen beruflichen Tätigkeit vorausgesetzt wird. Ihnen genügt es dabei in aller Regel nicht, wenn allein der Schwerpunkt früherer beruflicher Tätigkeiten international war oder einige Auslandsaufenthalte vorzuweisen sind. Vielmehr sollte die Tätigkeit für längere Zeit in ein anderes Land geführt haben, möglichst in ein Entwicklungsland oder in ein anderes, für die Vereinten Nationen relevantes Land.

Die Vereinten Nationen bevorzugen Kandidaten mit Insider-Erfahrung im VN-System. Zum Teil wird dies explizit angezeigt, indem die Stellenausschreibung »familiarity with UN-activities« fordert. Wer sich als externer Kandidat auf solche Stellen bewirbt, sollte bereits für die Vereinten Nationen oder eine ihrer Organisationen gearbeitet haben und muss damit rechnen, dass unter den Mitbewerbern eine Reihe interner Kandidaten sind.

Formulierungen wie »ability to establish and maintain effective working relationships with people of different national and cultural backgrounds« signalisieren ebenfalls, dass Kandidaten mit Erfahrung im VN-System oder bei einer anderen internationalen Organisation sehr erwünscht sind. Allerdings ist diese Formulierung breiter und umfasst grundsätzlich auch Kandidaten, die für internationale NGOs oder Regierungsinstitutionen tätig waren.

Auch wenn in einer Stellenausschreibung keine direkten oder indirekten Verweise auf VN-Insider-Kenntnisse zu finden sind, bevorzugen die VN-Organisationen Bewerber, die über Kooperationserfahrung mit den Vereinten Nationen verfügen. Dies richtet sich vor allem an Kandidaten, die Karrierestationen in einer Regierungsorganisation, einer international tätigen NGO oder einer anderen internationalen Organisation nachweisen können, die ständig oder häufig mit VN-Organisationen kooperiert.

Je höher der ausgeschriebene Dienstgrad ist, desto stärker sollte der professionelle Bezug eines Bewerbers zu den Vereinten Nationen sein. Für die oberen Dienstgrade werden Insider-Kenntnisse im VN-System de facto vorausgesetzt, selbst wenn sich keine entsprechenden Hinweise in der Stellenausschreibung finden, denn externe Kandidaten konkurrieren zumeist mit internen Bewerbern, die mit dem VN-System sehr vertraut sind.

Für höhere Dienstgrade und Führungspositionen wird zudem zumeist »progressively responsible professional experience« verlangt. Dies bedeutet, dass eine kontinuierliche Entwicklung des Kompetenz- und Aufgabenbereichs eines Bewerbers erkennbar sein sollte. Ein kontinuierlicher Aufstieg indiziert kontinuierlich gute Leistungen, eine hohe Entwicklungs- und Lernbereitschaft sowie eine hohe Fachexpertise.

Für viele Positionen wird darüber hinaus eine exzellente schriftliche und mündliche Ausdrucksfähigkeit erwartet (*drafting skills*), die ebenfalls aus der Biografie abzulesen sein sollte. Die Fähigkeit, Vorlagen (*drafts*) und andere wichtige Texte eigenständig zu erstellen, ist für fast jede »professional«-Position gefragt. Interessant sind vor allem Erfahrungen, in denen diese Fähigkeiten im Mittelpunkt standen, zum Beispiel während einer entsprechenden Referententätigkeit.

Die Stellenausschreibungen der Vereinten Nationen definieren auch eine Reihe persönlicher Kompetenzen und Fähigkeiten. Die wichtigsten Grundwerte der Vereinten Nationen – Integrität, Professionalität und Toleranz – sind jeder Ausschreibung vorangestellt und bei jedem Bewerber vorausgesetzt. Zudem haben die Vereinten Nationen ein »Kernkompetenzmodell« entwickelt, dessen Erfüllung ebenfalls aus der Biografie eines Bewerbers erkennbar sein sollte:

Grundwerte der Vereinten Nationen:
- Integrität (*integrity*)
- Professionalität (*professionalism*)
- Toleranz und Vielfalt (*respect for diversity*)

Kernkompetenzen, die die Vereinten Nationen erwarten:
- Kommunikationsfähigkeit (*communication*)
- Teamfähigkeit (*teamwork*)
- Planungs- und Organisationsgeschick (*planning & organizing*)
- Zuverlässigkeit (*accountability*)
- Kreativität (*creativity*)
- Kooperationsbereitschaft mit den »Nehmern« (*client orientation*)
- Lernbereitschaft (*commitment to continuous learning*)
- technische Aufgeschlossenheit (*technological awareness*)

Management-Kompetenzen, die stellenspezifisch erwartet werden:
- Verantwortungsbewusstsein und Initiative (*leadership*)
- strategisches Planungsvermögen (*vision*)
- Teamführung (*empowering others*)
- Vertrauenswürdigkeit (*building trust*)
- Leistungsmanagement (*managing performance*)
- Urteilsvermögen (*judgement*)
- Entscheidungsbereitschaft (*decision-making*).

Bewerber sollten bei der Deutung alle Bewerbungsvoraussetzungen kreativ werden und die eigene Biografie genau »screenen«. Häufig werden Karrierestationen unterbewertet oder der Bezug zu den Vereinten Nationen bzw. zu der ausgeschriebenen Position ließe sich noch deutlicher herausstellen. Dies gilt vor allem für Kandidaten aus sehr einschlägigen Berufsfeldern, wie zum Beispiel der Entwicklungszusammenarbeit.

Sobald die Bewerbung versandt ist, erhält jeder Bewerber eine Eingangsbestätigung. Kandidaten, die aus Sicht der Vereinten Nationen qualifiziert und geeignet erscheinen, werden zu einem Interview eingeladen. Wer an einem Interview teilgenommen hat, erhält circa vier Wochen nach dem Interview ein Feedback über die Endentscheidung.

Bewerber können während des gesamten Auswahlverfahrens den Status ihrer Bewerbung über den »My UN-account« beobachten. Dies hilft, um sich Klarheit zu verschaffen und Geduld zu wahren, denn auch bis zu einem »shortlisting« kann Zeit vergehen. Der Bewerbungsprozess sollte – unabhängig von einem Interview – so lange fortgesetzt werden, bis ein konkretes Stellenangebot vorliegt.

In den Auswahlprozess sind neben der Personalabteilung (Office of Human Resources Management), die die formalen Voraussetzungen abprüft, die zuständigen Abteilungsleiter oder Line Manager bei den Vereinten Nationen eingebunden. Die Manager beurteilen die Fachkompetenz der Bewerber und prüfen, ob die qualifizierten Kandidaten auch ins Team passen.

Kandidaten, die über Kontakte zu VN-Mitarbeitern und insbesondere zu Führungskräften verfügen, zum Beispiel weil sie schon einmal für die Vereinten Nationen tätig waren, sollten diese Netzwerke aktivieren. Eine

Empfehlung aus dem VN-System oder die Benennung entsprechender Referenzpersonen können die Bewerbung befördern. »Gute« Referenzpersonen sind auch Bedienstete anderer internationaler Organisationen, von NGOs oder einer Regierungsinstitution.

Die Vereinten Nationen prüfen alle Referenzen ab, daher sollten diese sorgfältig gewählt werden. Es empfiehlt sich, an erster Stelle den letzten Fachvorgesetzten zu benennen. Zudem sollten von allen verfügbaren Referenzpersonen diejenigen benannt werden, die den höchsten Dienstgrad bzw. den größten Verantwortungsbereich innehaben.

Die Vereinten Nationen erwarten von allen in einer Bewerbung genannten Referenzpersonen ein Feedback. Schweigen wird zumeist negativ gedeutet, daher sollten alle Referenzpersonen erreichbar sein. Der Kontaktzeitpunkt kann vor oder nach dem Interview liegen, wird dem Bewerber jedoch nicht mitgeteilt. Erfährt der Bewerber, dass eine Referenzperson kontaktiert wurde, ist dies ein positives Zeichen, denn Referenzen werden nur bei »interessanten« Kandidaten überprüft.

Friedensmissionen und andere Einsätze zur Konfliktprävention oder zum Post-Konfliktmanagement (→ C.5) zählen zu den Kernaufgaben der Vereinten Nationen und – angesichts der weltweit wachsenden Anzahl an Konflikten – zu ihren Wachstumsfeldern. Derzeit sind circa 67.000 VN-Mitarbeiter und Friedenssoldaten (»Blauhelme«) weltweit in mehr als 31 Friedensoperationen im Einsatz. Die Nachfrage nach Einsätzen und Fachkräften ist steigend.

Friedensmissionen stellen besondere Anforderungen an ihre Mitarbeiter. Eher widrige Arbeitsumstände und der Verzicht auf gewohnten Komfort zählen zu den »gewöhnlichen« Arbeitsbedingungen. Jeder Einsatzort beinhaltet ein Gefahrenpotenzial. Zudem ist die physische und auch die psychische Belastung hoch und die Einsatzgebiete sind in aller Regel für Familien ungeeignet – »mission appointees« reisen allein aus.

Friedensmissionen sind daher für Berufseinsteiger ungeeignet. Auch für berufserfahrene Kandidaten der »professional category« sind die Anforderungen, die die zuständige Hauptabteilung für Friedenssicherungseinsätze (DPKO) des VN-Sekretariats stellt, hoch: Ein Hochschulabschluss ist die Mindestvoraussetzung, für viele Einsätze ist ein

»advanced degree« (Master, Diplom) erforderlich. Bewerber müssen zudem einschlägige Berufserfahrung von mehreren Jahren mitbringen, möglichst mit Arbeitsstationen im Ausland.

Fließende Englisch- oder Französischkenntnisse werden vorausgesetzt, Kenntnisse weiterer Weltsprachen sind von Vorteil und vereinzelt ebenfalls Voraussetzung. Besondere Regionalkenntnisse und Kenntnisse lokaler Sprachen oder Dialekte steigern die Chancen, ebenso wie VN-Erfahrung, Arbeitserfahrung in einer internationalen Organisation und Arbeitsstationen in Entwicklungsländern. Wer bereits »im Feld« tätig war, zum Beispiel im Rahmen einer Friedensmission, hat sehr gute Chancen.

DPKO erwartet zudem, dass alle Bewerber das Kernkompetenzmodell der Vereinten Nationen nachweislich erfüllen. Neben fundierten Fachkenntnissen erfordert der Einsatz auf einer Friedensmission ein hohes Maß an Sensibilität, Verhandlungsgeschick, Überzeugungskraft und die Fähigkeit, in schwierigen Situationen deeskalierend zu wirken. Friedensfachkräfte müssen den hohen Belastungen Stand halten und motiviert bleiben, über Enttäuschungen mit Geduld hinweggehen können und ein hohes Maß an diplomatischem Geschick mitbringen.

DPKO bietet Bewerbern die Möglichkeit, anhand eines Fragebogens individuell zu überprüfen, ob sie für einen Friedenseinsatz »bereit« sind (→ C.5). Bewerber sollten diese Fragen ehrlich beantworten. Wer sich zunächst über DPKO und die Friedensoperationen der Vereinten Nationen informieren will, findet umfassende Informationen auf der Website von DPKO.

Die Bewerbung erfolgt über das »Galaxy e-Staffing«-System auf konkret ausgeschriebene Positionen im Rahmen der einzelnen Friedensmissionen. Bewerber können bei der konkreten Stellensuche nach Berufsgruppen vorgehen oder die Friedensmissionen in Augenschein nehmen, für die sie bevorzugt tätig werden möchten. Insgesamt sollte die Passgenauigkeit des eigenen mit dem ausgeschriebenen Profil im Vordergrund stehen, denn die Auswahl der Bewerber ist sehr kompetitiv.

Alle Bewerbungen durchlaufen einen Prozess der Vorselektion. Qualifizierte Bewerber werden von DPKO kontaktiert, um konkrete Einsatzmöglichkeiten zu besprechen. Der Auswahlprozess kann mehrere Monate in Anspruch nehmen. Bewerber sollten sich hiervon nicht verunsichern lassen, denn die Bewerbung bleibt ein Jahr lang gültig. Der Einsatz auf einer VN-Friedensmission erfolgt aufgrund eines befristeten Vertrags, der in aller Regel eine Erstlaufzeit von sechs Monaten hat. Anschlussverträge sind möglich.

Die Auswahl der VN-»mission appointees« erfolgt generell und ohne Ausnahme durch die Vereinten Nationen. *Deutsche Bewerber* sollten trotzdem das Zentrum für Internationale Friedenseinsätze (ZIF) mit Sitz in Berlin (→ C.5) um Unterstützung bitten. Das ZIF wurde 2002 durch die Bundesregierung und den Deutschen Bundestag gegründet und hat unter anderem die Aufgabe, deutsche Zivilkräfte in der Krisenprävention, der Konfliktlösung und der Friedenskonsolidierung auszubilden. Dazu bietet das ZIF spezielle Trainings an, die die Teilnehmer auf Friedensoperationen und Wahlbeobachtungseinsätze verschiedener internationaler Organisationen vorbereiten, darunter die Vereinten Nationen, die Organisation für Sicherheit und Zusammenarbeit in Europa (OSZE) und die Europäische Union. Die Teilnahme an den Kursen ist kostenpflichtig.

Das ZIF verwaltet auch eine Personalreserve für Friedensfachkräfte und rekrutiert hierfür ständig neues Personal. Vom ZIF ausgebildete Friedensfachkräfte werden während eines Einsatzes betreut und bei ihrer Rückkehr unterstützt. Die beiden wichtigsten Voraussetzungen für die Aufnahme in die ZIF-Personalreserve sind die deutsche Staatsangehörigkeit und die Teilnahme an einem der vorbereitenden Trainingskurse. Letzteres garantiert zwar noch nicht die Aufnahme in die ZIF-Personalreserve, schafft jedoch die Voraussetzung hierzu. Aufgrund der Trainingskurse nimmt das ZIF eine Eignungsbewertung (*assessment*) vor, in deren Anschluss die geeigneten Kandidaten in die Personalreserve aufgenommen werden und mindestens ein Jahr verfügbar sein sollten. Das ZIF kann zudem für Bewerbungen zu VN-Missionen eine Empfehlung aussprechen.

Die ZIF-Trainingskurse – und damit auch die Personalreserve – stehen Graduierten und Bewerbern mit einer abgeschlossenen Berufsausbildung offen, die einschlägige Berufserfahrung mitbringen. Zudem werden Auslandserfahrung, fließende Englischkenntnisse, eine gefestigte Persönlichkeit und ein sehr guter Gesundheitszustand vorausgesetzt. Erfahrung in einer internationalen Organisation, Einsätze in Konfliktregionen und gute Kenntnisse weiterer Sprachen sind ein »Plus«. Um »juniors« an Friedenseinsätze heranzuführen, arbeitet das ZIF zur Zeit an einem entsprechenden Traineeship-Programm, das ab 2008 angeboten werden soll. Wer Interesse hat, sollte die ZIF-Website beobachten.

In der *Schweiz* ist der SEF (→ B.) das Hauptinstrument zur schweizerischen Beteiligung an Friedensmissionen und Einsätzen zur Konfliktlösung. Ähnlich wie das ZIF stellt der SEF – neben den JPOs – eine allgemeine Personalreserve von Experten für zivile Friedenseinsätze zur Verfügung, aus der die Regierung, NGOs oder internationale Organisationen nach Bedarf Wahlbeobachter oder Experten für Verfassungsfragen, Mediation, Rechtsstaatlichkeit oder Menschenrechte abrufen können. Neben diesen Friedensfachkräften stellt die Schweiz auch Polizeiexperten. Die wichtigsten Kooperationspartner für Missionen der Schweiz sind die Vereinten Nationen, die EU, die OSZE und der Europarat.

Die Bewerbung zur Aufnahme in den SEF erfolgt wie beim JPO-Programm auf konkrete Stellen, die vom SEF ausgeschrieben werden. Die Anforderungen entsprechen grundsätzlich denen für eine Bewerbung als JPO, jedoch sollten Experten für Friedensmissionen einschlägige Berufserfahrung mitbringen. Zudem ist fundierte Erfahrung in einer internationalen Organisation oder NGO von Vorteil. Der SEF rekrutiert Fachkräfte für die Friedensarbeit und für humanitäre Maßnahmen sowie Polizeiexperten für bestimmte Missionen, zum Beispiel die Missionen der Vereinten Nationen und der EU im Kosovo.

In *Österreich* obliegt die Personalgewinnung für Auslandseinsätze den verschiedenen Bundesministerien. Für die Durchführung von Projekten der Entwicklungszusammenarbeit und zur humanitären Hilfe sind das Bundesministerium für europäische und internationale Angelegenheiten (→ A.) und die ADA (→ B.) zuständig. Internationale Katastrophenhilfe leistet das Bundesministerium für Inneres (BMI) (→C.5). Das Bundesministerium für Landesverteidigung (BMLV) (→ C.5) stellt bereits seit den 1960er Jahren Personal der Streitkräfte für Friedensoperationen ab. Darüber hinaus können sich Interessierte aus Österreich einfach direkt bei DPKO bewerben.

Eine Möglichkeit, sich auf Friedenseinsätze »vorzubereiten« oder den Dienst »im Feld« kennenzulernen, ist der Einsatz als Volunteer für die Vereinten Nationen. Zumeist sind die Volunteers gemeint, die von UNV rekrutiert und vermittelt werden (→ C.5). UN-Volunteers sind die mobilen Einsatzkräfte der Vereinten Nationen und unterstützen deren Programmziele durch eine semi-ehrenamtliche Tätigkeit.

UNV ist allerdings nicht die einzige VN-Organisation, die Freiwilligen-Dienste ermöglicht: Auch die FAO bietet ein Volunteer-Programm an, das sich an Kandidaten wendet, die die Arbeit der FAO durch einen freiwilligen Dienst unterstützen möchten. Beide Programme sind nicht miteinander zu verwechseln. Zudem sind die Kapazitäten von UNV größer als die der FAO und die Einsatzmöglichkeiten entsprechend breiter.

UNV rekrutiert Freiwillige aus aller Welt und aus den verschiedensten Berufsgruppen und Fachrichtungen. Die Einsatzgebiete sind vielfältig und umfassen vor allem technische Zusammenarbeit, humanitäre Hilfe, Friedenssicherung, Konfliktprävention, Menschenrechtsarbeit, Demokratisierung und Wahlbeobachtung.

UNV sucht »professionals« aus den verschiedensten Sektoren und Karriereebenen. Experten und Fachkräfte aus der humanitären Hilfe unterstützen humanitäre Projekte und auch Friedensdienste. UNV rekrutiert zudem Senior-Manager oder pensionierte Manager, um den privaten Sektor in Entwicklungsländern zu fördern.

Alle UN-Volunteers sollten ein abgeschlossenes Hochschulstudium, einschlägige Berufserfahrung und sehr gute Englisch-, Französisch- oder Spanischkenntnisse mitbringen. UNV erwartet zudem ein starkes Bekenntnis zu den Werten der Vereinten Nationen und zu den Prinzipien von UNV, die Fähigkeit zum Arbeiten in einem multinationalen Umfeld, Anpassungsvermögen, eine hohe Belastbarkeit und gute organisatorische Fähigkeiten.

UN-Volunteers sollten mindestens 25 Jahre alt sein. Erfahrungen »im Feld«, im Volunteering oder in einem Entwicklungsland sind von Vorteil. Wer die Grundvoraussetzungen erfüllt, bewirbt sich online über einen virtuellen Bewerbungsbogen. Bewerber können hinsichtlich der Einsatzorte und der Aufgabenfelder Präferenzen äußern, jedoch behält sich UNV vor, die Kandidaten nach Bedarf einzusetzen.

UNV verspricht ein Feedback innerhalb von acht Wochen. Erfolgreiche Bewerber werden zunächst auf eine Reserveliste aufgenommen, die eine Gültigkeit von zwei Jahren hat. Sie können ihre Bewerbung aber jederzeit zurückziehen oder erklären, dass sie für UNV-Einsätze nicht mehr zur Verfügung stehen.

Sobald UNV für einen Kandidaten von der Reserveliste Verwendung hat, erhält dieser eine Rückmeldung. Die Wartezeit bis zum ersten Einsatz kann – je nach persönlicher Expertise und Bedarf – zwischen zwei Monaten und zwei Jahren liegen. Alle Verträge sind befristet und eine Mitausreise der Familie ist in aller Regel nicht möglich.

Der Einsatz als UN-Volunteer dauert bis zu zwei Jahre, einzelne Verträge können auch eine kürzere Laufzeit haben. Ein Einsatz ist allerdings nicht garantiert. Nach Auslaufen der Reserveliste ist eine erneute Bewerbung erforderlich. UN-Volunteers erhalten keine Besoldung, jedoch eine großzügige Aufwandsentschädigung.

»Professionals«, die von UNV rekrutiert wurden, werden in aller Regel in einem Entwicklungsland tätig und beraten die Kooperationspartner von UNV. Seit 1971 waren mehr als 30.000 UN-Volunteers in über 160 Ländern im Einsatz.

Neben dem Feldeinsatz (Volunteer onsite) bietet UNV die Möglichkeit, UNV-Partner virtuell durch Beratungsleistungen zu unterstützen (Volunteer online) (→ C.5). Online-Volunteers sind nicht den Belastungen eines Feldeinsatzes ausgesetzt und tragen trotzdem dazu bei, dass UNV seine Aufgaben erfüllen kann.

Wer parallel zu der Bewerbung bei UNV, im Vorfeld oder als Alternative an einem Freiwilligen-Einsatz für die FAO Interesse hat, kann sich dort als FAO-Volunteer bewerben (→ C.5). Das FAO-Volunteer-Programm setzt geringere Zugangsvoraussetzungen als UNV und ist einem Praktikantenprogramm vergleichbar.

Ein großer Vorteil für Bewerber ohne Feld- oder Berufserfahrung liegt darin, dass das Mindestalter für Bewerber zum FAO-Volunteering bei gerade 18 Jahren liegt. FAO-Volunteers müssen die Staatsbürgerschaft eines FAO-Mitgliedsstaats besitzen und sollten bereits über technische Expertise in einem Themenfeld verfügen, das die FAO abdeckt. Dies kann durch eine entsprechende akademische Ausbildung nachgewiesen werden. Eine weitere Voraussetzung sind fließende Kenntnisse einer Weltsprache.

Das FAO-Volunteering ist unbezahlt. Reisekosten und Kosten für die Unterkunft und Verpflegung am Einsatzort sind ebenfalls von den Volunteers zu tragen. Die FAO-Volunteers organisieren zudem ihre Anreise zum Dienstort und alle erforderlichen Formalitäten selbst. Interessenten bewerben sich direkt bei der FAO. Die Einsatzdauer liegt bei bis zu 120 Tagen.

Das FAO-Volunteering eignet sich besonders für Kandidaten, die in der Entwicklungszusammenarbeit arbeiten möchten. Das Programm bietet zudem die Chance, Felderfahrung bei einer VN-Organisation zu sammeln. Diese Vorteile sollten über die Tatsache hinweghelfen, dass keine finanzielle Vergütung vorgesehen ist und der Organisationsaufwand bei den Bewerbern liegt. Wer als FAO-Volunteer gute Arbeit leistet, legt einen Grundstein für einen Einstieg ins VN-System.

Ethel Röllich ist seit 2006 JPO im Personnel Management and
Support Service, DPKO, des VN-Sekretariats in New York. Ein
Job in der Entwicklungszusammenarbeit war immer ihr Berufs-
ziel: Bereits nach dem Abitur ging es nach Argentinien, zunächst
über eine NGO. Während des Studiums folgten Praktika bei der
GTZ und über ASA in Vietnam und Peru. Zu den Vereinten
Nationen kam Ethel Röllich über das Programm Beigeordnete
Sachverständige.

Wie schätzen Sie den Personalbedarf im VN-System in den nächsten
Jahren ein?
Man muss differenzieren. Im Sekretariat startet eine »Pensionierungswelle«, die in drei bis vier Jahren den Höhepunkt erreichen
wird. Dort werden also Stellen frei. Die Konkurrenz ist allerdings
groß. Deutschland, die Schweiz und die USA haben zudem bei
den NCRE sehr hohe Bewerberzahlen. Daher ist es eine Herausforderung, unter die besten 50 zu kommen.

Bei den Friedensmissionen besteht ein wachsender Personalbedarf. Dort werden definitiv Leute gebraucht. Wichtig
ist hier Berufserfahrung von zwei bis drei Jahren. Eine schöne
Einstiegsmöglichkeit in dieses Feld ist das Programm UN-
Volunteers.

Felderfahrung scheint ein entscheidendes Kriterium zu sein. Was
tun die, die noch keine oder wenig Berufserfahrung haben?
Insbesondere für eine Bewerbung im Bereich *peacekeeping* ist
Felderfahrung immer ein Plus und zum Teil Voraussetzung für
eine erfolgreiche Bewerbung.

Einen Einstieg für Hochschulabsolventen ohne oder mit wenig
Berufserfahrung bieten Nachwuchs- und Einstiegsprogramme
zum Beispiel des DED oder der GTZ. Auch viele NGOs schicken
Einsteiger in die Projektländer. Solche Programme sind eine sehr
gute Möglichkeit, Erfahrung »im Feld« zu sammeln.

Was sollten junge Interessenten wissen, die eine Karriere bei den Vereinten Nationen planen?

Wer nicht über das NCRE in das VN-System einsteigt, sollte sehr flexibel sein. Das NCRE bietet eine professionelle »Starthilfe«, bei befristeten Verträgen ist viel Eigeninitiative gefragt. Neben einem hohen Maß an Flexibilität zählt dazu auch Geduld und Optimismus sowie die Bereitschaft, auf die Sicherheit einer Dauerstelle zu verzichten. Wichtig sind zudem eine hohe regionale Flexibilität und die Bereitschaft, sich anderen Lebensumständen anzupassen. Der große Vorteil ist: Es gibt kein festes Karrierebild und die möglichen Themen und Positionen sind enorm vielfältig.

Die ersten fünf Jahre sind für befristet beschäftige Mitarbeiter recht fordernd. Es existiert eben keine feste Laufbahn, wie dies etwa bei EU-Beamten der Fall ist. Dafür gelingt der Aufstieg durchaus und nach fünf Jahren wird es wesentlich leichter. Zudem gilt der Erfahrungswert: »Wer einmal im VN-System arbeitet, fällt unfreiwillig kaum wieder heraus.«

Wie sieht ein Bewerber aus, der für die Vereinten Nationen top-qualifiziert ist?

Eine internationale Ausrichtung des Studiums oder durch Praktika, fließende Kenntnisse mehrerer Sprachen in Wort und Schrift, möglichst relevante Felderfahrung sowie ein Grundwissen über die Vereinten Nationen und die internationalen Beziehungen im Allgemeinen.

Die Vereinten Nationen sind für jeden fachlichen Hintergrund offen, es gibt für alles eine Nische. Wichtig ist, sich im Lebenslauf gut zu präsentieren. Gerade deutsche Bewerber stellen häufig ihr »Licht unter den Scheffel« und präsentieren sich eher knapp und nüchtern. Natürlich müssen die Angaben immer der Wahrheit entsprechen. Das schließt nicht aus, Leistungen und Erfolge positiv darzustellen.

Referenzen sollten im Lebenslauf angegeben werden und werden geprüft – für höhere Positionen immer, immer auch bei

NCRE-Kandidaten, zunehmend auch bei Bewerbungen für den Bereich peacekeeping. Man sollte dies unbedingt ernst nehmen und die Referenzpersonen vorbereiten.

Inwieweit helfen »informelle Kontakte« zum Einstieg und Aufstieg und wem?
Für den Einstieg sind informelle Kontakte nicht entscheidend. Fast jeder Einstieg verläuft über reguläre Auswahlverfahren. Hilfreich sind Kontakte für die, die bereits im System tätig sind. Es ist wichtig, Netzwerke aufzubauen und zu nutzen.

Warum lohnt es sich, für die Vereinten Nationen zu arbeiten?
Die Vereinten Nationen bieten die Möglichkeit, eine klassische Ausbildung mit internationalen Fragestellungen zu verbinden und als Fach- und Führungskraft in einem internationalen Rahmen tätig zu sein. Das VN-System bietet zudem große Entwicklungschancen. Es ist groß genug, um flexible Karrieren zu ermöglichen.

1.3 Alternativen zum Direkteinstieg in das VN-System

Die Konkurrenz bei Bewerbungen um Stellen oder Praktikumsplätze bei einer VN-Organisation ist häufig sehr groß. Gerade Studenten und Berufsanfänger bleiben unter Umständen trotz aller Bemühungen erfolglos. Ist der Direkteinstieg in das VN-System erst einmal verwehrt, sollten Interessenten nach geeigneten Alternativen suchen, die einen späteren Einstieg in das VN-System befördern können.

Für den Bereich der Entwicklungszusammenarbeit und der Friedenssicherung bietet sich in Deutschland, Österreich und der Schweiz auch die Möglichkeit, bei einer Regierungsinstitution oder einer NGO einzusteigen, um auf diese Weise Erfahrungen in dem Berufsfeld zu sammeln. Dies kann insbesondere dann eine lohnende Alternative darstellen, wenn der erste Anlauf bei einer internationalen Organisation erfolglos war. Dabei gilt auch für andere Fachbereiche: Zunächst sollten Alternativen gesucht werden, um einschlägige Erfahrungen zu sammeln, bevor das Karriereziel endgültig aufgegeben wird. Der »Umweg« über Praktika, Feldeinsätze oder berufliche Tätigkeiten bei anderen als internationalen Organisationen ist häufig ein entscheidender Karrieretreiber.

In Deutschland bieten einige Organisationen, die bereits seit Jahrzehnten in der Entwicklungszusammenarbeit tätig sind, für Berufseinsteiger Nachwuchsprogramme oder Praktika an. Diese ergänzen die in Kapitel 1 vorgestellten Einstiegsoptionen und kommen auch für Bewerber in Betracht, denen bereits ein Praktikum bei einer VN-Organisation gelungen ist, *oder* aber um dieses gezielt vorzubereiten. Die Nachwuchsprogramme, die im Folgenden vorgestellt werden, stehen dabei Bewerbern aller Nationalitäten offen, die über gute Deutschkenntnisse verfügen.

1.3.1 Mit ASA in einem Entwicklungsland arbeiten

»Perspektivenwechsel auf Zeit« – so definiert das Programm Arbeits- und Studienaufenthalte in der Dritten Welt (ASA) (→ C.6) den Grundansatz seines »Netzwerks für entwicklungspolitisches Lernen«. Erfolgreiche Bewerber erhalten ein dreimonatiges Stipendium zur Finanzierung eines Arbeits- und Studienaufenthaltes in einem Land Afrikas, Asiens oder Lateinamerikas.

ASA entstand 1960 in studentischer Initiative und wurde 1966 in die »Stiftung Studienkreis für internationale Begegnung und Auslandsstudien« umgewandelt. ASA finanzierte sich zunächst aus Eigenmitteln der Studenten, Arbeitsleistungen in den Gastländern, Spenden und öffentlichen Mitteln. 1982 ging das Programm in die Trägerschaft der Carl-Duisburg-Gesellschaft über und gehört heute zu InWEnt.

Finanziert wird das ASA-Programm vornehmlich aus Bundesmitteln; es dient der Förderung des globalen Verständnisses und dem gemeinsamen Lernen vor Ort. ASA entsendet seine Stipendiaten zu Partnerorganisationen in die verschiedensten Länder, wo sie drei Monate an einem konkreten ASA-Projekt mitarbeiten.

Das ASA-Programm versteht sich als Einstiegsprogramm in die internationale Entwicklungszusammenarbeit und eignet sich sehr gut für Bewerber, die keine einschlägige Erfahrung mitbringen. Die Bewerbungsvoraussetzungen für die Projektplätze variieren im Einzelnen, sind jedoch insgesamt moderat.

Bewerben können sich Studierende, die an einer Universität oder Fachhochschule immatrikuliert sind, und junge Berufstätige. Bachelor-Absolventen sollten sich vor dem Abschluss oder binnen eines Jahres bewerben. Mit jungen Berufstätigen meint ASA Absolventen einer nichtakademischen Ausbildung. Hochschulabsolventen, die bereits berufstätig sind, steht das Programm daher nicht offen, jedoch Promotionsstudenten oder Studenten in einem Aufbaustudium.

Die Altergrenze für Bewerber liegt zwischen 21 und 30 Jahren. ASA-Stipendiaten müssen sich in einer Sprache des Gastlandes gut verständigen können und sollten politisch oder sozial engagiert sein. Weitere wichtige soziale Kompetenzen sind Offenheit und Lernbereitschaft, Toleranz und Kritikfähigkeit.

Die deutsche Staatsbürgerschaft ist keine Bewerbungsvoraussetzung, vielmehr fördert ASA auch Interessenten aus Liechtenstein, Frankreich, Malta, Österreich, Mittel- und Osteuropa und der Schweiz.

Bewerber wählen bis zu zwei konkrete Projektstellen aus und sollten einen für das ausgewählte Projekt relevanten Fachhintergrund mitbringen. In aller Regel genügt es, dass sie ein entsprechendes Fach studieren oder themenbezogene Kurse belegt haben. ASA definiert zu jeder Projektstelle Berufsfelder und Studienrichtungen, die als Orientierungshilfe zu verstehen sind. Das erstgewählte Projekt gibt die Priorität des Bewerbers wieder, das zweite die Alternative.

Die Projekte, die ASA zur Auswahl stellt, sind ausgesprochen vielfältig. Für das Jahr 2007 standen 138 Projekte mit jeweils bis zu drei Projektplätzen in 59 verschiedenen Projektländern zur Verfügung, darunter 22 Länder in Afrika, 20 in Asien, zwölf in Lateinamerika und fünf in Südosteuropa.

So vielfältig wie die Gastländer sind die inhaltlichen Schwerpunkte der Projekte. Sie reichen vom Abwassermanagement über Tanztheater bis zu Migration, Gemeinschafts- und Gemeindeentwicklung oder HIV/Aids.

Das ASA-Programm wird jährlich ausgeschrieben. Bewerbungen werden bis zum Bewerbungsschluss (derzeit 10. Januar) online angenommen. Das virtuelle Profil kann bis zum Bewerbungsschluss geändert werden. Verspätet eingegangene Bewerbungen werden hingegen nicht berücksichtigt.

ASA setzt einen Auswahlausschuss ein, der aus allen Bewerbungen eine Vorauswahl trifft. Qualifizierte Kandidaten werden sodann zu einem Auswahlworkshop eingeladen. ASA wählt auch eine Nachrückerliste für den Fall, dass Stipendiaten zurücktreten.

Wer ein ASA-Stipendium erhalten hat, durchläuft eine Vorbereitungsphase, die aus zwei Vorbereitungsseminaren besteht. Die Vorbereitungsseminare werden nach Gastland oder Region zugeordnet, so dass die ASA-Stipendiaten bereits andere Stipendiaten ihres Projekts oder Gastlandes kennenlernen. Zudem nimmt jeder Stipendiat vor der Ausreise Kontakt zur Partnerorganisation auf, um Details des Einsatzes zu besprechen.

Zwischen Juli und Dezember reisen die Stipendiaten sodann in das Projektland aus. Die Aufgaben der ASA-Stipendiaten werden mit der jeweiligen Partnerorganisation abgesprochen, ebenso der genaue Zeitraum des Aufenthalts. ASA verlangt eine engagierte und flexible Mitarbeit und gibt nur den Rahmen vor. Entsprechend ist Eigeninitiative gefragt.

In Einzelfällen kann der Aufenthalt in allseitigem Einvernehmen verlängert werden, das Stipendium jedoch nicht. Die ASA-Leistungen sind als Zuschuss zu den tatsächlichen Kosten gedacht und decken diese nicht in voller Höhe. ASA-Stipendiaten erhalten zwischen 280 Euro und 400 Euro monatlich sowie eine Pauschale von 200 Euro zur Deckung der Kosten vor Ort. Zudem übernimmt ASA die Kosten für die Teilnahme an den Vorbereitungsseminaren und die Beiträge für eine Kranken-, Haftpflicht- und Unfallversicherung.

Ehemalige ASA-Stipendiaten sind eingeladen, sich ehrenamtlich für ASA zu engagieren. Hierzu hat ASA ein Alumni-Netzwerk aufgebaut. Pro Jahr erhält ASA circa 2.500 Bewerbungen auf rund 240 Projektplätze – die Erfolgsquote liegt somit bei fast 10 Prozent. Wer es nicht geschafft hat, kann sich erneut bewerben.

Die Teilnahme an einem ASA-Projekt ist eine wertvolle Erfahrung für alle, die in der Entwicklungszusammenarbeit arbeiten möchten. Die moderaten Zugangsvoraussetzungen machen das Programm zu einem empfehlenswerten Einsteigerprogramm, auf dem weitere Erfahrungen aufbauen können.

1.3.2 Nachwuchsprogramme der GTZ

Die Gesellschaft für Technische Zusammenarbeit zählt weltweit zu den bekanntesten Regierungsagenturen der Entwicklungszusammenarbeit. Ihre Eigentümerin ist die Bundesrepublik Deutschland, daher ist die GTZ ein entwicklungspolitisches Instrument der Bundesregierung und insbesondere des BMZ. Sie arbeitet gemeinnützig und verwendet überschüssige Mittel für ihre Projekte.

Die Kernregionen der GTZ sind Afrika, Asien und Europa. Die GTZ handelt im Auftrag eines Bundesressorts oder führt »eigene« Projekte durch, berät Regierungen und kooperiert mit den verschiedensten internationalen Partnern. Die GTZ versteht ihre Arbeit dabei als »Hilfe zur Selbsthilfe« und ist bemüht, mit ihren Partnern zukunftsfähige Lösungen für deren politische, wirtschaftliche, ökologische oder soziale Herausforderungen zu finden.

Weltweit unterhält die GTZ Außenstellen in 67 Ländern. Der Hauptsitz ist in Eschborn, weitere Büros befinden sich in Berlin, Bonn und

Brüssel. Die GTZ ist auch in Ländern aktiv, in denen sie keine Außenstelle unterhält. Derzeit führt die GTZ weltweit etwa 2.300 Entwicklungsprojekte in 126 Ländern durch und beschäftigte 2005 rund 10.600 Mitarbeiter, davon circa 9 Prozent in ihrer Zentrale.

Seit ihrer Gründung 1975 hat die GTZ ihren Aufgabenbereich ständig erweitert. Die GTZ-Agentur für marktorientierte Konzepte (GTZ-AgenZ) beschäftigt sich mit der politischen Kommunikation und dem strategischen Marketing. Das 1980 gegründete Centrum für internationale Migration und Entwicklung (CIM) der GTZ und der ZAV versteht sich als Personalvermittler für den Bereich der Entwicklungszusammenarbeit.

Die GTZ konzentriert sich auf die technische Entwicklungszusammenarbeit, das heißt auf den Wissenstransfer. Dazu beschäftigt sie Fachleute aus den verschiedensten Bereichen und deckt ein breites Themenspektrum ab, darunter ländliche Entwicklung, Ernährungssicherung, Wirtschaft und Beschäftigung, Berufsbildung, Umwelt und Infrastruktur, »good governance«, Demokratie, Rechtsstaatlichkeit, Dezentralisierung und Bekämpfung der Korruption, soziale Entwicklung, HIV/Aids, soziale Sicherheit, Genderarbeit und Armutsbekämpfung.

Für Berufseinsteiger bietet die GTZ mehrere Optionen (→ C.6). Die einzelnen Optionen bauen aufeinander auf und zielen durchaus darauf ab, den Einstieg auch bei anderen Organisationen der internationalen Entwicklungszusammenarbeit zu befördern. Je nach Qualifikation und Vorkenntnissen bieten sich vier Einstiegsmöglichkeiten: Praktika bei der GTZ im Inland oder im Ausland, das EZ-Traineeprogramm und der Direkteinstieg auf Juniorpositionen bei der GTZ.

Studierende, die sich mindestens im Hauptstudium oder im 3. Semester eines Bachelor-Studiengangs befinden, können sich für ein GTZ-Praktikum im Inland oder im Ausland bewerben. Beide Programme können ständig angetreten werden und eignen sich sehr gut für Studierende ohne Berufserfahrung, die erste Einblicke in die Entwicklungszusammenarbeit gewinnen möchten.

Das GTZ-Inlandspraktikum wird in der GTZ-Zentrale absolviert und ermöglicht Teilnehmern, Praxiserfahrung in der Vorbereitung und Abwicklung von Entwicklungsprojekten zu sammeln und zudem die GTZ kennenzulernen. Die Inlandspraktikanten arbeiten an Projekten mit oder übernehmen Aufgaben des Tagesgeschäfts und können auch im Personalbereich, im kaufmännischen Bereich oder im Sprachendienst tätig werden.

Das GTZ-Auslandspraktikum führt die Praktikanten in eines der Partnerländer der GTZ, wo sie an einem laufenden GTZ-Projekt mitarbeiten. Im Einzelnen orientieren sich die Aufgaben der GTZ-Auslandspraktikanten an den Zielsetzungen des jeweiligen Projekts und variieren. Typische Aufgaben sind die Mitarbeit an der Analyse, Planung und Evaluation von Projektmaßnahmen, die Umsetzung konkreter Vorhaben und die Bearbeitung von Fachfragen.

Das Auslandspraktikum führt die GTZ-Praktikanten in ein Entwicklungs- oder Schwellenland. Dies kann vor allem für Kandidaten, die in der Entwicklungshilfe bleiben möchten, ein wichtiger Baustein in der Biografie sein. Das Auslandspraktikum kann in Absprache mit der GTZ auch mit einer Abschlussarbeit verbunden werden.

Bewerber für beide Praktikantenprogramme der GTZ müssen immatrikuliert sein. Die GTZ ist grundsätzlich für alle Fachbereiche offen, Bewerber aus den Bereichen Wirtschafts-, Verwaltungs- und Sozialwissenschaften, Agrar- und Forstwirtschaft, Unwelttechnik oder Umweltökonomie, Medizin, Geografie oder Pädagogik sind allerdings besonders gut einsetzbar.

Bewerber sollten zudem gute Kenntnisse mindestens einer Weltsprache mitbringen und belastbar, teamfähig und verantwortungsbewusst sein. Von den Bewerbern für ein Auslandspraktikum verlangt die GTZ außerdem eine hohe Sensibilität für die Kultur des Gastlandes und ein starkes Einfühlungsvermögen.

Die Praktikumsplätze der GTZ werden stark nachgefragt, die Anzahl der Bewerber ist regelmäßig hoch. Bewerber steigern ihre Chancen, wenn sie neben den Mindestvoraussetzungen einige zusätzliche Kompetenzen mitbringen, die für die GTZ von Interesse sind. Dazu zählen ein entwicklungspolitischer oder internationaler Bezug im Studium, Erfahrung in einem der Partnerländer der GTZ, fachbezogene Praktika im In- oder Ausland sowie ehrenamtliches Engagement während der Schulzeit oder des Studiums.

Für die GTZ zählen als Auslandserfahrung auch individuelle Studienreisen oder »Rucksack-Touren«. Wer somit nach dem Abitur oder während des Studiums Individualreisen durch Entwicklungs- oder

Schwellenländer unternommen hat, kann mit diesen Erfahrungen bei der GTZ »punkten«.

Bewerber sollten darüber hinaus die GTZ und das deutsche System der Entwicklungszusammenarbeit in seinen Grundstrukturen kennen. Einzelheiten lassen sich leicht über die Websites der GTZ und des BMZ (→ C.6) in Erfahrung bringen.

Wer Interesse hat, reicht seine Bewerbung über das Internet ein. Die GTZ nutzt dabei zwei Strategien zur Rekrutierung von Praktikanten. Bewerbungen, die nicht auf eine konkrete Ausschreibung hin erfolgen, werden in eine Datenbank aufgenommen, aus der die Fachabteilungen die geeigneten Kandidaten auswählen.

Diese Bewerbungen, die jederzeit eingereicht werden können, sollten spätestens sechs Monate vor dem gewünschten Praktikumsbeginn bei der GTZ eingehen und die möglichen Einsatzfelder herausstellen. Finden die Fachabteilungen aus allen in der Datenbank gelisteten Bewerbern keine geeigneten Kandidaten für eine Praktikumsstelle, wird die Stelle auf der Website der GTZ ausgeschrieben. Für derartige Ausschreibungen existieren Bewerbungsfristen.

Inlands- und Auslandspraktika bei der GTZ dauern drei Monate. Die Dauer kann nicht verkürzt werden. Insbesondere das GTZ-Auslandspraktikum wird von vielen international agierenden Organisationen, das heißt auch von NGOs, als »Plus« im Lebenslauf gewertet. Die Praktikumszeit bei der GTZ wird zudem vergütet: Inlandspraktikanten erhalten 700 Euro pro Monat, Auslandspraktikanten erhalten eine pauschale Aufwandsentschädigung je nach Einsatzland.

Die GTZ ermöglicht auf ihrer Website einen »Bewerbungs-Check«: Ein Fragebogen prüft wichtige Profilmerkmale ab, die auch für Praktika bei internationalen Organisationen vorhanden sein sollten. Der GTZ-»Bewerbungs-Check« eignet sich daher für alle, die das eigene Profil einmal unverbindlich auf die »internationalen« Voraussetzungen hin überprüfen möchten.

Für »Fortgeschrittene« in der Entwicklungszusammenarbeit bietet die GTZ ein Traineeprogramm an, das die Teilnehmer gezielt auf eine Fach- und Führungsfunktion in der Entwicklungszusammenarbeit vorbereitet. Das EZ-Traineeprogramm richtet sich an Bewerber mit abgeschlossenem Hochschulstudium, die ihr Berufsziel in der internationalen Entwicklungszusammenarbeit sehen.

Das EZ-Traineeprogramm versteht sich durchaus als Einstiegshilfe in dieses Berufsfeld. Zwar kann die GTZ nicht allen EZ-Trainees ein Übernahmeangebot machen, jedoch haben die Absolventen dieses Programms sehr gute Chancen, bei einer anderen deutschen oder einer internationalen Organisation der Entwicklungszusammenarbeit eine Beschäftigung zu finden.

Wer Interesse hat, sollte zunächst den »Bewerbungs-Check« für EZ-Trainees machen, der sich ebenfalls auf der GTZ-Website findet. Zu den Bewerbungsvoraussetzungen zählen neben einem Hochschulabschluss Kenntnisse in der internationalen Entwicklungszusammenarbeit und Praxiserfahrung. Die GTZ wertet dabei auch einschlägige Praktika als Berufserfahrung, zum Beispiel ein GTZ-Auslandspraktikum. Ein relevantes Aufbaustudium ist sehr erwünscht.

Das EZ-Traineeprogramm der GTZ ist ein »training on the job«. Kandidaten bewerben sich auf bis zu zwei konkrete GTZ-Projekte und werden im Erfolgsfalle in einem der gewählten Projekte eingesetzt. Die Projektstellen sind mit der Ausschreibung des EZ-Traineeprogramms verfügbar und können weitere Bewerbungsvoraussetzungen beinhalten. Bewerbungen sind bis zum Bewerbungsschluss (derzeit 31. Oktober) online möglich.

Alle Bewerbungen zum EZ-Traineeprogramm werden zunächst in eine Datenbank aufgenommen und von den Fachabteilungen vorselektiert. Kandidaten, die auf eine »shortlist« aufgenommen wurden, werden zu einem Auswahlgespräch eingeladen, das etwa drei bis fünf Monate nach dem Bewerbungsschluss stattfindet. Aufgrund dieser Gespräche erfolgt die Endauswahl. Das EZ-Traineeprogramm beginnt circa zwölf Monate nach dem Bewerbungsschluss.

Das GTZ-Traineeprogramm hat eine Dauer von 18 Monaten. Die Trainees durchlaufen dabei verschiedene Stationen der deutschen und der multilateralen Entwicklungszusammenarbeit und sind neun Monate im Ausland tätig. Das Programm bringt die EZ-Trainees dabei mit verschiedenen Akteuren der Entwicklungszusammenarbeit zusammen und bietet eine gute Basis, um ein Netzwerk aufzubauen.

Im Einzelnen gliedert sich das EZ-Traineeprogramm in fünf »Phasen«: Nach einer Vorbereitungsphase von zwei Monaten reisen die EZ-

Trainees für neun Monate in das Projektland aus, zum Einsatz in dem gewählten GTZ-Projekt. Sodann durchlaufen die EZ-Trainees je eine Station in einer deutschen und einer ausländischen Organisation der Entwicklungszusammenarbeit und eine Station im BMZ.

Die Teilnahme am EZ-Traineeprogramm wird mit monatlich 1.900 Euro vergütet. Bewerber, die zur Auswahltagung eingeladen wurden, jedoch keinen Platz im EZ-Traineeprogramm erhalten haben, qualifizieren sich unter Umständen für andere Stellenangebote der GTZ. Die GTZ prüft dies auch aus eigener Initiative und informiert die geeigneten Bewerber. Interessenten sollten sich zudem aktiv auf offene Stellen bei der GTZ bewerben.

Neben den In- und Auslandspraktika und dem EZ-Traineeprogramm schreibt die GTZ regelmäßig Junior-Positionen aus. Eine erfolgreiche Bewerbung auf eine solche Position ist immer ein Direkteinstieg. Die Positionen eignen sich daher insbesondere für »young professionals« mit Erfahrung in der Entwicklungszusammenarbeit.

Zu den Mindestvoraussetzungen für GTZ-Junior-Positionen zählen ein abgeschlossenes Studium in einem relevanten Fach und ein bis zwei Jahre einschlägige Berufserfahrung. Die Biografie der Bewerber sollte zudem einen deutlichen Bezug zur Entwicklungszusammenarbeit erkennen lassen, möglichst durch Aufenthalte und Arbeitseinsätze in einem Entwicklungsland.

Die GTZ erwartet darüber hinaus fließende Englischkenntnisse oder fließende Kenntnisse einer für die jeweilige Position relevanten Sprache. Um das eigene Profil besser einschätzen zu können, sollten Bewerber den »Bewerbungs-Check« nutzen, den die GTZ für das EZ-Traineeprogramm anbietet. Die Profilmerkmale beider Optionen ähneln einander.

Junior-Positionen bei der GTZ werden in aller Regel befristet vergeben. Das Einsatzfeld variiert je nach individueller Expertise und Erfahrung. Juniormitarbeiter werden entweder in einem Partnerland der GTZ oder in der Zentrale eingesetzt, vor allem mit folgenden Aufgabenschwerpunkten:

»Juniors« im GTZ-Partnerland:
- Fach- und Führungsaufgaben in einem Projekt unter Anleitung eines Vorgesetzten

»Juniors« in der GTZ-Zentrale:
- Einsatz im GTZ-Kompetenzzentrum »Planung und Entwicklung«
- Fachassistenz im Bereich »Planung und Entwicklung«
- Juniorprojektbearbeiter in einer GTZ-Regionalgruppe
- Juniorprojektmanager im Bereich »International Services«
- Juniorreferent im Personal- und Sozialbereich.

Die GTZ hat – neben ihren eigenen Programmen – 1980 gemeinsam mit der ZAV das Centrum für Internationale Migration und Entwicklung (CIM) mit Sitz in Frankfurt gegründet. Das CIM finanziert sich überwiegend aus Mitteln des BMZ und versteht sich als Personaldienstleister für das Berufsfeld der internationalen Entwicklungszusammenarbeit.

Das CIM hat zwei Programme entwickelt (→ C.6), die an erfahrene »Entwicklungshelfer« adressiert sind: das Programm »integrierte Fachkräfte« für Kandidaten, die zu Arbeitseinsätzen in Entwicklungsländern bereit sind, und das Programm »Rückkehr und Integration« für Entwicklungshelfer, die in den deutschen Arbeitsmarkt zurückkehren möchten. Hierneben bietet das CIM eine begrenzte Anzahl an Projektstellen für »young professionals«.

Das Programm integrierte Fachkräfte eignet sich für gut ausgebildete Fachkräfte, die über langjährige Berufserfahrung in der Entwicklungszusammenarbeit oder in einem anderen relevanten Themenfeld verfügen. Internationale Erfahrung und Arbeitseinsätze in Entwicklungsländern werden vorausgesetzt. Darüber hinaus erwartet das CIM sehr gute Kenntnisse der Verkehrssprache des Einsatzlandes, Flexibilität, Anpassungsfähigkeit und ein hohes Maß an Einfühlungsvermögen.

Integrierte Fachkräfte übernehmen Schlüsselpositionen in Entwicklungs- und Schwellenländern und helfen dortigen staatlichen Institutionen, privaten Unternehmen, Verbänden oder NGOs durch den aktiven Wissenstransfer und durch Beratung, lokale Kapazitäten aufzubauen. Der Grundansatz ist die »Hilfe zur Selbsthilfe«, zudem arbeitet das CIM integrativ.

Wer Interesse an einer Personalvermittlung durch das CIM hat, bewirbt sich auf eine der offenen Stellen, die das CIM regelmäßig auf seiner Website ausschreibt. Zur Bewerbung genügen ein Anschreiben und ein Lebenslauf. Wer aus Sicht von CIM für die jeweilige Stelle qualifiziert und geeignet ist, reicht nach Aufforderung weitere Unterlagen ein und wird gegebenenfalls zu einem persönlichen Auswahlgespräch eingeladen.

CIM vermittelt die integrierten Fachkräfte »lediglich«, die Endentscheidung über die Kandidaten liegt bei der künftigen Dienststelle im Partnerland. Die integrierten Fachkräfte werden auch von der lokalen Partnerorganisation eingestellt und schließen mit dieser ihren Arbeitsvertrag ab.

Die Arbeitsverträge sind grundsätzlich befristet und werden in aller Regel für eine Laufzeit von ein bis zwei Jahren geschlossen. Eine Vertragsverlängerung ist möglich. Das Gehalt wird vom lokalen Arbeitgeber gezahlt und bemisst sich an den ortsüblichen Sätzen. CIM bezuschusst das Gehalt jedoch und beteiligt sich an den Beiträgen zur deutschen Sozialversicherung.

Der lokale Arbeitgeber unterstützt die integrierten Fachkräfte bei allen Einreiseformalitäten und gewährleistet eine hinreichende Ausstattung des Arbeitsplatzes. Urlaubs- und Arbeitszeiten bemessen sich an den ortsüblichen Bedingungen, jedoch gelten Mindeststandards, die an die deutschen Standards angelehnt sind. Derzeit sind durch Vermittlung des CIM weltweit circa 600 Fachkräfte in 70 Ländern im Einsatz.

Das Programm integrierte Fachkräfte ist eine gute Möglichkeit für berufserfahrene Kandidaten, in der Entwicklungshilfe zu bleiben. Es eignet sich auch, um Wartezeiten durch relevante Berufseinsätze zu überbrücken.

1.3.3 Das Nachwuchsförderungsprogramm des DED

Der Deutsche Entwicklungsdienst (DED) zählt zu den etabliertesten Organisationen der bilateralen Entwicklungszusammenarbeit. Seit seiner Gründung 1963 hat der DED mehr als 15.000 Entwicklungshelfer in seine Partnerländer entsandt. Bereits 1964 reisten die ersten Entwicklungshelfer aus. Derzeit sind weltweit etwa 1.000 Entwicklungshelfer im Einsatz.

Als gemeinnützige Gesellschaft mit beschränkter Haftung (gGmbH) ist der DED eine Non-Profit-Organisation. Finanziert wird seine Tätigkeit weitgehend aus Bundesmitteln. Der DED versteht sich als Dienstleister und Berater in seinen derzeit 46 Partnerländern in Afrika, Asien und Lateinamerika. Etwa die Hälfte der DED-Entwicklungshelfer ist in Afrika im Einsatz. Der DED unterhält in allen Partnerländern ein Büro und kooperiert auch mit anderen Entwicklungsorganisationen wie der GTZ.

Der DED entwickelt keine eigenen Projekte, sondern wird auf Anfrage von Partnerorganisationen tätig. Wichtige Ziele des DED sind dabei: Minderung der Armut, zivile Konfliktbewältigung und Förderung des Friedens, nachhaltige Entwicklung, Erhalt der Umwelt, Gleichstellung von Mann und Frau, die Stärkung der Zivilgesellschaft, Förderung dezentraler Strukturen in den Entwicklungsländern und die Förderung einer weltoffenen Gesellschaft durch entwicklungspolitische Bildungs- und Öffentlichkeitsarbeit in Deutschland.

Der DED versteht sich als führender Personalentsendedienst in seinen Schwerpunktregionen und rekrutiert Einsteiger und Berufserfahrene (→ C.6). Für Berufsanfänger hat der DED ein Nachwuchsförderungsprogramm entwickelt, das die Kandidaten gezielt an die internationale Entwicklungszusammenarbeit heranführt. Zudem rekrutiert der DED Fachkräfte, die auch als UN-Voluteers eingesetzt werden können. Das »Nachwuchsförderungsprogramm« des DED wendet sich an Hochschulabsolventen oder junge Berufstätige, die ein sichtbares Interesse an entwicklungspolitischen Fragen zeigen und mittelfristig in diesem Bereich tätig sein möchten. Wichtigste Voraussetzung für eine Bewerbung ist ein Hochschulabschluss oder eine abgeschlossene Ausbildung. Der Abschluss muss vor Programmantritt vorliegen.

Der DED bevorzugt Bewerber, die einen Abschluss in einem für den DED relevanten Fachbereich mitbringen, darunter Jura, Wirtschafts- oder Gesellschaftswissenschaften, Pädagogik, Journalismus, Architektur oder Ingenieurswesen. Weitere Voraussetzungen sind sehr gute Englischkenntnisse und – je nach Einsatzland – Kenntnisse weiterer Sprachen, vor allem Französisch oder Spanisch. Das Höchstalter für eine Bewerbung liegt bei 28 Jahren.

Bewerber zum Nachwuchsförderungsprogramm sollten sich zudem mit den Leitbildern des DED identifizieren können. Der DED betreibt eine partnerorientierte, partizipative und zielgruppennahe Entwicklungshilfe »von unten«. Seine Partner, staatliche und kommunale Einrichtungen, NGOs oder einheimische Selbsthilfeinitiativen, werden in die Projekte integriert und als Kooperationspartner auf »gleicher Augenhöhe« betrachtet.

Einschlägige Berufserfahrung ist keine Voraussetzung für die Teilnahme am Nachwuchsförderungsprogramm des DED, jedoch steigern entsprechende Praktika die Erfolgsaussichten. Ein weiteres »Plus« sind Sprachkenntnisse, die über das geforderte Minimum hinausgehen. Der DED prüft zudem die Tropentauglichkeit der Kandidaten.

Wer Interesse hat, bewirbt sich auf die konkreten Projektplätze, die der DED auf seiner Website ausschreibt. Die zur Auswahl stehenden Plätze richten sich nach dem Bedarf des DED und sind entsprechend vielfältig. Bewerber reichen den virtuellen Bewerbungsbogen ein, dem ein Anschreiben, ein Lebenslauf, ein Lichtbild und Zeugnisse anzuhängen sind. Das Lichtbild und die Zeugnisse können auch per Post übersandt werden.

Der Lebenslauf ist im Europass-Lebenslaufformat (→ A.) zu erstellen. Bewerber sind zudem aufgefordert, ihre Motivation darzulegen. Das Motivationsschreiben sollte dazu genutzt werden, das eigene »commitment« zur Entwicklungszusammenarbeit darzulegen und die besondere Eignung für die jeweilige Stelle herauszustellen. Der DED verlangt außerdem die Angabe von bis zu drei Referenzen.

Das Nachwuchsprogramm des DED ist – ähnlich wie zum Beispiel das EZ-Traineeprogramm der GTZ – ein Rahmenprogramm mit »training on the job«. Alle erfolgreichen Bewerber, die »Entwicklungsstipendiaten«, durchlaufen ein einmonatiges Inlandstraining, das sie auf ihren Einsatz vorbereitet und mit einer einwöchigen individuellen Ausreisevorbereitung abschließt.

Im Anschluss an das Inlandstraining reisen die Stipendiaten in das gewählte DED-Partnerland aus und sind dort zwölf Monate für das gewählte Projekt im Einsatz. Die Stipendiaten werden im Zielland vom DED-Landesbüro und von einem erfahrenen Mentor betreut und erhalten auch eine Vergütung.

Die Leistungen des DED sind allerdings als Aufwandsentschädigung gedacht. Der DED übernimmt die Unfall-, Kranken- und Pflegeversicherung und zahlt die Hin- und Rückreise. Erstattet werden die Unterkunft während des Inlandstrainings und die Reisekosten zum Trainingsort. Zudem erhalten die Stipendiaten pro Monat 340 Euro im Inland und 770 Euro im Ausland. Die Unterkunft und die Kosten im Gastland sind selbst zu organisieren und zu finanzieren.

Der Einsatz als Entwicklungsstipendiat des DED ist schlechter bezahlt als andere Einstiegsoptionen in die Entwicklungszusammenarbeit. Die finanziellen Erwägungen sollten jedoch zweitrangig sein. Sowohl das Programm des DED als auch das der GTZ sind ein guter Einstieg in die Entwicklungszusammenarbeit und qualifizieren auch für eine spätere Tätigkeit bei einer internationalen Organisation, die in diesem Themenfeld aktiv ist.

Der DED bietet Absolventen seines Nachwuchsförderungsprogramms und anderen qualifizierten Kandidaten zudem die Möglichkeit eines Direkteinstiegs als *Entwicklungshelfer oder als Fachkraft für den zivilen Friedensdienst*. Beide Optionen sind nicht miteinander zu verwechseln und wenden sich an Bewerber, die Berufserfahrung in der Entwicklungszusammenarbeit mitbringen. Wer sich für einen Einsatz als Entwicklungshelfer interessiert, sollte über einen relevanten Hochschulabschluss oder eine abgeschlossene Berufsausbildung und mindestens zwei Jahre Berufserfahrung verfügen, bevorzugt mit Stationen in Entwicklungsländern. Erwartet werden zudem gute Englisch-, Französisch-, Spanisch- oder Portugiesischkenntnisse.

Aufgrund der besonderen Anforderungen stellt der DED an Fachkräfte für den zivilen Friedensdienst höhere Anforderungen als an Entwicklungshelfer. Mindestanforderungen sind hier mehrere Jahre Berufserfahrung in der Entwicklungszusammenarbeit oder in der zivilen Konfliktbearbeitung und Berufserfahrung im Ausland. Das Studium sollte zudem in den Fächern Soziologie, Psychologie, Politik, Ethnologie, Geografie, Verwaltungswissenschaften, Sozialpädagogik oder Pädagogik abgeschlossen worden sein. Sehr gute Englisch-, Französisch-, Spanisch- oder Portugiesischkenntnisse sind ebenfalls zwingend.

Sowohl Entwicklungshelfer als auch Fachkräfte für den zivilen Friedensdienst sollten tolerant und weltoffen sein, über partizipative Betreuungskompetenzen verfügen sowie über ein hohes Maß an Flexibilität, Eigeninitiative und Kreativität. Bewerber als Entwicklungshelfer sollten zudem wissen, dass sie allein ausreisen. Die Einsatzgebiete sind häufig für Familien ungeeignet, so dass Angehörige auch nicht auf eigene Initiative nachkommen könnten.

Die Arbeitsumstände vor Ort fordern sowohl von Entwicklungshelfern als auch von Fachkräften für den zivilen Friedensdienst persönliche Einschränkungen und setzen eine hohe physische und psychische Belastbarkeit voraus. Zudem erwartet der DED von allen Fachkräften die persönliche Identifikation mit seinen Leitsätzen und Zielen.

DED-Entwicklungshelfer und Fachkräfte für den Friedensdienst erhalten 897 Euro monatlich und einen Kaufkraftausgleich. Eine Unterkunft am Einsatzort wird gestellt. Für die Ausstattungs- und Einrichtungsgegenstände zahlt der DED einmalig 3.300 Euro und ein Urlaubsgeld von 448,50 Euro pro Jahr. Der DED übernimmt zudem die Beiträge zur gesetzlichen Rentenversicherung und schließt eine Krankenversicherung ab. Das Leistungspaket umfasst auch den Flug und die Gesundheitsversorgung vor Ort.

Bewerber aus Österreich oder der Schweiz und Deutsche, die in Österreich oder der Schweiz nach ähnlichen Programmen suchen, sollten die Websites der österreichischen ArbeitsGemeinschaft EntwicklungsZusammenarbeit (AGEZ) oder des schweizerischen Netzwerks für internationale Zusammenarbeit und Entwicklungspolitik (→ C.6) konsultieren. Neben Informationen über Möglichkeiten der Personalentsendung finden sich auf diesen Websites auch Links zu österreichischen bzw. schweizerischen NGOs, die auf die verschiedensten Bereiche der Entwicklungszusammenarbeit fokussiert sind.

1.4 Abschließende Hinweise und Bemerkungen

> Das Geheimnis des Erfolges ist die Beständigkeit des Ziels.
> *Benjamin Disraeli*

Wer für die Vereinten Nationen tätig werden will, sollte neben den fachlichen und sozialen Kompetenzen vor allem über fünf persönliche Eigenschaften verfügen: Ausdauer, Geduld, Optimismus, Eigeninitiative und Flexibilität. Dies gilt bereits für den Bewerbungsprozess und vor allem für die spätere Tätigkeit.

In ihren Millenniums-Zielen haben sich die Vereinten Nationen und ihre Mitgliedsstaaten dazu verpflichtet, der Massenarmut und ihren

Folgen weltweit gemeinschaftlich entgegenzuwirken. Massenarmut und unmenschliche Lebensbedingungen finden sich vor allem in Entwicklungsländern, die auch mit politischen und anderen Problemen zu kämpfen haben.

Ein »VN-Job« ist somit nichts für Einzelkämpfer und all jene, die hohe Ansprüche an ihr Arbeitsumfeld oder die Arbeitsbedingungen stellen. Obgleich die Besoldung in aller Regel sehr gut ist, sind viele Einsatzorte gewöhnungsbedürftig und die Bedingungen vor Ort schwierig.

Überhöhte Erwartungen sind auch hinsichtlich der Effekte der eigenen Arbeit unangebracht. Die Vereinten Nationen sind eine Regierungsorganisation, das heißt jeder politische Schritt muss unter allen Mitgliedsstaaten abgestimmt werden. Nicht selten scheitern auch dringende Maßnahmen am politischen Unwillen oder der Uneinsichtigkeit einzelner Mitgliedsstaaten. Die Vereinten Nationen werden daher zuweilen als »zahnloser Tiger« und Organisation ohne Durchschlagskraft kritisiert. Ob dies stimmt oder nicht – der Dienst für die Vereinten Nationen ist zumindest nichts für alle, die schnelle und effiziente Lösungen gewohnt sind. Geduld ist gefragt, im Umgang mit anderen, aber auch mit sich selbst.

Trotz aller Schwächen machen die Vereinten Nationen einen Unterschied – zumindest aus Sicht ihrer Bediensteten –, denn sie bieten eine Plattform, auf der die Länder dieser Erde kommunizieren können, um Konflikten die Spitze zu nehmen und auf friedlicher Basis Lösungen zu finden.

Realismus und Optimismus sind auch für den Einstieg erforderlich: Eine Tätigkeit im VN-System ist häufig das Ergebnis enormer Vorleistungen im Rahmen der akademischen Ausbildung, durch gezielte Praktika und durch Tätigkeiten, die in unwirtlichen Gegenden zu bescheidenen Konditionen geleistet wurden. Ein Vertrag bei den Vereinten Nationen ist somit fast immer der vorläufige Abschluss einer mühsamen Vorbereitungsphase, in der sich die Kandidaten konsequent an das jeweilige Themenfeld herangearbeitet haben. Wer zu diesen Bemühungen bereit ist, hat gute Chancen.

Der »Faktor Glück« ist für den Einstieg bei den Vereinten Nationen weniger entscheidend, vielmehr kann sich jeder den Weg in das VN-System durch eigene Leistungen ebnen. Der Arbeitsmarkt ist flexibel und dynamisch: Fast immer bieten sich zeitnah geeignete Optionen. Wem der Einstieg gelungen ist, der hat gute Karriereaussichten. Manch einer hat als Praktikant oder »mission appointee« angefangen und ist längst auf der Führungsebene angekommen.

Eine gute Alternative für Bewerber, für die ein Direkteinstieg nicht infrage kommt, sind die hier vorgestellten Programme von ASA, der GTZ, des DED oder von anderen Organisationen, die in der Wachstumsbranche Friedens- und Entwicklungsarbeit tätig sind. Der »Umweg« über solche Einsätze führt häufig direkter ans Ziel als eine Zwischenkarriere in der Wirtschaft, auch wenn diese in aller Regel besser bezahlt ist.

Insgesamt sollte jeder bedenken: Die Vereinten Nationen sind und bleiben eine Friedensgemeinschaft mit vielfältigen Aktivitäten in den armen und ärmsten Ländern dieser Erde. Praktika, Freiwilligendienste oder ähnliche Einsätze in Schwellen- und Entwicklungsländern sind ein wichtiger Nachweis, dass Bewerber über das »commitment« verfügen, das die Vereinten Nationen voraussetzen. Wem all dies zu viel ist, der wird bei den Vereinten Nationen kaum sein berufliches Glück finden. Alle anderen erwartet ihr Traumjob.

2 »In Vielfalt geeint«: Im Dienst der Europäischen Union

> By deciding together and acting together for 50 years,
> we have created a common past that gives us the strength
> to face the challenges of our common future.
> *José Manuel Barroso am 23. März 2007 vor dem Senat in Rom*

Die Europäische Union (EU) ist die einzige internationale Organisation dieser Erde, die supranationale Elemente in sich vereint. Dies macht sie zu einem besonderen Kooperationspartner und zugleich zu einem besonderen Arbeitgeber. Kaum eine internationale Laufbahn kommt dem höheren Dienst der nationalen Spitzenverwaltung so nahe wie die Laufbahn bei der Europäischen Union.

»Die« Europäische Union existiert genau genommen seit dem Vertrag zur Gründung einer Europäischen (Politischen) Union, der 1992 in Maastricht unterzeichnet wurde. Das Kernstück der Europäischen Union, die Europäische Gemeinschaft (EG), hat sich aus drei Gemeinschaften entwickelt: der 1951 gegründeten Europäischen Gemeinschaft für Kohle und Stahl (EGKS), der Europäischen Atomgemeinschaft (Euratom) und der Europäischen Wirtschaftsgemeinschaft (EWG), die beide 1957 gegründet wurden. Im März 2007 feierte die EG ihr 50-jähriges Bestehen.

Die Europäische Union hat sich im Laufe der Jahrzehnte strukturell stark entwickelt und vergrößert. Die Bundesrepublik Deutschland zählt neben Frankreich, den Benelux-Ländern und Italien zu den Gründungsmitgliedern des Einigungsprojekts. In fünf Erweiterungsrunden traten 21 weitere europäische Staaten bei, darunter am 1. Januar 1995 Österreich, Finnland und Schweden. Seit dem 1. Januar 2007 hat die Europäische Union 27 Mitgliedsstaaten. Der Beitritt zur Europäischen Union ist an strenge Bedingungen geknüpft. Insbesondere müssen die beitrittswilligen Staaten geografisch innerhalb der Grenzen Europas liegen, demokratisch und rechtsstaatlich organisiert sein und zudem eine funktionierende Marktwirtschaft vorweisen.

Die Laufbahnen in den Institutionen und Diensten der Europäischen Union stehen nur Staatsangehörigen der EU-Staaten offen. Gleichwohl lohnt auch für Schweizer ein Blick auf die folgenden Kapitel, denn vor allem einige der EU-Einrichtungen akzeptieren Praktikumsbewerber aus Drittländern. Wer über eine doppelte Staatsbürgerschaft verfügt, von der eine die eines EU-Mitgliedsstaates ist, dem stehen alle EU-Karriereoptionen offen.

2.1 Die Europäische Union im Überblick

Die Europäische Union stützt sich zur Erfüllung ihrer Ziele auf eine Reihe von Organen, die sogenannten EU-Institutionen. Einige dieser EU-Institutionen besitzen politische Entscheidungskompetenzen und üben supranationale Rechtsetzungsbefugnisse aus. Diese EU-Institutionen werden häufig auch als »Kerninstitutionen« der Europäischen Union bezeichnet.

Neben ihren Institutionen verfügt die Europäische Union über einige beratende Organe und hat zur Erfüllung spezieller Aufgaben Agenturen eingesetzt. Die Europäischen Agenturen agieren weitgehend autonom, sind jedoch Bestandteil des »EU-Systems«. Sie entstehen durch Beschluss der EU-Institutionen, die auch den Handlungsrahmen der Agenturen festlegen. Insgesamt sollten Bewerber fünf Kategorien von EU-Einrichtungen unterscheiden:

- Die EU-Institutionen
- Die beratenden Organe
- Die europäischen Finanz- und Finanzierungsinstitutionen
- Die interinstitutionellen Einrichtungen
- Die Europäischen Agenturen.

Einen Gesamtüberblick bietet das Organigramm in Teil III. Ein vollständiger Überblick über die Einrichtungen und Themen der Europäischen Union findet sich im »Portal der Europäischen Union« (→ D.1), das auch Links zu den einzelnen Einrichtungen beinhaltet. Zu empfehlen sind zudem die Websites der Vertretungen der Europäischen Kommission in Deutschland und Österreich oder die der EU-Delegation in der Schweiz (→ D.1).

Die Europäische Union verfügt über acht Institutionen:

- Europäisches Parlament
- Rat der Europäischen Union (»Ministerrat«)
- Europäischer Rat
- Europäische Kommission (»EU-Kommission«)
- Gerichtshof der Europäischen Gemeinschaften
- Europäischer Rechnungshof
- Europäischer Bürgerbeauftragter
- Europäischer Datenschutzbeauftragter.

Das Europäische Parlament, der Ministerrat und die EU-Kommission üben die Rechtsetzungsbefugnisse der Europäischen Union aus und zählen daher zu deren Kerninstitutionen. *Das Europäische Parlament* (→ D.1) bildet mit dem Ministerrat das Legislativorgan, das heißt den EU-

»Gesetzgeber«. Es ist ein »echtes« Parlament, denn seine Abgeordneten werden seit 1979 von den Bürgern der EU-Staaten direkt gewählt. Die Europaabgeordneten kandidieren dazu in nationalen Wahlkreisen und für fünf Jahre. Sie haben sich innerhalb des Parlaments nach politischen Ansichten zusammengeschlossen und bilden derzeit neun »Fraktionen«. Zudem wählen die Abgeordneten aus ihrer Mitte einen Parlamentspräsidenten, der zugleich der oberste Repräsentant des Europäischen Parlaments ist. Der amtierende Parlamentspräsident ist der Deutsche Hans-Gert Pöttering.

Der Ministerrat (→ D.1) setzt sich aus den Regierungsvertretern der einzelnen EU-Staaten zusammen und ist die zentrale Plattform zur Regierungszusammenarbeit innerhalb der Europäischen Union. In aller Regel entsenden die nationalen Regierungen ihre Fachminister oder Vertreter aus den Fachressorts zu den Verhandlungen.

Der Ministerrat tagt in neun thematischen Formationen (Ratsformationen). Der Rat »Allgemeine Angelegenheiten und Außenbeziehungen« ist dabei von besonderer Bedeutung, denn er bereitet die Europäischen Räte (Gipfel) vor. In dieser Ratsformation kommen die Außenminister der EU-Staaten zusammen. Der »Präsident« des Ministerrates ist der amtierende Präsident des Europäischen Rates bzw. sein Außenminister. Zudem verfügt der Ministerrat über einen Generalsekretär, der zugleich der Hohe Vertreter für die Gemeinsame Außen- und Sicherheitspolitik (GASP) der Europäischen Union ist. Der amtierende Generalsekretär ist der Spanier Javier Solana.

Die Grundsatzentscheidungen der Europäischen Union, zum Beispiel die Annahme eines neuen Europäischen Vertrags, fällt *der Europäische Rat* (→ D.1). Er tagt mindestens viermal jährlich unter der Präsidentschaft eines der EU-Staaten. Die Ratspräsidentschaft rotiert alle sechs Monate und wurde im ersten Halbjahr 2007 von Deutschland eingenommen. Ratspräsident ist der Staats- oder Regierungschef des amtierenden EU-Staats. Jede Ratspräsidentschaft terminiert mindestens zwei Gipfeltreffen meist zur Mitte und zum Ende ihrer Präsidentschaft und nach Bedarf weitere Sondergipfel. Der Sitzungsort der Gipfeltreffen ist Brüssel.

Politisch sind der Ministerrat und der Europäische Rat eigenständige Institutionen mit eigenen Aufgabenbereichen. Sie kooperieren jedoch im Tagesgeschäft eng miteinander. Zudem stützt sich der Europäische Rat in allen organisatorischen Fragen auf den Verwaltungsstab des Minister-rates. Der Europäische Rat ist nicht zu verwechseln mit dem Europarat, einer internationalen Organisation mit Sitz in Straßburg.

Die Europäische Kommission (EU-Kommission) (→ D.1) wird häu-fig als »Regierung« der Europäischen Union bezeichnet. Tatsächlich nimmt sie vielschichtige Funktionen wahr und wacht darüber, dass das EG-Recht von den Mitgliedsstaaten eingehalten und umgesetzt wird. Zugleich befördert die EU-Kommission die Entwicklungen der Euro-päischen Union durch Vorschläge für Rechtsakte oder durch sogenannte Grün- und Weißbücher, in denen neue Maßnahmenpakete vorgeschlagen werden. Der Begriff »Europäische Kommission« meint genau genom-men das Kollegium der 27 EU-Kommissare. Im allgemeinen Sprachge-brauch hat sich der Begriff jedoch für die gesamte Institution einschließ-lich ihres Verwaltungsstabs durchgesetzt. Die EU-Kommissare werden für eine Amtszeit von fünf Jahren durch den Europäischen Rat benannt und vom Europäischen Parlament bestätigt. Derzeit stammt jeder der EU-Kommissare aus einem anderen EU-Staat. Die Kommissare üben ihr Amt in voller Unabhängigkeit aus und sind nicht weisungsgebunden. Der amtierende Präsident der EU-Kommission ist der Portugiese José Manuel Barroso. Er nimmt auch an den Treffen des Europäischen Rates teil.

Die Europäische Union verfügt zudem als einzige internationale Organisation über eine supranationale Sanktionsinstanz, die über die Einhaltung des Gemeinschaftsrechts wacht. *Der Gerichtshof der Euro-päischen Gemeinschaften* (→ D.1) besteht genau genommen aus zwei Organen: dem Europäischen Gerichtshof (EuGH) sowie einem Gericht erster Instanz (EuG), das 1988 zur Entlastung des EuGH geschaffen wurde. Beide Gerichte setzen sich aus 27 Richtern zusammen, die aus je einem der EU-Staaten stammen. Der EuGH verfügt neben seinen Rich-tern über acht Generalanwälte. Alle Richter und Generalanwälte werden für sechs Jahre ernannt und müssen jede Gewähr für ihre Unabhängig-keit bieten, das heißt ihre Tätigkeit vollkommen unparteiisch und frei von Weisungen ausüben.

Je nach Bedeutung der zu entscheidenden Materie tagen beide Gerichte als Plenum, als Große Kammer mit 13 Richtern oder als Kam-mer mit drei oder fünf Richtern. Beide Gerichte wählen aus der Mitte ihrer Richter einen Präsidenten, der die Rechtsprechung leitet und den größeren Spruchkörpern sowie den Beratungen vorsitzt. Der amtierende Präsident des EuGH ist der Grieche Vassilios Skouris, der Präsident des EuG ist der Däne Bo Vesterdorf.

Zur Haushaltskontrolle verfügt die Europäische Union über einen *Rechnungshof (EuRH)* (→ D.1), der 1977 im Zuge der Einführung des EG-Eigenmittelsystems geschaffen wurde. Die Europäische Union erhält ihre Mittel seitdem überwiegend aus Beiträgen der Mitgliedsstaaten, die regelmäßig neu verhandelt werden. 2007 standen der Europäischen Union gut 116 Milliarden Euro zur Verfügung. Der Europäische Rechnungshof überwacht die ordnungsgemäße Verwendung der EU-Einnahmen und prüft, ob die Finanzoperationen nationaler Einrichtungen oder Dritter, die EU-Mittel erhalten haben, ordnungsgemäß erfasst sowie rechtmäßig und wirtschaftlich ausgeführt wurden. Der Rechnungshof strebt dabei ein gutes Finanzmanagement und eine möglichst effektive Verwendung der EU-Mittel an.

Die »Hauptstadt« Europas und der wichtigste Arbeitssitz der EU-Institutionen ist Brüssel. Dort haben die EU-Kommission und der Ministerrat ihren Hauptsitz und dort tagt auch der Europäische Rat. Das Europäische Parlament hat seinen Arbeitssitz in Brüssel, die Plenartagungen finden in Straßburg statt und das Generalsekretariat befindet sich in Luxemburg. Dort sind auch der EuGH, der EuG und der Europäische Rechnungshof angesiedelt.

Die Sprachenregelung der Europäischen Union ist großzügig: Die Amtssprachen der 27 EU-Staaten sind zugleich die Amtssprachen der Europäischen Union. Da einige EU-Staaten dieselbe Amtssprache haben, zum Beispiel Deutschland und Österreich, hat die Europäische Union derzeit 23 Amtssprachen. Einige EU-Institutionen haben zudem interne Arbeitssprachen definiert, um die Arbeitsabläufe zu erleichtern.

Die Unionsbürger können die Europäische Union in allen Amtssprachen kontaktieren und eine Antwort in ihrer Sprache erwarten. Auch wichtige Dokumente und Rechtsakte werden in allen Amtssprachen ausgefertigt.

Zur politischen Entscheidungsfindung ziehen die EU-Institutionen regelmäßig die Meinung von zwei beratenden Organen heran: des *Europäischen Wirtschafts- und Sozialausschusses (EWSA)* und des *Ausschusses der Regionen (AdR)*, ebenfalls mit Sitz in Brüssel. Beide Organe wurden aufgrund der Europäischen Verträge konstituiert und unterscheiden sich daher von der Vielzahl an NGOs und anderen »lobby groups«, die sich um die EU-Institutionen drängen.

Der Europäische Wirtschafts- und Sozialausschuss (EWSA) (→ D.1) existiert seit 1957 und setzt sich aus Vertretern der Zivilgesellschaft zusammen, das heißt Vertretern der verschiedensten gesellschaftlichen Interessengruppen, angefangen bei Wirtschaftsverbänden über Umweltgruppierungen bis zu kirchlichen oder sozialen Verbünden. Der Ausschuss der Regionen (AdR) (→ D.1) wurde 1994 eingerichtet und vertritt die lokalen und regionalen Gebietskörperschaften. Die Vertretung der Gemeinden, Städte und Regionen auf EU-Ebene ist seit den 1990er Jahren ein besonderes Thema, denn schätzungsweise drei Viertel aller europäischen Rechtsakte werden auf einer dieser Ebenen umgesetzt.

Die Beratungsleistungen des EWSA und des AdR sind festgelegt: Je nach Fragestellung müssen diese Organe gehört werden und können in jedem Fall aus eigener Initiative zu relevanten Themen ihre Meinung einbringen. Vereinzelt werden sie von den EU-Institutionen mit der Prüfung von Fragen beauftragt. Der AdR muss zudem in allen Bereichen gehört werden, in denen die Europäische Rechtsetzung Auswirkungen auf die regionale oder die kommunale Ebene haben könnte.

Die Europäische Union verfügt zudem über zwei Finanz- und Finanzierungsinstitutionen (→ D.2): die *Europäische Zentralbank (EZB)* mit Sitz in Frankfurt und die *Europäische Investitionsbank (EIB)* mit Sitz in Luxemburg, der der Europäische Investitionsfonds (EIF) angegliedert ist. Die europäischen Finanzinstitutionen zählen nicht zur Gruppe der EU-Institutionen und sind auch keine beratenden Organe, denn sie besitzen eine eigene Rechtspersönlichkeit und handeln autonom.

Die Europäische Zentralbank (EZB) ist die oberste Währungsbehörde des »Eurosystems« und entstand 1998 aus der Wirtschafts- und Währungsunion (WWU). Das »Eurosystem« wird von der Gruppe der EU-Staaten gebildet, die die gemeinsame Währung der Europäischen Union – den Euro – eingeführt haben.

Gemeinsam mit den Nationalbanken der einzelnen EU-Staaten bildet die EZB das Europäische System der Zentralbanken (ESZB), dem auch die EU-Staaten angehören, die den Euro bisher nicht eingeführt haben: Dies sind alle »neuen« EU-Staaten mit Ausnahme von Slowenien, Dänemark, Großbritannien und Schweden. Slowenien ist seit dem 1. Januar 2007 ein »Euro«-Land.

Das oberste geldpolitische Ziel der EZB ist Preisstabilität. Dazu überwacht die EZB die Preisentwicklung innerhalb der Euro-Zone und unterstützt das Wirtschaftswachstum innerhalb des Eurosystems durch eine gemeinsame Geld- und Währungspolitik. Weitere Aufgaben der EZB sind die Durchführung von Devisengeschäften sowie die Verwaltung der offiziellen Währungsreserven der EU-Staaten.

Die EZB besitzt zudem die ausschließliche Kompetenz, die Ausgabe von Banknoten innerhalb des Eurosystems zu genehmigen. Der Druck erfolgt durch die Nationalbanken, zum Beispiel in Deutschland durch die Deutsche Bundesbank.

Der Beitritt zur Europäischen Union beinhaltet nicht automatisch den Beitritt zum Eurosystem, vielmehr erfolgt dieser unabhängig und ist an strenge Kriterien (Konvergenzkriterien) gebunden.

Die 1958 gegründete Europäische Investitionsbank (EIB) ist eine vollkommen autonome Organisation der Europäischen Union. Anteilseigner der EIB sind die EU-Staaten. Die EIB hält die Hauptanteile (62 %) am Europäischen Investitionsfonds (EIF), mit dem die EIB die »EIB-Gruppe« bildet.

Die EIB und der EIF sind Finanzierungsinstrumente der Europäischen Union, die deren Fördermaßnahmen ergänzen sollen. Dazu unterstützt die EIB große Investitionsvorhaben innerhalb der Europäischen Union und Projekte in EU-Partnerländern.

Zudem vergibt die EIB mittel- und langfristige Globaldarlehen zur Förderung kleinerer und mittlerer Unternehmen (SMEs) sowie Risikokapital (*venture capital*) für Projekte im Mittelmeerraum oder in den AKP-Staaten (ACP-States). Die EIB vergibt keine Direktdarlehen, sondern fördert Projekte durch zwischengeschaltete Banken und Finanzinstitute.

Der EIF beteiligt sich in Ergänzung zur Tätigkeit der EIB an Risikokapitalfonds für Investitionen in innovative kleine und mittlere Unternehmen (SMEs) oder in den Beitrittsländern der Europäischen Union und vergibt Garantieoptionen aus eigenen Mitteln oder aus dem EU-Haushalt.

Sowohl die EIB als auch der EIF verstehen sich und ihre Aufgaben ausschließlich im Dienste der Europäischen Union. Das Themenspektrum beider Institutionen ist im Einzelnen sehr speziell und setzt fundierte Kenntnisse des internationalen Finanz- und Bankenwesens voraus.

2.2   Die Europäische Union als Arbeitgeber

Die Personalgewinnung der Europäischen Union verläuft vergleichsweise konzentriert. Die Einstiegsmöglichkeiten sind klar strukturiert, zudem existiert bei der Europäischen Union ein weitgehend zentraler Rekrutierungsmechanismus.

Die Europäische Union hat ein allgemeines Statut geschaffen, das die Dienstpflichten und die Ansprüche der Bediensteten, mit Ausnahme der Praktikanten, regelt. Dieses »Statut der Beamten der Europäischen Gemeinschaften« (→ D.4), das auch die Beschäftigungsbedingungen für die sonstigen EU-Bediensteten enthält, sollte jeder zur Hand nehmen, der sich für eine feste Stelle bewirbt. Für die Praktikumsprogramme bei der Europäischen Union existieren gesonderte Regelungen.

Für Hochschulabsolventen ist die vergleichsweise gebündelte Personalgewinnung der Europäischen Union eine Chance und eine Herausforderung zugleich, denn die Einstiegsmöglichkeiten sind begrenzt. Andererseits kann sich jeder rasch einen Überblick über das Gesamtangebot verschaffen und auf dieser Basis die Bewerbungen gezielt platzieren.

Die Europäische Union bietet dabei auch gute Chancen für qualifizierte Berufseinsteiger, denn Berufs- oder Felderfahrung hat bei der Europäischen Union insgesamt eine geringere Bedeutung als dies zum Beispiel im VN-System der Fall ist. Wer für die Europäische Union arbeiten möchte, sollte sich zunächst einen Überblick über die bestehenden Optionen verschaffen und sodann die individuell infrage kommenden Möglichkeiten definieren.

2.2.1 Einstiegs- und Aufstiegschancen bei der EU

Der größte Arbeitgeber unter den EU-Institutionen und den anderen EU-Einrichtungen ist die EU-Kommission. Anfang 2007 waren dort 22.744 Bedienstete als »permanent officials« oder »temporary agents« auf regulären Stellen (Planstellen) beschäftigt.[10] Das Durchschnittsalter dieser Bediensteten lag bei gut 45 Jahren. 11.263 (50 %) der Bediensteten bei der EU-Kommission waren 2007 auf Stellen tätig, die der »professional category« vergleichbar sind (AD-Stellen). Zu diesen Bediensteten kamen 5.478 Vertragsbedienstete und 1.132 Abgeordnete Nationale Sachverständige (Expert National Détaché, END).[11]

Die größte nationale Gruppe unter den Beamten und Zeitbediensteten auf AD-Stellen bei der EU-Kommission stellte 2007 Frankreich mit 1.397 Bediensteten (12,4 %). Deutschland folgte an zweiter Stelle mit 1.304 Bediensteten (11,6 %) und Belgien mit 1.178 Bediensteten (10,5 %). An vierter bis sechster Stelle kamen Italien, Spanien und Großbritannien. Erst an dreizehnter Stelle folgte Österreich mit 256 Bediensteten (2,3 %).

Die überwiegende Mehrheit der EU-Bediensteten arbeitet in Brüssel. Der zweitgrößte Dienstort ist Luxemburg, wo auch das Übersetzungszentrum für die Einrichtungen der Europäischen Union angesiedelt ist. Das Europäische Parlament ist der zweitgrößte Arbeitgeber unter den EU-Institutionen mit circa 5.000 Beamten und anderen Bediensteten allein in seinem Generalsekretariat.

Auch die übrigen EU-Institutionen und die sonstigen Einrichtungen der Europäischen Union beschäftigen Beamte und Bedienstete auf Zeit, ihre Anzahl ist jedoch kleiner als bei der EU-Kommission oder beim Europäischen Parlament und liegt zum Beispiel beim Europäischen Gerichtshof bei gut 1.800 Bediensteten.

Aufgrund ihrer großzügigen Sprachenregelung hat die Europäische Union einen großen Bedarf an qualifizierten Dolmetschern und Übersetzern. Der weltweit größte Arbeitgeber für diese Fachkräfte ist das

---

10 Zahlen ohne Vertragsbedienstete.
11 END oder (englisch) SNE sind Bedienstete nationaler Behörden, die für eine bestimmte Dauer in die EU-Institutionen oder ihre Einrichtungen entsandt werden.

Europäische Parlament: Insgesamt ein Drittel seiner Bediensteten sind im Sprachendienst beschäftigt. An zweiter Stelle folgt der Gerichtshof der Europäischen Gemeinschaften mit etwa 45 Prozent des Gesamtpersonals allein im Sprachendienst.

Die EU-Institutionen unterscheiden (Simultan-)Dolmetscher von Übersetzern, die auf die Übersetzung komplizierter Texte spezialisiert sind. Ein großer Teil der Dolmetscher und Übersetzer ist verbeamtet und bringt eine aufwendige Ausbildung mit: Neben dem Sprachenstudium ist zum Teil eine zusätzliche fachspezifische Ausbildung erforderlich. Das Corps der verbeamteten Dolmetscher wird durch freiberufliche Dolmetscher unterstützt (ACIs).

2.2.2 Aufgabengebiete und Arbeitgeber im Überblick

Die Europäische Union versteht sich als Friedensgemeinschaft und als Projekt zur Förderung der wirtschaftlichen Prosperität in Europa. Diese Ziele »der ersten Stunde« sind bis heute von aktueller Bedeutung, ebenso wie die Förderung des sozialen Fortschritts in Europa.

Die Themen der Europäischen Union haben sich im Laufe der Jahre stark entwickelt. Die Gründung einer Europäischen (Politischen) Union durch den EU-Vertrag von Maastricht hat fast jedes denkbare Politikfeld dem Dialog auf europäischer Ebene geöffnet.

Entsprechend breit ist die Palette der EU-Themen, darunter Binnenmarkt, Wettbewerbspolitik, Zoll, Außenhandel, Wirtschaft, Währung, Regionalpolitik, Industrie- und Unternehmenspolitik, Betrugsbekämpfung, Landwirtschaft, Fischerei und maritime Angelegenheiten, Verbraucherschutz, Lebensmittelsicherheit, Energie, Gesundheitswesen, Forschung, Innovation, Verkehr, Umwelt, Informationsgesellschaft, Steuerwesen, Bildung, Ausbildung sowie Jugend und Kultur.

Zu den vergleichsweise jungen Themen der EU-Politik zählt die Zusammenarbeit in den Bereichen Inneres und Justiz. Diese Kooperation beinhaltet einige zentrale Politikfelder, die jahrelang für die EU-Institutionen »tabu« waren, darunter Migration, Grenzschutz, die Abwehr der organisierten Kriminalität und des internationalen Terrorismus.

Auf globaler Ebene ist die Europäische Union seit jeher ein wichtiger Handelspartner. Seit Beginn der 1990er Jahre erkennt sie zudem eine

Verantwortung als »global player« in der Entwicklungshilfe, in humanitären Fragen sowie in der Friedenssicherung. Zur Behauptung EU-Europas auf internationaler Ebene zählt auch die Gemeinsame Außen- und Sicherheitspolitik, die sich noch in der Entwicklung befindet.

Die EU-Institutionen befassen sich mit allen Themen, die von der Europäischen Union behandelt werden. Hingegen sind die beratenden Organe, die Finanzinstitutionen und die Europäischen Agenturen auf ausgewählte Themenfelder spezialisiert. Die Palette der Aufgaben und Einzelfragen ist insgesamt breit und heterogen, so dass sich Bewerber zunächst einen Überblick verschaffen sollten.

Wer für die Europäische Union tätig werden möchte, meint häufig die EU-Institutionen. So eine Tätigkeit ist sehr populär, bereits die Praktikumsplätze sind heiß begehrt. Für viele ist eine Tätigkeit als EU-Beamter der Traumjob schlechthin.

Für den Einstieg bei der Europäischen Union ist es besonders wichtig, die Verwaltungsstruktur der EU-Institutionen in ihren wesentlichen Zügen zu kennen, denn schon Praktikumsbewerber müssen mit der Bewerbung die Abteilung benennen, in der sie im Erfolgsfall eingesetzt werden möchten. Das gleiche gilt auch für die Themen der Europäischen Agenturen.

Die EU-Kommission beschäftigt »professionals« vor allem in den Büros der EU-Kommissare – den Kabinetten – und in ihrem thematisch breit gefächerten Verwaltungsstab. Die Beschäftigten in den Kabinetten sind dabei dem Stab »politischer« Mitarbeiter um nationale Minister vergleichbar und Bedienstete auf Zeit. In aller Regel beschäftigen die Kommissare Fachreferenten, einen Pressesprecher und Sekretariatspersonal.

Der Verwaltungsstab der Kommission ist groß und erinnert an die Struktur nationaler Ministerien mit dem Unterschied, dass die Kommission alle Ressorts in einer Institution bündelt. Die Verwaltung der EU-Kommission gliedert sich in Generaldirektionen – die »Hauptabteilungen« der Kommission –, die sich mit allen fachlichen Einzelfragen beschäftigen und in weitere Abteilungen untergliedert sind, die Direktionen.

Bewerber sollten zumindest die Generaldirektionen kennen (→ D.1), denn dort befindet sich ihr potenzieller Arbeitsplatz. Das gilt auch für Bewerber um einen Praktikumsplatz.

Derzeit existieren folgende Generaldirektionen:

- Beschäftigung, soziale Angelegenheiten und Chancengleichheit
- Bildung und Kultur
- Wettbewerb
- Binnenmarkt und Dienstleistungen
- Landwirtschaft und ländliche Entwicklung
- Fischerei und maritime Fragen
- Forschung
- Gesundheit und Verbraucherschutz
- Informationsgesellschaft und Medien
- Datenverarbeitung
- Justiz, Freiheit und Sicherheit
- Regionalpolitik
- Steuern und Zollunion
- Umwelt
- Verkehr und Energie
- Unternehmen und Industrie
- Handel
- Wirtschaft und Finanzen
- Außenbeziehungen
- Entwicklung und humanitäre Hilfe
- Erweiterung
- Kommunikation
- Dolmetschen
- Übersetzung
- Haushalt
- Interner Auditdienst
- Personal und Verwaltung

Jede Generaldirektion untersteht einem Generaldirektor, der als Laufbahnbeamter auf Lebenszeit beschäftigt und einem EU-Kommissar unterstellt ist. Vereinzelt »teilen« sich mehrere EU-Kommissare eine Generaldirektion.

Die Kommission verfügt zudem über einige allgemeine Dienste, die ebenfalls zu ihrem Verwaltungsstab zählen. Einige dieser Dienste sind dem Kommissionspräsidenten unterstellt, andere sind als Amt organisiert und unterstehen einem Amtsleiter. Vier Dienste sollte jeder kennen:
- Amt für Zusammenarbeit (EuropeAid)
- Amt für amtliche Veröffentlichungen
- Statistisches Amt der Europäischen Gemeinschaften (Eurostat)
- Europäisches Amt für Betrugsbekämpfung (OLAF).

Die EU-Kommission hat drei interne Arbeitssprachen definiert: Deutsch, Englisch und Französisch. Deutsch-Muttersprachler sollten mindestens eine weitere dieser Sprachen beherrschen; fließende Kenntnisse aller drei Sprachen sind von Vorteil.

Das Europäische Parlament ist ein Arbeitsparlament, das sich zur Vorbereitung seiner Debatten und Entscheidungen auf ständige Ausschüsse stützt. Zurzeit existieren mehr als 20 ständige Ausschüsse, denen 28 bis 86 Abgeordnete in der politischen Zusammensetzung des Plenums angehören. Neben den ständigen Ausschüssen setzt das Europäische Parlament Unterausschüsse, Untersuchungsausschüsse und andere nichtständige Ausschüsse ein.

Die Ausschüsse und die Europaabgeordneten selbst benötigen eine fachlich-inhaltliche Unterstützung. Das Europäische Parlament beschäftigt hierzu vor allem zwei Arten von »professionals«: Beamte, die im Generalsekretariat in Luxemburg eingesetzt werden, und parlamentarische Assistenten, die für die Europaabgeordneten überwiegend in Brüssel tätig sind.

Das Generalsekretariat nimmt wichtige übergreifende Funktionen wahr und sorgt für eine reibungslose Vorbereitung der politischen Tätigkeit des Parlaments. Der oberste Verwaltungschef des Generalsekretariats ist der Generalsekretär, der dem Präsidenten des Europäischen Parlaments unterstellt ist.

Ähnlich wie die EU-Kommission gliedert sich das Generalsekretariat des Europaparlaments in acht Generaldirektionen, die je einem Generaldirektor unterstehen. Derzeit existieren folgende Generaldirektionen:

- Präsidentschaft
- Interne Politikbereiche
- Externe Politikbereiche
- Information
- Personal
- Infrastruktur und Dolmetschen
- Übersetzung und Veröffentlichung
- Finanzen

Das Europäische Parlament hat keine internen Arbeitssprachen definiert. Dies schließt nicht aus, dass einzelne Sprachen im direkten Kontakt der Abgeordneten oder Beschäftigten untereinander besonders häufig genutzt werden.

Die im Plenum behandelten Dokumente werden in alle EU-Amtssprachen übersetzt. Während der Plenardebatten hat jeder Europaabgeordnete das Recht, sich ausschließlich in seiner Muttersprache zu äußern. Unionsbürger können das Europäische Parlament in allen EU-Amtssprachen anrufen und erhalten eine Antwort in der gewählten Sprache.

Die »Untergliederung« des *Ministerrates* in Ratsformationen ist eine organisatorische Besonderheit und ändert nichts daran, dass der Ministerrat *ein* Organ ist. Seine Entscheidungen werden zumeist auf einer »Arbeitsebene« vorbereitet. Dazu stützt sich der Ministerrat auf etwa 250 Ausschüsse und Arbeitsgruppen, die ausschließlich mit Regierungsvertretern besetzt sind, sowie auf einen Ausschuss der Ständigen Vertreter (AStV) der EU-Staaten bei der Europäischen Union.

In allen organisatorischen und auch in inhaltlichen Fragen greifen die Regierungsvertreter im Ministerrat, einschließlich aller Arbeitsebenen, auf dessen »geistigen und organisatorischen Unterbau« zurück: das Generalsekretariat.

Das Generalsekretariat bereitet die Sitzungen des Ministerrates und des Europäischen Rates fachlich vor, erstellt Berichte, Aufzeichnungen, Protokolle oder Kurzniederschriften und kann von beiden Räten mit der Erarbeitung von Kompromissvorschlägen beauftragt werden.

Es gliedert sich in neun Generaldirektionen:

– Juristischer Dienst
– A: Personal und Verwaltung
– B: Landwirtschaft und Fischerei
– C: Binnenmarkt, Wettbewerbsfähigkeit, Industrie, Forschung, Energie, Verkehr und Informationsgesellschaft
– E: Außenwirtschaftsbeziehungen und politisch-militärische Fragen
– F: Presse, Kommunikation und Protokoll
– G: Wirtschaft und Soziales
– H: Justiz und Inneres
– I: Umwelt- und Verbraucherschutz, Gesundheit, Nahrungsmittel, Bildung, Jugend, Kultur, Medien.

Jede Generaldirektion ist einem Generaldirektor unterstellt, der – wie die überwiegende Mehrheit der Beschäftigten des Generalsekretariats – ein europäischer Beamter ist. Die internen Arbeitssprachen des Generalsekretariats sind Englisch und Französisch.

Der Ministerrat und der Europäische Rat arbeiten als politische Entscheidungsorgane in allen 23 EU-Amtssprachen. Dokumente und Rechtsakte, die in einem der Räte behandelt werden, müssen in allen Amtssprachen vorliegen. Alle Minister und ihre Vertreter haben das Recht, ausschließlich in ihrer Muttersprache zu verhandeln.

Sowohl der *Gerichtshof der Europäischen Gemeinschaften* als auch das Gericht erster Instanz stützen ihre Tätigkeit auf eine Kanzlei. Der EuGH verfügt zudem über einige allgemeine Dienste, die auch dem EuG zur Verfügung stehen. Der Kanzler des EuGH ist zugleich dessen Generalsekretär und leitet die Dienststellen des EuGH unter der Aufsicht des Präsidenten des Gerichtshofs. Insgesamt existieren neun Dienste:

- Kanzlei des Europäischen Gerichtshofes
- Kanzlei des Gerichts erster Instanz
- Kanzlei des Gerichts für den öffentlichen Dienst
- Dolmetscherabteilung
- Abteilung Presse und Information

- Abteilung Protokoll und Besuche
- Bibliothek
- Wissenschaftlicher Dienst und die Abteilung Dokumentation
- Abteilung Übersetzung

Den Kanzleien obliegt die Führung anhängiger Rechtssachen und des Registers für alle Verfahren. Sie nehmen Klageschriften, Schriftsätze und sonstige Verfahrensunterlagen entgegen und sind mit dem gesamten Ablauf von Verfahren betraut. Für die fachlich-inhaltliche Vorbereitung der Rechtsprechung existiert ein wissenschaftlicher Dienst, der von beiden Gerichten genutzt wird.

Der Wissenschaftliche Dienst besteht aus etwa 35 Juristen, die aus den verschiedenen EU-Staaten stammen und Recherchen zu anhängigen Rechtssachen durchführen. Sie prüfen auch die beim EuGH eingehenden Ersuche zum Vorabentscheid und verfassen die Leitsätze zu den in der Sammlung der EuGH-Rechtsprechung veröffentlichten Urteilen und Beschlüssen.

Klagen können beim Europäischen Gerichtshof in einer der 23 EU-Amtssprachen eingereicht werden. Die Sprache, in der die Klageschrift formuliert wurde, wird zur Verfahrenssprache. Die interne Arbeitssprache beider Gerichte ist Französisch.

Der *Europäische Rechnungshof* stützt sich auf einen vergleichsweise kleinen Verwaltungsstab, zu dem ein Generalsekretariat und ein Verwaltungsausschuss zählen sowie die Dienste des Präsidenten des Rechnungshofes.

Die Mehrheit der »professionals« beim Rechnungshof wird einer der verschiedenen Prüfungsgruppen zugeordnet, die bei Bedarf auch Prüfbesuche bei den EU-Institutionen, in den EU-Staaten und in Drittstaaten durchführen können, die EU-Mittel erhalten haben.

Derzeit existieren fünf Prüfungsgruppen:
- I: Bewahrung und Bewirtschaftung der natürlichen Ressourcen
- II: Strukturpolitische Maßnahmen, Verkehr, Forschung und Energie
- III: Externe Politikbereiche
- IV: Eigenmittel, Bankaktivitäten, Verwaltungsausgaben, Organe und Einrichtungen der Gemeinschaft, interne Politikbereiche
- CEAD: Koordinierung, Evaluierung, Qualitätssicherung, Entwicklung, Kommunikation

Der Europäische Rechnungshof verfügt zudem über eine Abteilung für Rechtsfragen, eine Abteilung für die Beziehungen zu den Organen und Einrichtungen der EU und anderen Institutionen, eine Abteilung Informationspolitik, eine Abteilung Außenbeziehungen und die Interne Revision. Diese Abteilungen sind die »Dienste des Präsidenten« und führen die Aufsicht über die Durchführung der Aufgaben des Rechnungshofes.

Der Europäische Rechnungshof stützt seine Tätigkeit darüber hinaus auf einen Verwaltungsausschuss, der alle administrativen Fragen behandelt, die einen Beschluss des Rechnungshofes erfordern. Das Generalsekretariat des Rechnungshofes kümmert sich um das Personal, Technologie und Telekommunikation, Finanzen, die allgemeine Verwaltung und die Übersetzung.

Die beiden internen Arbeitssprachen des Europäischen Rechnungshofes sind Englisch und Französisch. In diesen Sprachen finden auch die Sitzungen des Rechnungshofes, die Beratungen der Prüfungsgruppen und die des Verwaltungsausschusses statt. Texte, die der Rechnungshof erstellt, und Dokumente, die im Amtsblatt der Europäischen Union veröffentlicht werden, werden in alle EU-Amtssprachen übersetzt.

Der *Europäische Wirtschafts- und Sozialausschuss* (EWSA) und der *Ausschuss der Regionen* (AdR) setzen sich aus jeweils 344 Mitgliedern zusammen und konstituieren sich alle vier Jahre neu.

Die Tätigkeit im EWSA ist eine Honoratiorentätigkeit: Die Ausschussmitglieder gehen einem Beruf nach und reisen nur zu Sitzungen und Treffen nach Brüssel. Die Mitglieder des AdR werden auf Vorschlag der EU-Staaten vom Ministerrat ernannt und sind gewählte Mandatsträger oder führende Entscheidungsträger einer lokalen oder regionalen Gebietskörperschaft.

Sowohl der EWSA als auch der AdR verfügen über mehrere Arbeitsebenen und ein Generalsekretariat, das die Arbeitsebenen unterstützt. Den Generalsekretariaten steht jeweils ein Generalsekretär vor, der zugleich als oberster Verwaltungschef fungiert.

Der EWSA ordnet seine Ausschussmitglieder einer von drei Hauptgruppen zu: der Gruppe der »Arbeitgeber«, der Gruppe der »Arbeitnehmer« und der Gruppe der »verschiedenen Interessen«. Auf der Arbeitsebene gliedert sich der EWSA in sechs Fachgruppen, die alle Themen behandeln, mit denen sich der EWSA beschäftigt:

- Wirtschafts- und Währungsunion, wirtschaftlicher und sozialer Zusammenhalt
- Binnenmarkt, Produktion und Verbrauch
- Verkehr, Energie, Infrastrukturen, Informationsgesellschaft
- Beschäftigung, Sozialfragen, Unionsbürgerschaft
- Landwirtschaft, ländliche Entwicklung, Umweltschutz
- Außenbeziehungen.

Das Generalsekretariat des EWSA gliedert sich in fünf Direktorate, denen weitere Unterabteilungen angegliedert sind, sowie drei Hauptbüros: das Sekretariat des Generalsekretärs, die Abteilung Kommunikation und Koordination und die Abteilung »internal audit«. Die Direktorate des Generalsekretariats sind:

- Directorate for Consultative Work A
- Directorate for Consultative Work B
- Directorate General Affairs
- Directorate Human and Financial Resources
- Directorate Logistics and Translation.

Das Direktorat Logistik und Übersetzung ist sowohl dem EWSA als auch dem AdR zu Diensten.

Der AdR stützt seine politischen Entscheidungen auf sechs Fachkommissionen, die auf die verschiedenen Themenbereiche spezialisiert sind, die der AdR behandelt. Dies sind die Fachkommissionen für:

- Kohäsionspolitik
- Wirtschafts- und Sozialpolitik
- Nachhaltige Entwicklung
- Kultur, Bildung und Forschung
- Konstitutionelle Fragen, Regieren in Europa und für den Raum der Freiheit, der Sicherheit und des Rechts
- Außenbeziehungen und dezentralisierte Zusammenarbeit.

Das Sekretariat des AdR ist in seiner Struktur schlanker als das des EWSA. Es umfasst das Kabinett des Präsidenten, eine Abteilung für Kommunikation und Presse und einen internen Prüfdienst. Darüber hinaus existieren vier Hauptabteilungen: die gemeinsamen Dienste, die Verwaltung, die Abteilung beratende Arbeiten und eine Kanzlei bzw. ein juristischer Dienst.

Zur dezentralen Bewältigung spezifischer Fragestellungen hat die Europäische Union eine Reihe spezialisierter Agenturen gegründet. Einige dieser Agenturen existieren bereits seit den 1950er und 1970er Jahren, die überwiegende Mehrheit entstand jedoch infolge der Gründung der Europäischen Union in den 1990er Jahren und später.

Die Europäischen Agenturen agieren aufgrund eines Einsetzungsbeschlusses zumeist des Europäischen Parlaments und des Ministerrates und handeln auf dieser Basis weitgehend autonom. Alle Agenturen haben die Aufgabe, besondere technische, medizinische oder sonstige Fragestellungen für die Europäische Union zu bearbeiten. Sie rekrutieren auch ihr Personal eigenständig und dezentral und folgen zudem dem Wunsch nach Standortdiversifizierung innerhalb der Europäischen Union: Ihre Hauptsitze verteilen sich über das gesamte EU-Gebiet.

Insgesamt unterscheidet die Europäische Union vier verschiedene Kategorien von Agenturen: Gemeinschaftsagenturen, Agenturen für die Gemeinsame Außen- und Sicherheitspolitik, Agenturen für die polizeiliche und justizielle Zusammenarbeit in Strafsachen sowie Exekutivagenturen.

Die zahlenmäßig größte »Gruppe« unter diesen Agenturen stellen die insgesamt 22 Gemeinschaftsagenturen, von denen sich drei noch im Aufbau befinden. Die Gemeinschaftsagenturen (EG-Agenturen) lassen sich nach thematischem Schwerpunkt verschiedenen Kategorien zuordnen:

Gemeinschaftsagenturen
– mit einem entwicklungs- und sicherheitspolitischen Fokus
– mit einem Fokus auf Fragen des Gesundheitsschutzes
– mit einem Fokus auf Umwelt- und Infrastruktursicherheit
– mit einem Fokus auf Arbeits- und Bildungsfragen
– weitere Gemeinschaftsagenturen.

Zu den Gemeinschaftsagenturen mit einem entwicklungs- und sicherheitspolitischen Fokus gehören:

The European Agency for Reconstruction (EAR): Die Europäische Agentur für den Wiederaufbau mit Sitz in Thessaloniki (→ D.3) existiert seit 2000 und verwaltet die Hilfsprogramme der Europäischen Union in den Ländern des ehemaligen Jugoslawiens. Sie sieht ihre Tätigkeit als Teil der Gesamtbemühungen der Europäischen Union in Südosteuropa.

Neben ihrem Hauptsitz unterhält die EAR Einsatzzentralen in Pristina, Belgrad, Podgorica und Skopje. Die EAR finanziert Projekte zum Aufbau von rechtsstaatlichen Institutionen und einer guten Regierungsführung, zur Entwicklung der Marktwirtschaft, zum Ausbau von Infrastruktur, zum Umweltschutz, zur sozialen Entwicklung und zur Stärkung der Zivilgesellschaft.

The European Agency for the Management of Operational Cooperation at the External Borders (FRONTEX): Die Europäische Agentur für die operative Zusammenarbeit an den Außengrenzen mit Sitz in Warschau (→ D.3) existiert seit 2004 und zählt zu den EU-Maßnahmen zur Schaffung eines Raums der Freiheit, der Sicherheit und des Rechts in Europa.

FRONTEX koordiniert die operative Zusammenarbeit der EU-Staaten zum Schutz der Außengrenzen und unterstützt die Ausbildung von Grenzschutzbeamten. FRONTEX unterstützt zudem die EU-Staaten in Situationen, in denen ein verstärkter Schutz der Außengrenzen erforderlich ist. Zur Erfüllung seiner Aufgaben kooperiert FRONTEX eng mit dem Europäischen Polizeiamt (Europol), mit dem Europäischen Amt für Betrugsbekämpfung (OLAF) und mit nationalen Behörden.

The European Network and Information Security Agency (ENISA): Die Europäische Agentur für Netz- und Informationssicherheit mit Sitz in Heraklion (→ D.3) existiert seit 2004. Ihre Gründung resultiert aus der zunehmenden Bedeutung der Informationstechnologie im Geschäfts- und Privatleben.

Die ENISA versteht sich als Anlauf- und Beratungsstelle in allen Fragen der Netz- und Informationssicherheit und unterstützt die EU-Staaten, alle EU-Einrichtungen und die europäischen Wirtschaftsunternehmen bei Herausforderungen im Bereich der Netz- und Informationssicherheit. Dazu analysiert ENISA Risiken im Bereich der Informationstechnologien, beobachtet die Entwicklung von Produktstandards und fördert den Austausch bewährter Sicherungsverfahren.

Zu den Gemeinschaftsagenturen mit einem Fokus auf Fragen des Gesundheitsschutzes zählen:

The European Agency for Safety and Health at Work (OSHA): Die Europäische Agentur für Sicherheit und Gesundheitsschutz am Arbeitsplatz mit Sitz in Bilbao (→ D.3) existiert seit 1996. Sie bemüht sich um die ständige Verbesserung der Standards für die Sicherheit und den Gesundheitsschutz an den Arbeitsplätzen innerhalb der Europäischen Union.

Nach Schätzungen der OSHA sterben innerhalb EU-Europas jährlich etwa 8.900 Menschen durch Arbeitsunfälle. Weitere 142.000 Menschen sterben durch Krankheiten, die durch ihre berufliche Beschäftigung verursacht wurden. OSHA analysiert relevante Informationen und informiert über praktische Lösungen. Dazu kooperiert die Agentur ständig mit den EU-Institutionen, den europäischen Sozialpartnern, internationalen Organisationen und Arbeitsschutzeinrichtungen.

The European Medicines Agency (EMEA): Die Europäische Arzneimittel-Agentur (EMEA) mit Sitz in London (→ D.3) nahm ihre Tätigkeit 1995 mit der Einführung des europäischen Systems zur Zulassung von Arzneimitteln auf. Die EMEA koordiniert EU-weit die Beurteilung und Überwachung von Arzneimitteln und stellt auf diese Weise sicher, dass Arzneimittel für Menschen und Tiere sicher, wirksam und qualitativ hochwertig sind.

Unternehmen, die ein Arzneimittel im EU-Gebiet in Verkehr bringen möchten, müssen eine Genehmigung bei der EMEA beantragen, die das Arzneimittel durch hoch spezialisierte Fachausschüsse prüft. Insgesamt stehen der EMEA 3.500 Sachverständige zur Verfügung. Die EMEA kooperiert mit mehr als 40 nationalen Behörden und mit internationalen Partnern, um die weltweite Harmonisierung der Arzneimittelvorschriften zu fördern.

The European Food and Safety Authority (EFSA): Die Europäische Behörde für Lebensmittelsicherheit mit Sitz in Parma (→ D.3) existiert seit 2002 und versteht sich als unabhängige wissenschaftliche Beratungsstelle der Europäischen Union zu allen Fragen der Lebensmittelsicherheit, der Tiergesundheit, des Tierschutzes und der Pflanzengesundheit.

Die EFSA wird auch zur Rechtsetzung im Bereich der Ernährung konsultiert. Sie erstellt Risikobewertungen, erhebt und analysiert wissenschaftliche Daten, identifiziert neue Risiken und erstellt wissenschaftliche Gutachten, vor allem während Lebensmittelkrisen. Alle Gutachten der EFSA werden von einem wissenschaftlichen Ausschuss erstellt, der sich auf neun spezialisierte Gremien stützt.

The European Centre for Disease Prevention and Control (ECDC): Das Europäische Zentrum für die Prävention und Kontrolle von ansteckenden Krankheiten mit Sitz in Stockholm (→ D.3) nahm seine Arbeit 2005 auf. Es unterstützt die Prävention und die Bekämpfung von Infektionskrankheiten innerhalb Europas, darunter insbesondere Influenza, SARS und HIV/Aids.

Das Zentrum arbeitet mit einer schlanken Personalstruktur und verfügt über ein breites Netz von Kooperationspartnern. Das ECDC bündelt das europaweit vorhandene Fachwissen, erstellt Fachgutachten und bemüht sich um den Ausbau der europaweiten Kapazitäten zum Schutz der Gesundheit, zur Prävention und Abwehr von Krankheiten und zur Entwicklung von Maßnahmen gegen ansteckende Erkrankungen unbekannten Ursprungs.

The European Monitoring Centre for Drugs and Drug Addiction (EMCDDA): Die Europäische Beobachtungsstelle für Drogen und Drogensucht mit Sitz in Lissabon (→ D.3) existiert seit 1993 und ist die zentrale Drogeninformationsstelle der Europäischen Union.

Die EMCDDA geht davon aus, dass erst solide Informationen eine wirksame Strategie zur Bekämpfung von Drogen und Drogensucht ermöglichen. Daher beobachtet die EMCDDA die Drogenproblematik ständig, um neue Entwicklungen rasch zu erkennen und eine größere Vergleichbarkeit der Informationen zur Drogenproblematik in Europa zu erwirken. Zudem sammelt und analysiert die EMCDDA objektive und zuverlässige Informationen über Drogen und Drogensucht, unterstützt nationale und Gemeinschaftsstrategien, kooperiert mit den einschlägigen Fachkreisen und informiert die Öffentlichkeit.

Zu den Gemeinschaftsagenturen mit einem Fokus auf Fragen der Umwelt- und Infrastruktursicherheit gehören:

The European Environment Agency (EEA): Die Europäische Umweltagentur mit Sitz in Kopenhagen (→ D.3) ist seit 1994 tätig und sieht sich als Hauptinformationsquelle für alle, die sich mit Fragen der Entwicklung, Festlegung, Umsetzung und Bewertung von Umweltpolitik befassen. Dazu liefert die EEA Informationen über den Zustand der Umwelt, Tendenzen, Umweltbelastungen und deren wirtschaftliche und soziale Ursachen.

Ihre Daten erhält die EEA vor allem durch das Europäische Umweltinformations- und Umweltbeobachtungsnetz (Eionet), an das circa 300 nationale Einrichtungen angeschlossen sind. Die EEA kooperiert zudem mit Eurostat, der Gemeinsamen Forschungsstelle der Europäischen Kommission, UNEP und der WHO.

The European Maritime Safety Agency (EMSA): Die Europäische Agentur für die Sicherheit des Seeverkehrs mit Sitz in Lissabon (→ D.3) entstand 2002 infolge verschiedener Tankerunglücke vor europäischen Meeresküsten.

Die EMSA ergänzt die bestehenden internationalen Abkommen. Ihre Aufgabenstellung ist sehr speziell und umfasst den Austausch von Fachexpertise über Schiffe und deren Ladungen sowie die Harmonisierung der Untersuchungsmethoden nach Havarien und ähnlichen Katastrophen. Die EMSA kontrolliert zudem den Seeverkehr und die Hafenauffanganlagen für gefährliche Stoffe und unterstützt die EU-Staaten operativ bei der Prävention von Verschmutzungen der Meere. EMSA wirkt bei der Kontrolle der Sicherheit auf Schiffen mit und bewertet auch die Ausbildung von Schiffspersonal in Drittstaaten.

The European Aviation Safety Agency (EASA): Die Europäische Agentur für Flugsicherheit mit Sitz in Köln (→ D.3) existiert ebenfalls seit 2002 und nimmt Aufgaben der spezifischen Regulierung auf dem Gebiet der Flugsicherheit wahr. Die Agentur versteht sich als zentrale Einrichtung zum Erhalt eines einheitlichen Niveaus der Flugsicherheit in Europa.

Dazu unterstützt die EASA die EU-Kommission bei der Entwicklung von fachspezifischen Vorschriften zur Flugsicherheit und beim Abschluss entsprechender internationaler Abkommen. Zudem nimmt die Agentur Exekutivaufgaben im Rahmen der Flugsicherheit wahr, darunter die Zulassung von luftfahrttechnischen Erzeugnissen. Der EASA obliegt die Zulassung sämtlicher Erzeugnisse der Zivilluftfahrt, einschließlich des Geschäftsflugverkehrs.

The European Railway Agency (ERA): Die Europäische Eisenbahnagentur (→ D.3) wurde 2004 geschaffen, ihr Aufbau begann 2005. Neben ihrem Hauptsitz in Valenciennes unterhält sie ein Zentrum für internationale Sitzungen und Konferenzen in Lille.

Die ERA hat die Aufgabe, die Sicherheit und Interoperabilität der Eisenbahnen, des Eisenbahnnetzwerks und des Eisenbahnverkehrs in Europa zu verbessern. Ihre Tätigkeit fällt in den Bereich der gemeinsamen europäischen Verkehrspolitik. In deren Rahmen wurden verschiedene europäische Rechtsvorschriften erlassen, darunter insbesondere die Errichtung eines integrierten europäischen Eisenbahnraumes. Zu dessen Umsetzung will die ERA in den nächsten Jahren gemeinsame Strategien entwickeln und Vorschläge erarbeiten.

The Community Fisheries Control Agency (CFCA): Die Europäische Fischereiaufsichtsagentur mit derzeitigem Sitz in Brüssel (→ D.3) nahm 2005 ihre Tätigkeit auf und befindet sich ebenfalls noch im Aufbau. Die CFCA hat ihren Sitz übergangsweise in Brüssel und wird ihren Hauptsitz in Vigo, Spanien, einnehmen.

Die Hauptaufgabe der CFCA liegt darin, die 2002 verabschiedete Reform der Gemeinsamen Fischereipolitik zu unterstützen und die

Instrumente der Europäischen Union und der EU-Staaten zur Kontrolle und Überwachung der Fischerei innerhalb der EU-Gewässer zu koordinieren. Die CFCA soll dabei auch den Einsatz der nationalen Kontroll- und Überwachungsinstrumente für die Fischerei organisieren und die Kontrolltätigkeiten der EU-Staaten koordinieren, um Mängel bei der Durchsetzung der gemeinschaftlichen Vorschriften zu beheben.

Zu den Gemeinschaftsagenturen mit einem Fokus auf Arbeits- und Bildungsfragen zählen:

The European Foundation for the Improvement of Living and Working Conditions (Eurofound): Die Europäische Stiftung zur Verbesserung der Lebens- und Arbeitsbedingungen mit Sitz in Dublin (→ D.3) wurde 1975 gegründet.

Eurofound beobachtet Veränderungen der Arbeitsbedingungen, darunter die Arbeitsorganisation, Fragen des täglichen Arbeitslebens, die Bereitstellung von öffentlichen Sozialdiensten, den Umgang mit industriellem Wandel und Umstrukturierungen sowie die Europäisierung der Arbeitsbeziehungen.

Aufgrund ihrer Erkenntnisse berät Eurofound Regierungen, Arbeitgeber, Gewerkschaften und die EU-Kommission und hat zudem eine Europäische Stelle zur Beobachtung von Veränderungsprozessen in Industrie und Unternehmen eingerichtet.

The European Training Foundation (ETF): Die Europäische Stiftung für Berufsbildung mit Sitz in Turin (→ D.3) nahm 1994 ihre Tätigkeit auf. Die ETF versteht sich als Expertenzentrum für die Berufsbildung und ist bestrebt, Menschen bei der Entwicklung ihrer Kompetenzen zu unterstützen.

Dazu berät die ETF 30 Partnerländer im Rahmen der EG-Förderprogramme Phare, CARDS, Tacis und MEDA in Ost- und Südosteuropa, Zentralasien und in der Mittelmeerregion und unterstützt die EU-Kommission bei der Umsetzung des Förderprogramms Tempus. Zudem kooperiert die ETF eng mit dem Cedefop und anderen internationalen Organisationen, darunter die Weltbank, die OECD, die ILO und die UNESCO.

The European Centre for the Development of Vocational Training (Cedefop): Das Europäische Zentrum zur Förderung der Berufsbildung (→ D.3) wurde 1975 gegründet und hatte seinen Sitz zunächst in Berlin. Seit 1995 ist der Hauptsitz des Cedefop in Thessaloniki, zudem existiert ein Verbindungsbüro in Brüssel.

Hauptthemen von Cedefop sind die Entwicklung der Berufsbildung in der Europäischen Union und die Förderung des lebenslangen Lernens. Dazu erstellt Cedefop Analysen, wertet Daten aus und erarbeitet Dokumentationen.

Cedefop trägt zudem zur Weiterentwicklung der Forschung bei und veranstaltet Studienbesuche, Konferenzen oder Seminare. Das Informationsangebot von Cedefop richtet sich an Entscheidungsträger, Forscher und andere Akteure aus dem Feld der Berufsbildung.

Weitere Gemeinschaftsagenturen sind:

The Community Plant Variety Office (CPVO): Das Sortenamt der Europäischen Union mit Sitz in Angers (→ D.3) wurde 1994 gegründet und verwaltet das EG-System zum Sortenschutz, zum Schutz des industriellen Eigentums sowie zum Schutz von Pflanzensorten. Der gemeinschaftliche Sortenschutz wird für eine Dauer von 25 oder 30 Jahren gewährt und gilt in allen EU-Staaten. Unternehmen und andere Akteure, die Sorten oder industrielles Eigentum schützen lassen wollen, beantragen dies beim CPVO. Das CPVO stützt seine Tätigkeit auf zwei Abteilungen und verfügt auch über eine Beschwerdekammer, die alle Entscheidungen des Amtes prüft. Die Entscheidungen der Beschwerdekammer können vor dem EuGH angefochten werden.

The Office for Harmonisation in the Internal Market (Trade Marks and Designs) (OHIM): Das Harmonisierungsamt für den Binnenmarkt (Marken, Muster und Modelle) mit Sitz in Alicante (→ D.3) existiert seit 1996 und ist für die Registrierung von Marken und Modellen zuständig. 2003 wurde der Aufgabenbereich des OHIM um die Registrierung von Geschmacksmustern erweitert.

Ähnlich wie bei CPVO melden Unternehmen ihre Marken und Geschmacksmuster zur Registrierung bei OHIM an. Die bei OHIM eingetragenen Eigentumsrechte an Marken, Mustern und Modellen genießen innerhalb des gesamten EU-Gebiets gewerblichen Rechts-schutz, so dass eine zusätzliche Meldung in den EU-Staaten, in denen mit den eingetragenen Marken oder Mustern Handel betrieben werden soll, nicht erforderlich ist.

The Translation Centre for the Bodies of the European Union (CdT): Das Übersetzungszentrum für die Einrichtungen der Europäischen Union mit Sitz in Luxemburg (→ D.3) existiert seit 1994 und unterstreicht die besondere Bedeutung der Sprachen- und Übersetzerdienste bei der Europäischen Union.

Das CdT stellt spezialisierte Übersetzungsleistungen zur Verfügung und unterstützt in erster Linie die Einrichtungen der Europäischen Union. Darüber hinaus wird das CdT für die EU-Institutionen bei großer Arbeits-belastung oder Arbeitsauslastung der dortigen Sprachen- und Übersetzer-dienste tätig und ergänzt diese. Neben seinen sprachlichen Dienstleistungen arbeitet das CdT im interinstitutionellen Ausschuss der Übersetzungs- und Dolmetscherdienste der Europäischen Union mit und unterstützt die Ein-richtung einer Europäischen Terminologiedatenbank (IATE).

Zu den Agenturen für die Gemeinsame Außen- und Sicherheitspolitik gehören:

The European Defence Agency (EDA): Die Europäische Verteidigungs-agentur mit Sitz in Brüssel (→ D.3) wurde 2004 errichtet. Sie unter-stützt die Bemühungen der Europäischen Union im Bereich der GASP, vor allem zur Verbesserung der Verteidigungsfähigkeit, zur Krisenbewäl-tigung und zur Förderung der Rüstungszusammenarbeit innerhalb der Europäischen Union.

Die EDA führt Forschungsprojekte zu relevanten Fragen der euro-päischen Verteidigung durch und hat derzeit die Aufgabe, einen umfas-senden Ansatz zur Festlegung und zur Deckung des Bedarfs einer Euro-päischen Sicherheits- und Verteidigungspolitik zu erarbeiten. Zudem unterstützt sie die EU-Kommission bei der Entwicklung eines wettbe-werbsfähigen europäischen Marktes für Verteidigungsgüter.

The European Union Institute for Security Studies (ISS): Das Institut der Europäischen Union für Sicherheitsstudien mit Sitz in Paris (→ D.3) wurde 2001 errichtet und fördert die gemeinsame strategische Debatte zu sicherheitspolitischen Fragen.

Das ISS fungiert als Schnittstelle zwischen europäischen Entscheidungsträgern und Fachkreisen. Dazu sammelt und analysiert das ISS Daten und erarbeitet Empfehlungen. Das ISS fördert zudem die Forschung und den wissenschaftlichen Austausch zu sicherheits- und verteidigungspolitischen Themen durch Publikationen und Konferenzen. Es erstellt auch Analysen für den Hohen Vertreter für die GASP und bemüht sich um den transatlantischen Dialog.

Zu den Agenturen für die Zusammenarbeit in Strafsachen zählen:

The European Judicial Cooperation Unit (Eurojust): Die Europäische Einheit für justizielle Zusammenarbeit mit Sitz in Den Haag (→ D.3) existiert seit 2002. Eurojust unterstützt das Vorgehen der nationalen Behörden und der EU-Institutionen bei der Verfolgung der grenzüberschreitenden organisierten Kriminalität und bemüht sich um die Koordination von Strafverfolgungsmaßnahmen der einzelnen EU-Staaten. Eurojust fördert außerdem die Entwicklung einer europaweiten Kooperation in strafrechtlichen Angelegenheiten. Zum Kollegium zählen unter anderem leitende Staatsanwälte und Richter, was die Bedeutung von Eurojust als »Treiber« des europäischen Raums der Freiheit, der Sicherheit und des Rechts unterstreicht. Eurojust kooperiert zudem eng mit Europol.

The European Police Office (Europol): Das Europäische Polizeiamt mit Sitz in Den Haag (→ D.3) wurde 1992 gegründet, um Daten über Straftaten zu sammeln und zu analysieren. Europol hat sich rasch entwickelt und beschäftigt sich heute mit allen Fragen der grenzüberschreitenden Kriminalität und ihrer Prävention, darunter insbesondere Drogenhandel, Schleuserkriminalität, illegaler Kraftfahrzeughandel, Kinderpornografie, Geldfälscherei, Geldwäsche, illegaler Handel mit radioaktiven und nuklearen Substanzen sowie Terrorismus.

Europol fördert zudem eine engere und effizientere Kooperation der EU-Staaten bei der Prävention und Bekämpfung der internationalen Kriminalität. Insgesamt nimmt Europol eine Schnittstellenfunktion wahr, um den Informationsaustausch zwischen den EU-Staaten zu erleichtern und deren Maßnahmen operativ zu unterstützen.

2.2.3 Die wichtigsten Einstiegsoptionen

Eine Tätigkeit für die Europäische Union erfreut sich vor allem unter Hochschulabsolventen einer großen Beliebtheit. Dies mag an den spannenden Aufgabenfeldern liegen oder daran, dass sich bei der Europäischen Union der Spitzen-Verwaltungsdienst mit einem multinationalen Umfeld verbinden lässt. Zudem sind die »Europa-Städte« mondän.

Im Gegensatz zu anderen internationalen Organisationen ist die Laufbahnkarriere bei der Europäischen Union der Regelfall und die wohl bekannteste aller »internationalen« Karrieren. Fast jeder hat schon einmal von einem »EU-Concours« gehört. Einige EU-Einrichtungen vergeben allerdings bevorzugt befristete Verträge, weil dies den einrichtungsspezifischen Gegebenheiten gelegen kommt.

Für Hochschulabsolventen, die im Verwaltungsdienst der Europäischen Union tätig werden möchten, bieten sich insgesamt vier Einstiegsmöglichkeiten:
- Verwaltungspraktika
- Die europäische Beamtenlaufbahn (*permanent official*)
- Einstieg als Vertragsbediensteter (*contract agent*)
- Einstieg als Zeitbediensteter (*temporary agent*).

Alle EU-Institutionen, die beratenden Organe und einige Europäische Agenturen beschäftigen regelmäßig Praktikanten. Die »Hauptarbeitgeber« für Praktikanten sind die EU-Institutionen, allein schon, weil sie pro Jahr fast 1.400 Plätze in ihren standardisierten Praktikumsprogrammen anbieten können. Die EU-Institutionen haben zudem für fast jeden fachlichen Hintergrund Verwendung.

Hinsichtlich ihrer fachlich-inhaltlichen Ausrichtung sind zwei Kategorien von Praktika zu unterscheiden: Verwaltungspraktika, die in den Generaldirektionen oder Fachabteilungen absolviert werden, und Praktika in den Sprachen- und Übersetzerdiensten. Nur das Verwaltungspraktikum ist hinsichtlich seiner Aufgabenstellung dem höheren Dienst

Checkliste 5: Einstiegsoptionen bei der Europäischen Union im Überblick

	Praktika bei der EU	EU-Concours	Vertragsbedienstete	Zeitbedienstete
Zielarbeitgeber	EU-Institutionen, beratende Organe, auch EU-Agenturen	Vor allem: Institutionen, beratende Organe	Vor allem: Institutionen, EU-Delegationen	Vor allem: Institutionen, EU-Agenturen
Ausschreibung	Ein- bis zweimal jährlich	Nach Bedarf	Nach Bedarf	Nach Bedarf
Nationalität	Staatsangehörige der EU-Staaten, zum Teil Drittstaaten	Staatsangehörige der EU-Staaten/ Concours-Teilnehmerländer	Staatsangehörige der EU-Staaten	Staatsangehörige der EU-Staaten
Höchstalter	Teilweise (30 Jahre)	–	–	–
Ausbildung	Studium, Hochschulabschluss	Hochschulabschluss (Bachelor)	Hochschulabschluss, ein bis drei Jahre Berufserfahrung	Hochschulabschluss, zum Teil Berufserfahrung
Sprachen	Eine EU-Sprache fließend, eine sehr gut	Zwei EU-Sprachen fließend	Zwei EU-Sprachen fließend	Zwei EU-Sprachen fließend
Besoldung	Keine	Ab A5/A6	Je nach Einstufung	Je nach Einstufung
Dauer	Bis sechs Monate	Neun Monate Probezeit	Befristet	Befristet
Perspektiven	Späterer Einstieg	Beamtenlaufbahn	Unbefristeter Vertrag	Unbefristeter Vertrag

der nationalen Spitzenverwaltung vergleichbar. Interessenten entscheiden sich mit der Bewerbung für eine der beiden Kategorien.

Die Europäische Union unterscheidet zwei Arten von Verwaltungspraktika: bezahlte Langzeitpraktika (*stage*) mit einer Dauer von fünf

Monaten und unbezahlte Kurzzeitpraktika mit einer Dauer von bis zu drei Monaten. Studierende und Hochschulabsolventen, die ein Praktikum bei der Europäischen Union absolvieren möchten, meinen zumeist ein »stage«, das heißt ein bezahltes Langzeitpraktikum.

Alle Langzeitpraktika bei der Europäischen Union unterliegen einem »Gleichberechtigungskriterium«: Wer bereits ein »stage« absolviert hat, wird von anderen EU-Institutionen oder Organen nicht mehr berücksichtigt. Das Gleichberechtigungskriterium gilt auch für alle, die bereits im Dienst der Europäischen Union standen, zum Beispiel aufgrund eines befristeten Vertrags. Wer noch nie bei einer EU-Institution tätig war und auch kein »stage« absolviert hat, kann sich ohne Bedenken bewerben.

Während alle EU-Institutionen und auch die beratenden Organe ständig mit Praktikanten arbeiten, rekrutieren die Europäischen Agenturen aufgrund ihrer speziellen Aufgabenstellungen nur vereinzelt Praktikanten. Gemeinschaftsagenturen, die Praktikumsplätze anbieten, sind: ENISA, EMEA, Eurofound, OHIM, das CdT und seit 2007 auch die EFSA. Vereinzelt existieren Forschungs- und Fellowship-Programme, die sich für Einsteiger aus der Wissenschaft und Forschung eignen.

Langzeitpraktika werden bei den EU-Institutionen und den beratenden Organen zweimal jährlich zu einem festen Turnus angeboten. Die einzige Ausnahme bildet der Ministerrat, der nur einmal jährlich Bewerbungen annimmt. Die Mindestvoraussetzung ist ein Hochschulabschluss, zum Teil können sich auch Studierende in höheren Semestern bewerben. Die Fachrichtung ist zumeist egal.

Sehr gute Englisch- oder Französischkenntnisse sind fast überall ein »Muss«, allein schon, weil diese Sprachen Arbeitssprachen fast aller EU-Institutionen sind. Sehr gute Kenntnisse weiterer EU-Amtssprachen sind sehr erwünscht. Bewerber sollten sich zudem mit den Rahmenregelungen für Praktika vertraut machen, die jede EU-Institution oder EU-Einrichtung erlassen hat und die auf deren Websites zu finden sind.

Die Praktikumsoptionen bei den EU-Institutionen und den EU-Einrichtungen stehen in erster Linie Staatsangehörigen der EU-Staaten oder von EU-Beitrittskandidatenländern offen. Einige Institutionen und Einrichtungen nehmen auch Staatsangehörige aus Nicht-EU-Ländern auf, insbesondere die EU-Kommission, der EWSA und der AdR.

Alle Bewerbungsvoraussetzungen müssen zum Bewerbungsschluss vorliegen. Dies wird während des Verfahrens abgeprüft. Ehrlichkeit ist in allen Fragen unbedingt geboten. Stellt sich heraus, dass einzelne Voraussetzungen nicht oder erst nach der »Deadline« erfüllt wurden, wird die Bewerbung zurückgewiesen. Die Nichterfüllung von Bewerbungsvoraussetzungen zählt zu den häufigsten Gründen für die Ablehnung einer Praktikumsbewerbung.

Die Praktikumsbüros verlangen während des Bewerbungsprozesses zu keiner Zeit Originaldokumente, es genügen immer Kopien. Bewerber sollten Originale auch nicht herausgeben, denn die Praktikumsbüros schicken die Unterlagen auch auf ausdrückliche Bitte hin nicht zurück. Zum Teil können ergänzende Unterlagen eingereicht werden, zum Beispiel Referenzschreiben, um die sich Bewerber zeitig bemühen sollten.

Die Bewerbung erfolgt fast immer online, eine leistungsfähige Internetverbindung ist daher eine Grundvoraussetzung. Zumeist ist ein virtueller Bewerbungsbogen auszufüllen, den sich Bewerber ausdrucken sollten, denn er wird im Falle eines »shortlistings« benötigt. Jede virtuelle Bewerbung erhält zudem eine Nummer, die sich Bewerber unbedingt notieren sollten.

Ist die Praktikumsbewerbung per Post einzureichen, gilt in aller Regel das Datum des Poststempels. Bewerber sollten trotzdem nicht bis zur letzten Sekunde warten, denn alle Bewerbungsfristen sind Ausschluss-»deadlines«. Verspätete, unvollständige oder formfehlerhafte Bewerbungen werden nicht berücksichtigt.

»Stages« bei EU-Institutionen und den beratenden Organen werden großzügig vergütet. Die Vergütung liegt um 900 Euro monatlich, darüber hinaus können die Reisekosten nach Brüssel erstattet werden. Die Unterkunft und andere organisatorische Fragen, vor allem was die Krankenversicherung betrifft, sind von den Praktikanten selbst zu organisieren.

Das »stage«-Programm der EU-Kommission (→ D.4) ist das wohl bekannteste Praktikumsprogramm bei der Europäischen Union und hat die größte Kapazität: Zweimal jährlich werden bis zu 600 Praktikanten rekrutiert. Wer Interesse hat, bewirbt sich bis zum Bewerbungsschluss (derzeit: 1. März bzw. 1. September) über ein virtuelles Portal, das drei Monate vor jedem Bewerbungsschluss geöffnet wird.

Zur Bewerbung ist das virtuelle Bewerbungsformular einzureichen. Parallel dazu sind die Nachweise über das Vorliegen der Bewerbungsvoraussetzungen per Post an das Praktikumsbüro zu senden.

Bewerber wählen mit der Bewerbung bis zu drei Generaldirektionen oder Dienste der EU-Kommission, in denen sie im Erfolgsfall eingesetzt werden möchten. Die erste Priorität sollte gut überdacht sein, denn viele Generaldirektionen und Dienste berücksichtigen nur Bewerber, die die jeweilige Dienststelle in erster Priorität benannt haben.

Alle fristgerecht eingegangenen Bewerbungen werden auf ihre Zulässigkeit überprüft und von einem Vorauswahlausschuss begutachtet, der sich aus Bediensteten der Kommission zusammensetzt. Kandidaten, die die Vorauswahl »bestanden« haben, werden in eine Datenbank (Blue Book) aufgenommen, auf die alle Dienststellen der EU-Kommission zugreifen können. Langzeitpraktikanten dürfen nur aus dem »Blue Book« rekrutiert werden.

Die Aufnahme in das »Blue Book« ist ein wichtiger Schritt zum Erfolg, garantiert allerdings noch keinen Praktikumsplatz. Hierzu muss eine Generaldirektion oder ein Dienst die Kandidaten aus dem »Blue Book« auswählen und für einen konkreten Praktikumsplatz rekrutieren. Bewerber sollten wissen, dass mindestens dreimal so viele Kandidaten in das »Blue Book« aufgenommen werden, wie Praktikumsplätze verfügbar sind. Pro Turnus befinden sich somit mindestens 1.800 Bewerber im »Blue Book«.

Grund genug, um die Initiative zu ergreifen. Mit dem Feedback über die Aufnahme in das »Blue Book« erhält jeder Kandidat die Kontaktinformationen der ausgewählten Generaldirektionen. Die Daten sind auch im Internet im »Verzeichnis der Personen und Dienste« (→ D.4) leicht zu recherchieren. Bewerber sollten mit einer Führungskraft der gewählten Generaldirektionen in Kontakt treten und ein persönliches Gespräch anbieten. Kandidaten sollten dabei selbstbewusst vorgehen. Die Generaldirektionen, Dienste und Kabinette arbeiten ständig mit Praktikanten und sind an qualifizierten Bewerbern interessiert. In der Hektik des Tagesgeschäftes ist es den zuständigen Abteilungs- oder Büroleitern jedoch nicht immer möglich, das »Blue Book« nach geeigneten Kandidaten zu durchforsten. Je einfacher Kandidaten ihrem potenziellen Praktikumsgeber die Auswahl machen, desto eher wird sich der Erfolg einstellen.

Das Europäische Parlament bietet Praktika (→ D.4) auf mehreren Einstiegsebenen an und akzeptiert auch Studierende in einem Bachelor-Studium. Wer im Generalsekretariat des Europaparlaments ein »stage« absolvieren möchte, bewirbt sich beim Praktikumsbüro des Parlaments.

Langzeitpraktika im Generalsekretariat (Robert-Schuman-Stipendien) werden mit zwei Schwerpunkten angeboten: »Allgemeine Ausrichtung« und »Ausrichtung Journalismus«. Das Generalsekretariat vergibt zudem ein Praktikum im Rahmen des »Chris-Piening-Stipendiums« an einen Bewerber, der sich mit den europäisch-transatlantischen Beziehungen befasst. Robert-Schuman-Stipendien und Chris-Piening-Stipendien setzen einen Hochschulabschluss voraus. Weitere Bewerbungsvoraussetzungen sind die Unionsbürgerschaft, ein Referenzschreiben sowie der Nachweis einer fundierten schriftlichen Arbeit, zum Beispiel einer Magisterarbeit. Die Nachweise über diese Bewerbungsvoraussetzungen sind nur von den vorausgewählten Kandidaten einzureichen. Das Praktikumsbüro übersendet diesen Kandidaten eine entsprechende Aufforderung.

Wer Interesse hat, kann sich zweimal jährlich (derzeit bis 15. Oktober und bis 15. Mai) online bewerben. Das Bewerbungsformular ist jeweils zwei Monate im Voraus verfügbar. Der virtuelle Bewerbungsbogen ist in einem Schritt auszufüllen und kann zu einem späteren Zeitpunkt nicht mehr geändert werden. Um Lücken und Formfehler zu vermeiden, sollten Bewerber daher zunächst den Muster-Bewerbungsbogen ausdrucken, ausfüllen und die Daten erst dann in das virtuelle Bewerbungsformular übertragen.

Nach dem Bewerbungsschluss beginnt das Generalsekretariat mit der Auswahl der Kandidaten. Erfolgreiche Kandidaten werden aufgefordert, den Bewerbungsbogen und die Nachweise über das Vorliegen der Bewerbungsvoraussetzungen einzureichen. Sind die Unterlagen in Ordnung, kann das Praktikum angetreten werden. Der Einsatzort für Langzeitpraktikanten im Generalsekretariat ist Luxemburg.

Praktika im Generalsekretariat sind nicht zu verwechseln mit Praktika bei einem Europaabgeordneten. Wer ein solches Praktikum absolvieren möchte, bewirbt sich direkt bei den Abgeordneten und verhandelt mit diesen auch den Beginn und die Dauer des Praktikums. Der

Einsatzort ist das Büro des jeweiligen Abgeordneten und das Praktikum ist zumeist kürzer als ein »stage«. Die Anzahl der verfügbaren Plätze hängt von den Kapazitäten der einzelnen Europaabgeordneten ab.

Das Praktikumsangebot des Ministerrates (→ D.4) ist ebenfalls sehr begehrt: Auf die bis zu 80 »stage«-Plätze, die jährlich verfügbar sind, bewerben sich etwa 1.500 Kandidaten. Langzeitpraktika werden im Generalsekretariat des Ministerrates absolviert. Die Plätze sind Staatsangehörigen der EU-Staaten vorbehalten. Bewerbungen werden nur einmal jährlich (derzeit bis 31. August) für zwei Praktikumsperioden im Folgejahr angenommen. Bewerber für ein Langzeitpraktikum müssen einen Hochschulabschluss (mindestens Bachelor) und fließende Englisch- oder Französischkenntnisse mitbringen. Fließende Kenntnisse beider Sprachen steigern die Erfolgschancen. Wer sich noch im Studium befindet und im Rahmen des Studiengangs ein Pflichtpraktikum zu absolvieren hat, kann sich auch für ein unbezahltes Praktikum bewerben.

Der Ministerrat hat das Bewerbungsverfahren für »stages« 2007 vom Postweg auf ein Online-Verfahren umgestellt. Nunmehr ist ein virtuelles Bewerbungsformular auszufüllen, das auf der Website des Praktikumsbüros drei Monate vor dem Bewerbungsschluss verfügbar ist.

Bisher waren mit der Postbewerbung die Nachweise über die Bewerbungsvoraussetzungen einzureichen. Auch dies wurde geändert: Bewerber warten nunmehr auf eine entsprechende Aufforderung, die das Praktikumsbüro an alle vorausgewählten Kandidaten versendet. Unterlagen sollten erst auf eine solche Aufforderung hin versandt werden. Mit den Nachweisen können sodann ergänzende Unterlagen eingereicht werden, zum Beispiel ein Referenzschreiben.

Die Vorauswahl und das »shortlisting« der Bewerber für ein Langzeitpraktikum erfolgen zwischen September und Januar. Die Praktika beginnen ab Februar des Folgejahres nach der Bewerbung. Das Praktikum kann jedoch erst angetreten werden, wenn alle geforderten Unterlagen eingereicht und für in Ordnung befunden wurden.

Unbezahlte Praktika beim Ministerrat können ab dem dritten Studienjahr absolviert werden, Bewerber müssen jedoch nachweisen, dass die Ausbildung an einer Universität oder an einer gleichwerti-

gen Einrichtung erfolgt und dass das Praktikum ein Pflichtbestand-
teil der Ausbildung ist. Die Anzahl der verfügbaren Plätze ist sehr
begrenzt. Wer Interesse an einem unbezahlten Kurzzeitpraktikum hat,
sollte vor einer Bewerbung beim Praktikumsbüro des Ministerrates
die Vakanzen erfragen. Die Bewerbung ist auf dem Postweg einzureichen.

Weitere Praktikumsoptionen bei der Europäischen Union sind:

Praktika beim Gerichtshof der Europäischen Gemeinschaften: Neben den
genannten EU-Institutionen bietet auch der EuGH Praktika (→ D.4)
an. Aufgrund der Materie eignen sich diese Praktika vor allem für Juristen. Zu den Bewerbungsvoraussetzungen zählt ein Universitätsabschluss
in Rechtswissenschaft oder in Politikwissenschaft, wenn der Studienschwerpunkt auf juristischen Themen lag. Bewerber sollten zudem über
sehr gute Französischkenntnisse verfügen.

Wer Interesse hat, bewirbt sich bis zum Bewerbungsschluss (derzeit
30. April und 30. September) per Post. Zur Bewerbung ist das Bewerbungsformular einzureichen, das auf der Website des EuGH verfügbar
ist. Zudem sind ein Lebenslauf und das Abschlusszeugnis oder eine
gleichwertige relevante Bescheinigung in Kopie vorzulegen.

Praktika bei den beratenden Organen: Der Ausschuss der Regionen und
der Europäische Wirtschafts- und Sozialausschuss akzeptieren zweimal
jährlich »stagiers« (→ D.4). Die Anzahl der verfügbaren Plätze ist deutlich geringer als bei den EU-Institutionen: Pro Turnus können jeweils 15
Langzeitpraktikanten aufgenommen werden.

Die Voraussetzungen und der Ablauf von Langzeitpraktika ähneln bei
beiden beratenden Organen den Verwaltungspraktika bei den EU-Institutionen. Bewerber für ein »stage« müssen ein abgeschlossenes Hochschulstudium vorweisen oder bereits im achten Semester ihres Studiums
stehen. Nachweisbare Kenntnisse in einem der Tätigkeitsbereiche des
AdR bzw. des EWSA – zum Beispiel aus dem Studium oder aus anderen
Praktika – sind sehr erwünscht.

Bewerber sollten zudem fließende Englisch- oder Französischkenntnisse mitbringen, sehr gute Kenntnisse beider Sprachen und gute Kenntnisse weiterer EU-Amtssprachen sind von Vorteil. Das Höchstalter für

eine Bewerbung liegt bei 30 Jahren, der AdR lässt Ausnahmen zu, die vom Bewerber gesondert zu begründen sind.

Die Bewerbung erfolgt bei beiden beratenden Organen zweimal jährlich online. Der Bewerbungsschluss für Praktika beim AdR (derzeit 31. März bzw. 30. September) liegt unmittelbar vor dem des EWSA (derzeit 1. April bzw. 1. Oktober). Bewerber können mit der Bewerbung die Abteilungen benennen, in denen sie im Falle eines Erfolges eingesetzt werden möchten. Die Angabe ist eine reine Wunschäußerung.

Nur die vorausgewählten Kandidaten erhalten die Aufforderung, weitere Unterlagen einzureichen, darunter das Bewerbungsformular und die Nachweise über die Bewerbungsvoraussetzungen. Die Frist zur Übersendung ist knapp bemessen, so dass Bewerber die Unterlagen rasch zur Hand haben sollten. Erfolgreiche Kandidaten erhalten ein Praktikumsangebot. Der AdR verlangt vor dem Praktikumsantritt zudem ein polizeiliches Führungszeugnis und eine ärztliche Untersuchung.

Die europäischen Beamten sind das Herzstück der »EU-Belegschaft«. Sie sind die Fachexperten, die die europäischen Rechtsakte vorbereiten, die Einhaltung des Gemeinschaftsrechts überwachen und für die reibungslose Kooperation der EU-Institutionen und -Einrichtungen untereinander sorgen.

Beamte arbeiten in allen EU-Institutionen, in den beratenden Organen und in geringerer Anzahl auch in den europäischen Agenturen. Europäische Beamte werden auf Lebenszeit beschäftigt und für zwei Funktionsgruppen rekrutiert:
- Funktionsgruppe Administration (AD)
- Funktionsgruppe Assistenz (AST).

Die Funktionsgruppe AD entspricht der »professional category«. Auch für die Sprachen- und Übersetzerdienste der Europäischen Union werden AD-Beamte rekrutiert (AD Linguists), allerdings aufgrund eines besonderen Auswahlverfahrens, das die sprachlichen Kompetenzen eingehend prüft.

AST-Beamte sind mit unterstützenden Aufgaben im weitesten Sinne befasst und erfüllen Funktionen in der internen Verwaltung, der Haushalts- und Finanzplanung, der Personalpolitik, der Datenverarbeitung, der Archiv- und Bibliotheksführung oder in den Sekretariats- und Bürodiensten.

Europäische Beamte werden *ausschließlich* über ein Auswahlverfahren (EU-Concours) rekrutiert. Seit 2002 obliegt die Ausschreibung, Vorbereitung und Durchführung des EU-Concours und auch anderer Testverfahren der Europäischen Union dem Europäischen Amt für Personalauswahl (EPSO) (→ D.4). EPSO informiert über Ausschreibungen auf seiner Website, nimmt die Bewerbungen entgegen und koordiniert alle Schritte bis zur Erstellung der Eignungslisten.

EU-Concours werden nach Bedarf und in aller Regel allgemein ausgeschrieben, das heißt in allen EU-Staaten. Vereinzelt schreibt EPSO regional begrenzte Auswahlverfahren aus, um eine besonders bedingte »Unterrepräsentanz« einzelner EU-Staaten auszugleichen, zum Beispiel nach einer Beitrittsrunde. Nationale Margen existieren bei der Europäischen Union allerdings nicht.

Die wichtigste Voraussetzung für die Teilnahme an einem EU-Concours ist die Staatsangehörigkeit eines der EU-Staaten: Die europäische Beamtenlaufbahn ist Unionsbürgern vorbehalten. Teilnehmer an einem EU-Concours müssen zudem fließende Kenntnisse einer EU-Amtssprache und sehr gute Kenntnisse einer weiteren EU-Sprache mitbringen.

Die weiteren Teilnahmevoraussetzungen variieren je nach Funktions- und Besoldungsgruppe, für die der EU-Concours ausgeschrieben wurde. EU-Concours der Funktionsgruppe AD werden zumeist für die Eingangsgruppen AD 5 und AD 6 ausgeschrieben. Anwärter auf diese Stellen müssen ein mindestens dreijähriges abgeschlossenes Universitätsstudium nachweisen.

Auswahlverfahren für höhere AD-Besoldungsgruppen sind eher selten, da zumeist interne Kandidaten auf diese Stellen befördert werden und daher kein externer Rekrutierungsbedarf besteht. Generell gilt: Für Stellen der Besoldungsgruppen AD 7 bis AD 16 ist ein mindestens vierjähriges abgeschlossenes Universitätsstudium erforderlich oder ein dreijähriges abgeschlossenes Studium und mindestens ein Jahr Berufserfahrung.

Besoldungsgruppen bei der Europäischen Union (Funktionsgruppe AD, Beamtenlaufbahn):	
AD 16	Generaldirektor
AD 15	Generaldirektor/Direktor
AD 14	Direktor/Referatsleiter/Berater/Leitender Verwaltungsrat
AD 13	Referatsleiter/Berater/Leitender Verwaltungsrat
AD 12/AD 11	Referatsleiter/Hauptverwaltungsrat
AD 10/AD 9	Referatsleiter/Oberrat
AD 8/AD 7	Verwaltungsrat
AD 6/AD 5	Verwaltungsrat im Eingangsamt

Für einzelne Verfahren können weitere Kenntnisse vorausgesetzt werden, zum Beispiel Management- oder Führungserfahrung. Bewerber sollten für alle EU-Concours wissen, dass die Bewerbungsvoraussetzungen die unbedingt erforderlichen Minimalkriterien darstellen. Mitbewerber werden fast immer darüber hinausgehende Kenntnisse und Fähigkeiten mitbringen.

Alle Bewerbungsvoraussetzungen müssen zum Bewerbungsschluss vorliegen. EPSO prüft dies zu einem späteren Zeitpunkt ab. Wer sich während seines Studiums bewirbt und den Abschluss noch vor dem Bewerbungsschluss erhält, kann an einem EU-Concours teilnehmen, nicht jedoch Studierende, die erst nach dem Bewerbungsschluss graduiert werden.

Alle Auswahlverfahren werden im Amtsblatt der Europäischen Union (→ D.4) veröffentlicht und auf der EPSO-Website angekündigt. Auswahlverfahren werden nur nach Bedarf ausgeschrieben. Zum Teil können einige Jahre vergehen, bis der nächste geeignete Concours angesetzt wird.

Interessenten sollten sich hiervon nicht entmutigen lassen und die »Wartezeit« gegebenenfalls für eine relevante »Zwischenkarriere« oder ein Aufbaustudium nutzen. Derartige Qualifikationen sind für die Europäische Union immer interessant und können die Erfolgschancen im späteren Verlauf eines Auswahlverfahrens befördern.

Wer einen interessanten EU-Concours entdeckt hat, bewirbt sich online über die Website des EPSO. Dazu ist zunächst eine Registrierung bei EPSO erforderlich, sodann erstellt jeder Bewerber sein »EPSO-Profil«. EPSO kommuniziert mit den Bewerbern während des gesamten Verfahrens über das EPSO-Profil und informiert auf seiner Website über Neuigkeiten.

Die Dateneingabe in das EPSO-Profil muss vollständig und innerhalb des vorgegebenen Zeitrahmens (derzeit 120 Minuten) erfolgen. Der Zeitrahmen wird benötigt. Bewerber sollten sich daher vor Beginn der Bewerbung mit den Informationen vertraut machen, die EPSO zu jedem Auswahlverfahren bereitstellt, und alle geforderten Angaben zur Hand haben.

Die Auswahlverfahren zum Einstieg in die europäische Beamtenlaufbahn beinhalten mehrere Einzeltests, die nacheinander durchgeführt und zur Selektion der Bewerber genutzt werden. Nach jedem Einzeltest werden die erfolgreichen Kandidaten ermittelt und nur diese Kandidaten werden zum nächsten Verfahrensschritt zugelassen. Auf diese Weise minimiert sich die Anzahl der Kandidaten während des Verfahrens. Insgesamt beinhaltet jeder EU-Concours fünf Verfahrensschritte:

– Einen schriftlichen Vorauswahltest
– Die Aufforderung zur Einreichung der Bewerbungsunterlagen
– Eine schriftliche Prüfung (*essay*)
– Einen mündlichen Auswahltest
– Die Aufnahme in eine Eignungsliste.

EPSO berücksichtigt nur fristgerecht und vollständig eingegangene Bewerbungen. Formfehlerhafte Bewerbungen können nicht korrigiert werden. Wer eine zulässige Bewerbung eingereicht hat und zudem die Teilnahmevoraussetzungen für den jeweiligen EU-Concours erfüllt, wird zu einem schriftlichen Auswahltest eingeladen.

Die Auswahltests werden dezentral in Testzentren durchgeführt, die sich in allen EU-Staaten finden. Testkandidaten können ein Testzentrum wählen und müssen sich innerhalb einer festgesetzten Frist registrieren, andernfalls »verfällt« die Bewerbung. Um den Aufwand auch für die Kandidaten gering zu halten, lässt EPSO die schriftliche Prüfung (*essay*) mit dem Vorauswahltest abnehmen. Die Tests werden jedoch gesondert ausgewertet.

Der Vorauswahltest und die schriftliche Prüfung sind zudem bilingual abzulegen, das heißt, nur ein Test darf in der Muttersprache absolviert werden. Der Vorauswahltest besteht aus mehreren Einzeltests, die das sprachlogische Denken, das analytische Verständnis sowie die EU-Kenntnisse abfragen. Die schriftliche Prüfung testet die Fachkenntnisse in dem ausgeschriebenen Sachgebiet. Alle Prüfungen erfolgen unter einem hohen Zeitdruck und in aller Regel am Computer. Nur vereinzelt werden noch papierbasierte Tests durchgeführt.

Der Vorauswahltest wird von EPSO zuerst ausgewertet. Wer diesen Test bestanden hat, erhält die Aufforderung, seine vollständigen Bewerbungsunterlagen auf dem Postweg einzureichen. Alle anderen Bewerber scheiden an diesem Punkt aus dem Verfahren aus. Sind die Unterlagen in Ordnung, wertet EPSO die schriftliche Prüfung der vorselektierten Kandidaten aus.

Wer die schriftliche Prüfung bestanden hat, wird zum letzten Verfahrensschritt zugelassen: dem Interview. Das Interview ist de facto eine mündliche Prüfung und entscheidet über die Aufnahme auf eine Eignungsliste (Reserveliste). Die Interviews werden von einem Auswahlausschuss durchgeführt, der sich aus Bediensteten der rekrutierenden Institution zusammensetzt. Kandidaten, die es bis hierhin geschafft haben, treffen somit auf potenzielle Vorgesetzte oder Kollegen. Grund genug, sich gut vorzubereiten und überzeugend aufzutreten. Während des Interviews werden nochmals die EU-Kenntnisse abgefragt und die Sprachkenntnisse getestet. Die Interviewer prüfen zudem die sozialen Kompetenzen der Bewerber und entscheiden, ob die Kandidaten in die Institution »passen«. Wer auch die Hürde des Interviews genommen hat, wird auf eine Eignungsliste aufgenommen. Die Eignungslisten haben eine Geltungsdauer von bis zu zwei Jahren und können verlängert werden.

Deutsche Bewerber sollten das Vorbereitungsangebot des Auswärtigen Amtes nutzen (→ Teil I). Österreichische Kandidaten sollten prüfen, ob ein geeignetes Vorbereitungsseminar angeboten wird und gegebenenfalls im Bundeskanzleramt nachfragen, auch nach Coachings. Insbesondere vor dem Interview sollte jede Hilfestellung genutzt werden, um diese letzte Hürde erfolgreich zu meistern.

Der EU-Concours führt, ähnlich dem NCRE, nicht unmittelbar zu einer Einstellung, sondern bereitet diese vor: Die EU-Institutionen dürfen Laufbahn-Kandidaten nur von einer Eignungsliste rekrutieren. Die Aufnahme auf eine Eignungsliste ist allerdings keine Garantie für eine Stelle. Um in den Dienst der Europäischen Union zu treten, müssen die »Concours-Laureaten« durch eine Abteilung oder eine Dienststelle von der Eignungsliste abgerufen und eingestellt werden.

Bewerber sollten dies nicht dem Zufall überlassen und sich aktiv um eine Stelle bemühen, denn: Läuft die Liste aus, bevor ein konkretes Vertragsangebot unterbreitet wurde, ist das gesamte Verfahren erneut zu durchlaufen, wenn weiterhin der Wunsch zum Einstieg in die europäische Beamtenlaufbahn besteht. Concours-Laureaten sollten daher alle »Wege« nutzen, die zu einer Einstellung führen können.

Es empfiehlt sich eine strukturierte Vorgehensweise. Die EU-Institutionen, die beratenden Organe und die anderen Einrichtungen der Europäischen Union stellen offene Planstellen in aller Regel auf ihre Website. Diese Stellen sind häufig daran zu erkennen, dass die wichtigste Einstellungsvoraussetzung die erfolgreiche Teilnahme an einem EU-Concours ist.

Wer unter derartigen Stellen eine interessante Position findet, sollte sich umgehend bewerben. Zum Teil wird ein Ansprechpartner genannt, mit dem Kandidaten in Kontakt treten sollten, andernfalls können Ansprechpartner im »Verzeichnis der Personen und Dienste« (→ D.4) recherchiert werden. Die EU-Kommission hat zudem ein virtuelles Portal (EU CV online) (→ D.4) geschaffen, in das Concours-Laureaten ihren Lebenslauf einstellen können und das allen EU-Institutionen, den beratenden Organen und den anderen EU-Einrichtungen zugänglich ist.

Concours-Laureaten können auch von sich aus an Abteilungen oder Dienste herantreten, die an ihren Fachkenntnissen interessiert sein könnten. Kontakte aus früheren Praktika sind ein weiterer Anknüpfungspunkt. Über gute Kontakte in die EU-Institutionen verfügt zudem die Ständige Vertretung Deutschlands bzw. Österreichs bei der Europäischen Union (→ D.4), mit der Concours-Laureaten in Verbindung treten sollten.

Das Auswärtige Amt nimmt die deutschen Kandidaten auch in ein Netzwerk auf und kann je nach Verfügbarkeit der Mittel eine begrenzte

Anzahl an befristeten Stellen in seinem Hause anbieten, um die Wartezeit zu überbrücken und um Kontakte zu knüpfen.

*Die attraktive und gut besoldete Beschäftigung als EU-Beamter hat ins-
gesamt ihren Preis: Abgesehen von den Mühen der Vorbereitung ist das
Verfahren langwierig. Bewerber sollten mit mindestens zwölf Monaten
rechnen, zuzüglich der Wartezeit auf einer Eignungsliste. Die konkrete
Stellensuche kann mühsam sein und vor einer Ernennung zum EU-
Beamten ist eine neunmonatige Probezeit zu »überstehen«. Wer alle
Hürden nimmt, hat Grund zum Feiern: Es wartet eine spannende Kar-
riere auf Lebenszeit.*

Neben Beamten beschäftigen die Institutionen, Organe und Einrichtungen der Europäischen Union auch Bedienstete auf Zeit. Die Europäischen Agenturen rekrutieren dabei bevorzugt Vertrags- und Zeitbedienstete sowie Abgeordnete Nationale Sachverständige, jedoch soll
der Anteil dieser Bediensteten auch dort 75 Prozent aller Beschäftigten
nicht überschreiten.

Zur »Kategorie« der EU-Bediensteten auf Zeit zählen neben den
Vertragsbediensteten und den Zeitbediensteten auch die Sonderberater
der Europäischen Union und – in einem weiteren Sinne – auch alle Ver-
waltungspraktikanten. Für Hochschulabsolventen kann ein Einstieg als
Vertrags- oder Zeitbediensteter eine gute Alternative zur Beamtenlaufbahn sein, vor allem, wenn kein geeigneter EU-Concours ausgeschrieben
wird.

Die Aufgaben der Vertrags- oder Zeitbediensteten entsprechen häufig
denen der AD-Beamten, ebenso die Besoldung. Eine Übernahme in das
europäische Beamtenverhältnis kann allerdings nur erfolgen, wenn ein
Auswahlverfahren erfolgreich bestanden wurde. Immerhin lassen sich
einige befristete Verträge nach einigen Dienstjahren in einen unbefristeten Vertrag umwandeln.

Vertragsbedienstete (→ D.4) werden zwei Gruppen zugeordnet:

»3a-Vertragsbedienstete« werden in den Generaldirektionen, Ämtern,
Delegationen und Vertretungen der Kommission eingesetzt sowie in den
EU-Agenturen. Das Beschäftigungsverhältnis hat eine Laufzeit von bis
zu fünf Jahren und kann einmal um bis zu weitere fünf Jahre verlängert

werden; danach scheidet der Bedienstete aus oder erhält einen unbefristeten Vertrag.

»3b-Vertragsbedienstete« werden in den Generaldirektionen der Kommission eingesetzt, um Beamte vorübergehend zu ersetzen, einen akuten Fachkräftemangel auszugleichen oder Tätigkeiten auszuführen, für die keine qualifizierten Beamten verfügbar sind. Das Beschäftigungsverhältnis hat eine Laufzeit von mindestens drei Monaten und höchstens drei Jahren.

Vertragsbedienstete werden in aller Regel mit Hilfe des EPSO rekrutiert, das bei Bedarf eine »Aufforderung zur Interessenbekundung« ausschreibt. Alle offenen Stellen werden einer von vier Funktionsgruppen zugeordnet. Die Funktionsgruppe IV (Verwaltungs- und Beratungstätigkeiten, sprachliche Tätigkeiten) entspricht der »professional category« und erfordert einen Hochschulabschluss und mindestens ein Jahr Berufserfahrung.

Je nach Vorkenntnissen können für Hochschulabsolventen auch Profile der Funktionsgruppe III (ausführende Tätigkeiten, Abfassung von Texten, Buchhaltung) von Interesse sein. Die weiteren Bewerbungsvoraussetzungen können variieren, die wichtigste Voraussetzung für alle Bewerber ist jedoch die Staatsangehörigkeit eines EU-Staats. Zudem werden fließende Kenntnisse einer EU-Amtssprache und sehr gute Englisch- oder Französischkenntnisse erwartet.

Wer sich auf einen Aufruf zur Interessenbekundung hin bewerben möchte, entscheidet sich zunächst für eine der vier Funktionsgruppen und wählt sodann eines der ausgeschriebenen Profile aus. Eine Bewerbung auf mehrere Profile ist nicht möglich. Zur Bewerbung ist eine Registrierung bei EPSO erforderlich, sodann kann eine »EPSO-Datei« erstellt werden.

Wie bei den EU-Concours kommuniziert EPSO mit den Bewerbern während des gesamten Verfahrens über die virtuelle EPSO-Datei. Für das Erstellen dieser EPSO-Datei besteht ebenfalls ein Zeitlimit (derzeit 120 Minuten), daher sollten sich Bewerber im Vorfeld der Bewerbung mit dem Bewerbungsleitfaden und allen ergänzenden Hinweisen vertraut machen. Zudem erhält jeder Bewerber eine Bewerbernummer, die im weiteren Verfahren benötigt wird.

Der Einstieg als Vertragsbediensteter erfordert die erfolgreiche Teilnahme an einem Vorauswahlverfahren. Wer zu diesem Verfahren zugelassen wurde, findet eine Mitteilung in seiner persönlichen EPSO-»Postbox«. Die Auswahltests ähneln den Vorauswahltests im Rahmen eines EU-Concours, sind jedoch insgesamt kompakter und daher leichter vorzubereiten.

Die Auswahltests werden nur in Deutsch, Englisch oder Französisch durchgeführt. Deutsch-Muttersprachler müssen zwischen Englisch und Französisch wählen. Getestet wird auch hier – ähnlich wie beim EU-Concours – das sprachlogische Denken, das Zahlenverständnis und das EU-Wissen. Alle Tests finden am Computer statt.

Wer die Auswahltests bestanden hat, kann seinen ausführlichen Lebenslauf in die EPSO-Datei einstellen. Alle vollständigen Bewerbungen gelangen sodann in eine Rekrutierungsdatenbank, die drei Jahre gültig bleibt und aus der die Vertragsbediensteten rekrutiert werden. Die Endauswahl der Kandidaten und die Einstellung erfolgt durch die jeweilige EU-Institution oder EU-Einrichtung, die Personal benötigt.

Zeitbedienstete (→ D.4) können für sehr unterschiedliche Aufgaben rekrutiert werden: Sie besetzen auf Zeit eingerichtete Planstellen, erfüllen fachlich spezielle Aufgaben oder beheben einen akuten Personalmangel, wenn die Eignungslisten ausgeschöpft sind. Zeitbedienstete werden zudem für die Kabinette der EU-Kommissare rekrutiert und für die Forschungseinrichtungen der Europäischen Union.

Stellen für Zeitbedienstete werden von den EU-Institutionen und den EU-Einrichtungen nach Bedarf ausgeschrieben. Die Ausschreibung erfolgt bei den EU-Institutionen durch die Generaldirektion, die die Stellen zu besetzen hat. Bei den beratenden Organen und bei den anderen Einrichtungen der Europäischen Union finden sich die Ausschreibungen auf der Rekrutierungsseite.

Stellenausschreibungen für Zeitbedienstete werden zudem an das EPSO sowie an die Ständigen Vertretungen der EU-Staaten übermittelt. Wer Interesse an einer Zeitbedienstetenstelle hat, kann zudem seinen Lebenslauf in die Rekrutierungsdatenbank der EU-Kommission (EU CV online) einstellen. Für Forscher und Wissenschaftler wurde eine spezielle Datenbank (ELSA) eingerichtet.

Auch Zeitbedienstete *müssen* Unionsbürger sein. Die Teilnahme an einem Auswahlverfahren ist nicht erforderlich, vielmehr können Zeitbedienstete bei Eignung direkt eingestellt werden. Allerdings sind die Profilanforderungen fachlich häufig sehr speziell und beinhalten einschlägige Berufserfahrung. Einen Hinweis auf die Erwartungen der rekrutierenden Dienststelle gibt die geplante Besoldung: Je höher diese liegt, desto fundierter und einschlägiger sollten die Fachkenntnisse und die Berufserfahrung sein.

Zeitbedienstete können grundsätzlich für alle Besoldungsgruppen rekrutiert werden. Die Laufzeit der Verträge variiert, jedoch können Zeitbedienstete einmal für bis zu sechs Jahre eingestellt werden und dieser Vertrag kann einmal um bis zu weitere sechs Jahre verlängert werden. Hiernach ist die Weiterbeschäftigung nur auf einem unbefristeten Vertrag möglich. Für Zeitbedienstete in den Kabinetten der EU-Kommissare ist die Vertragslaufzeit an das Mandat ihres EU-Kommissars gebunden.

Die aufgezeigten Einstiegsmöglichkeiten in den Dienst der Europäischen Union sind gängige und beliebte Wege. Gleichwohl mögen diese Optionen nicht für jeden Bewerber geeignet sein. Eine lohnende Alternative – insbesondere für Hochschulabsolventen mit wenig Berufserfahrung – ist ein Einstieg als Assistent eines Europaabgeordneten.

Parlamentarische Assistenten sind die »rechte Hand« der Europaabgeordneten. Ohne sie kommt kein Abgeordneter aus. Ihre Berufsbezeichnung ist allerdings nicht geschützt – Assistenten sind auch »Büroleiter«, »wissenschaftliche Mitarbeiter«, »persönliche Referenten« oder »Sekretäre«. Erst durch ihre formale Akkreditierung beim Europäischen Parlament werden sie zu parlamentarischen Assistenten.

Die Tätigkeit als parlamentarischer Assistent ist abwechslungsreich und zeitlich anspruchsvoll. Die Aufgaben sind vielfältig und beinhalten Recherchen, Redenschreiben, die Vorbereitung von Plenarsitzungen, die Teilnahme an Ausschusssitzungen, die Bearbeitung von Anfragen der Medien, die Betreuung von Besuchergruppen, Büroarbeiten und vieles mehr. Die Arbeitstage beginnen häufig früh und sind lang.

Parlamentarische Assistenten arbeiten in aller Regel am Arbeitssitz des Europäischen Parlaments in Brüssel und reisen nur bei Bedarf während der Sitzungswochen mit ihrem Abgeordneten nach Straßburg. Sie sind nicht zu verwechseln mit den Praktikanten in den Büros der Abgeordneten und mit den Mitarbeitern der Wahlkreisbüros, mit denen sie häufig eng kooperieren.

Die Quästoren des Europäischen Parlaments legen zu Beginn jeder Wahlperiode fest, wie viele parlamentarische Assistenten jeder Abgeordnete akkreditieren darf. Der »Anspruch« jedes Abgeordneten liegt bei mindestens einem und bis zu drei Assistenten. Insgesamt sind beim Europäischen Parlament ständig etwa 1.400 Assistenten im Einsatz.

Parlamentarischer Assistent ist dabei kein »Job auf Lebenszeit«, jedoch ein interessanter Direkteinstieg, der sich als gutes Sprungbrett für eine weitere Karriere bei der Europäischen Union oder in deren Umfeld erweisen kann. Fast immer ergeben sich aus der Arbeit im Parlament heraus weitere Optionen und in jedem Fall ist die Tätigkeit ein solider Karrieretreiber.

Der Job als parlamentarischer Assistent ist sehr beliebt, so dass die Europaabgeordneten selten Stellen ausschreiben. Der gängige Weg ist die Initiativbewerbung bei Abgeordneten aus dem eigenen Heimatland oder auch aus einem anderen EU-Staat (→ D.4). Die Zugehörigkeit oder Affinität zur Partei des jeweiligen Abgeordneten ist keine Voraussetzung, erleichtert jedoch unter Umständen die Zusammenarbeit.

Viele Europaabgeordnete bevorzugen Kandidaten, die sie bereits kennen, zum Beispiel aus der eigenen politischen Arbeit oder aus einem Praktikum. Wer ohnehin ein Praktikum bei einem Europaabgeordneten absolvieren möchte, sollte diese Zeit daher nutzen, um sich bekannt zu machen und gegebenenfalls eine Anschlussverwendung als parlamentarischer Assistent zu erhalten. Auch Wahlkreis-Veranstaltungen bieten sich an, um »seinen« Europaabgeordneten direkt anzusprechen.

In jedem Fall sollten Bewerber herausstellen, warum ihr Profil für den Abgeordneten von Interesse sein könnte. Anknüpfungspunkte bieten sich bei den Interessens- und Tätigkeitsschwerpunkten des Abgeordneten, die auf der Website des Parlaments leicht recherchiert werden können. Die gleiche Staatsbürgerschaft ist nicht erforderlich, im Gegenteil beschäftigen die einzelnen Abgeordneten Assistenten aus den verschiedensten EU-Staaten.

Das Verhältnis der Europaabgeordneten untereinander ist häufig sehr kooperativ. Hat der Abgeordnete aus dem eigenen Wahlkreis oder aus dem eigenen Heimatland keine freie Stelle, lohnt sich ein persönliches

Gespräch oder ein Anruf in dessen Brüsseler Büro in jedem Fall. Unter Umständen ergibt sich ein Hinweis auf freie Stellen bei anderen Abgeordneten oder ein Abgeordneter kann eine Empfehlung bei einem Kollegen aussprechen.

Ein Einstieg bei den europäischen Finanzinstitutionen ist in aller Regel sehr anspruchsvoll und setzt einen hohen Spezialisierungsgrad voraus. Eine exzellent abgeschlossene akademische Ausbildung in einem relevanten Fach zählt ebenso zu den Voraussetzungen wie fundierte Sprachkenntnisse und einschlägige Berufserfahrung.

Die EZB und die EIB vergeben eine begrenzte Anzahl an Praktikumsplätzen; »professionals« werden für Dauerstellen sowie für befristete Verträge rekrutiert. Die Bewerbung erfolgt bei beiden Institutionen ausschließlich über ein virtuelles Bewerbungsformular.

Die EZB hat zur Personalgewinnung das zentrale Rekrutierungsportal »Working for Europe« (→ D.4) eingerichtet. Auf dieser Seite finden sich alle offenen Stellenausschreibungen und Praktikumsplätze. Zudem können sich Bewerber für einen Newsletter registrieren, der sie über potenziell geeignete Stellen informiert.

Freie Stellen unterhalb der Führungsebenen werden bei der EZB zunächst intern ausgeschrieben. Auch interne Bewerber müssen ein Auswahlverfahren durchlaufen. Findet sich intern kein geeigneter Kandidat, werden die Positionen extern ausgeschrieben. Externe Bewerber können somit davon ausgehen, dass für die unter »Working for Europe« eingestellten Positionen keine interne »Konkurrenz« besteht.

Bewerbungen sind fristgerecht und in englischer Sprache einzureichen. Wer mehrere interessante Stellenangebote entdeckt hat, kann mehrere Bewerbungen zeitgleich einreichen, allerdings ist für jede Stelle eine separate Bewerbung erforderlich. Jede Bewerbung wird von der EZB separat behandelt, so dass gegebenenfalls mehrere Auswahlverfahren zu durchlaufen sind.

Die EZB vergibt Planstellen oder befristete Verträge und auch Praktika nur an Staatsangehörige der EU-Staaten. Weitere Bewerbungsvoraussetzungen sind sehr gute Fachkenntnisse und sehr gute Englischkenntnisse sowie gute Kenntnisse einer weiteren EU-Amtssprache. Häufig wird zudem einschlägige Berufserfahrung oder Erfahrung in der einschlägigen Forschung erwartet. Zur Begutachtung aller fristgerecht eingegangenen und zulässigen Bewerbungen setzt die EZB einen Auswahlausschuss ein. Dieser lädt die geeigneten Kandidaten zu einem Vorstellungsgespräch an den Sitz der EZB nach Frankfurt ein.

Interviews finden vor dem Auswahlausschuss statt und können durch einen schriftlichen Test, eine mündliche Präsentation oder andere Tests ergänzt werden. Alle Gespräche und Tests finden auf Englisch statt. Wer im Auswahlgespräch überzeugt und erforderliche Tests erfolgreich bestanden hat, gelangt in die Endauswahl.

Der Auswahlausschuss kann offene Positionen direkt besetzen oder eine Reserveliste erstellen. Reservelisten der EZB haben eine Gültigkeit von sechs Monaten. Wer direkt einsteigen kann, erhält zumeist einen befristeten Vertrag. Erstverträge werden von der EZB in aller Regel befristet für ein bis fünf Jahre geschlossen. Dies gilt auch für Dauerstellen, die zunächst für drei bis fünf Jahre besetzt werden und dann entfristet werden können. Vereinzelt werden auch Verträge mit einer Laufzeit unter einem Jahr geschlossen.

Erfolgreiche Bewerber, für die die Vertragslaufzeit eine Rolle spielt, zum Beispiel weil sie bei einer anderen Institution eine unbefristete Stelle innehaben, sollten sich mit der zuständigen Abteilung oder der Personalabteilung der EZB in Verbindung setzen, bevor ein Angebot abgelehnt wird. Unter Umständen kann die EZB dem Kandidaten entgegenkommen.

Eine Probezeit lässt sich allerdings in der Regel nicht vermeiden, denn die EZB stellt für ihre attraktiven Karriereaussichten hohe Leistungsanforderungen an ihre Bediensteten. Der Einsatzort ist in aller Regel Frankfurt, wobei die EZB weitere Hilfeleistungen wie eine finanzielle Unterstützung beim Umzug usw. anbieten kann.

Neben offenen Stellen bietet die EZB Praktika, ein »Student Research Assistantship Programme« und Fellowships für Kandidaten mit einem Fachhintergrund in Ökonomie, Finanz- und Bankwirtschaft, Statistik, Business Administration, Jura und anderen, für die EZB relevanten Themenfeldern. Die Praktikumsplätze sind begrenzt und werden nach Bedarf ausgeschrieben. Die Anforderungen sind recht hoch: Wer Interesse hat, sollte zunächst auf »Working for Europe« prüfen, ob alle Bewerbungsvoraussetzungen erfüllt werden.

Die EIB vergibt ebenfalls bei Bedarf Praktika und schreibt regelmäßig offene Stellen (→ D.4) aus, allerdings wenden sich die Ausschreibungen in erster Linie an Ökonomen und Ingenieure mit einer Spezialisierung auf eines der Themenfelder der EIB. Für viele Stellen ist einschlägige Berufserfahrung von mehreren Jahren erforderlich und bereits Praktikumsstellen sind vor allem an Kandidaten mit einem ökonomischen Hintergrund und mit einer relevanten Spezialisierung adressiert.

Qualifizierte und geeignete Kandidaten für Dauerstellen bei der EIB oder beim EIF kennen diese Organisationen häufig bereits aus ihrer derzeitigen oder früheren Tätigkeiten. Wer sich über die aktuellen Optionen informieren möchte oder sich auf eines der EIB-Themen spezialisiert hat, findet alle Ausschreibungen auf der Rekrutierungswebsite der EIB.

Die Europäische Union ist weltweit ein geschätzter Kooperationspartner. Dies gilt nicht nur für Handelsfragen, auch in der bi- und multilateralen Entwicklungszusammenarbeit ist die Europäische Union zunehmend aktiv. Pro Jahr stehen der Europäischen Kommission im Rahmen ihrer Programme zur Außenhilfe (*external cooperation programmes*) etwa 7 Milliarden Euro für Projekte zur Verfügung. Diese Mittel stammen aus dem EU-Haushalt und aus dem Europäischen Entwicklungsfonds (EEF).

Die EU-Mittel zur Entwicklungszusammenarbeit werden in erster Linie von EuropeAid (→ D.4) verwaltet. EuropeAid ist eine Abteilung der EU-Kommission und kooperiert mit Regierungsorganisationen und mit NGOs. Durch sein Büro in Brüssel und Dienststellen in Partnerländern unterstützt EuropeAid dabei Projekte in über 160 Ländern.

EuropeAid fördert Projekte zu den verschiedensten Themen, darunter Zugang zu sauberem Wasser, Nahrungsmittelsicherheit, Reduktion von Hunger und Mangelernährung, Gesundheitsversorgung, die Bekämpfung von Krankheiten, die durch Armut verursacht werden, Bildung und die Chance zu lebenslangem Lernen, die Förderung von Handel und Transport, Freiheit und Demokratie sowie globale Sicherheit.

Das einzige Themenfeld, in dem EuropeAid nicht tätig wird, ist die humanitäre Hilfe. Für derartige Projekte hat die Kommission 1992 das Europäische Amt für humanitäre Hilfe (ECHO) (→ D.4) eingerichtet, das sich zugleich als Reaktion der Europäischen Union auf die weltweit wachsende Anzahl ernster humanitärer Krisen versteht. Das ECHO unterstreicht den Willen der Europäischen Union, neben der Entwicklungszusammenarbeit auch nach Krisen, Konflikten oder Natur- und anderen Katastrophen operative Hilfe zu leisten. ECHO investiert pro Jahr 700 Millionen Euro in Projekte in über 60 Ländern und kann jährlich etwa 18 Millionen Menschen helfen.

EuropeAid sucht für seine Projekte in Drittländern, darunter zumeist aber nicht nur Entwicklungsländer, regelmäßig Fachkräfte, die als »individual experts« (→ D.4) eingesetzt werden. Dazu schreibt EuropeAid bei Bedarf Interessensbekundungen aus. Die Tätigkeit als »individual expert« erfordert einen Hochschulabschluss und mindestens drei Jahre einschlägige Berufserfahrung, davon mindestens zwei Jahre in einem Entwicklungs- oder Schwellenland. Der Einsatz eignet sich somit nur für erfahrene Kandidaten. Weitere Voraussetzungen sind fließende Englisch-, Französisch- oder Spanischkenntnisse. Die Unionsbürgerschaft ist nicht zwingend. Das Höchstalter für eine Bewerbung liegt bei 65 Jahren. Wer Interesse hat, übersendet ein virtuelles Bewerbungsformular, das auf der Website von EuropeAid verfügbar ist. Bewerbungen sind jederzeit möglich.

Kandidaten wählen mit ihrer Bewerbung die Einsatz- und Themenfelder, in denen sie tätig werden könnten. Jeder Bewerber kann bis zu drei Spezialgebiete (*areas of activity*) und bis zu neun Untergebiete (*sub-areas*) auswählen. EuropeAid rekrutiert nur Kandidaten, die in einem der definierten Themenfelder Erfahrungen und Fachkenntnisse nachweisen können, daher sollte die Auswahl »passgenau« erfolgen.

Qualifizierte und geeignete Kandidaten werden von EuropeAid auf eine Reserveliste (*list of experts*) aufgenommen, die alle vier Monate aktualisiert wird. Kandidaten der Reserveliste sollten zudem jährlich ihre Daten und ihren Lebenslauf erneuern, andernfalls werden die Daten nach zwei Jahren von der Reserveliste gelöscht.

»Individual experts« können in allen Projekten und Programmen von EuropeAid eingesetzt werden. Die Vorlaufzeit bis zu einem konkreten Einsatz kann allerdings variieren und reicht von wenigen Wochen bis zu mehreren Monaten. Ein Einsatz ist dabei nicht garantiert. Die individuelle Vertragslaufzeit der eingesetzten Experten variiert je nach Mission und Einsatzfeld.

Neben »individual experts« rekrutiert EuropeAid auch Wahlbeobachter (Election Observer) für seine Wahlbeobachtungsmissionen. EuropeAid beschäftigt dabei »Long-Term Observer« (LTO) oder Short-Term Observer (STO). Wer Interesse hat, kann sich online um die Aufnahme auf eine Reserveliste bewerben (Election Observer Roster) (→ D.4), von der die geeigneten Kandidaten nach Bedarf abgerufen werden. Die Bewerbung erfolgt anhand eines elektronischen Bewerbungsformulars, das auf der Website von EuropeAid verfügbar ist. Alle Bewerbungen werden zunächst von den Regierungen der Herkunftsstaaten der Kandidaten begutachtet, sodann wird ein Vorschlag unterbreitet. Die endgültige Entscheidung über eine Bewerbung obliegt der EU-Kommission.

Das Bewerbungsverfahren erfordert von Staatsangehörigen einiger EU-Staaten, darunter Deutschland, weitere Schritte. Deutsche, die für EuropeAid als Wahlbeobachter tätig werden möchten, müssen sich beim Zentrum für Internationale Friedenseinsätze registrieren und einen geeigneten Trainingskurs des ZIF absolvieren.

Ohne eine Nominierung durch das ZIF ist eine Rekrutierung als Wahlbeobachter bei EuropeAid nicht möglich. Die Voraussetzungen für eine solche Nominierung entsprechen im Wesentlichen denen für Einsätze auf Friedensmissionen der Vereinten Nationen. Vor allem führt das ZIF ein »assessment« aufgrund eines Trainingskurses durch und nimmt die geeigneten Kandidaten in einen Wahlbeobachter-Pool auf.

Wer durch das ZIF nominiert wurde, kann sich bei EuropeAid registrieren. Dazu hinterlegt jeder Bewerber auf der EuropeAid-Website einen virtuellen Lebenslauf und wird auf die Reserveliste (Election Observer Roster) aufgenommen. Von dieser Reserveliste rekrutiert EuropeAid sodann die Kandidaten für die einzelnen Missionen.

Neben dem »Election Observer Roster« schreibt EuropeAid bei Bedarf Stellen für Experten des Kernteams (*Core Team Experts*) aus, die Wahlbeobachtungsmissionen maßgeblich begleiten und inhaltliche oder operative Schlüsselfunktionen erfüllen. Stellen im Kernteam werden zielgerichtet für die benötigten Fachbereiche ausgeschrieben und sind mit allen Einzelheiten auf der Website von EuropeAid abrufbar. Die Bewerbung erfolgt direkt dort, ebenso wie die Auswahl der Kandidaten.

Neben all diesen Stellen rekrutiert EuropeAid auch AD- und AST-Bedienstete mit Hilfe des EPSO. Wer ein Praktikum bei der EU-Kommission mit dem Dienst für EuropeAid verbinden möchte, bewirbt sich auf dem beschriebenen Weg um ein Kommissionspraktikum und benennt als Präferenz EuropeAid.

2.3 Abschließende Hinweise und Bemerkungen

> Persönlichkeiten werden nicht durch schöne Reden geformt,
> sondern durch Arbeit und eigene Leistung.
> *Albert Einstein*

Der Dienst als EU-Beamter zählt zu den am besten zu planenden Karriereoptionen bei internationalen Organisationen. Kaum ein Einstiegsverfahren lässt sich so gut vorbereiten. Dies belegen nicht zuletzt die Vorbereitungsseminare zum Beispiel des Auswärtigen Amtes, die den Erfolg der deutschen Teilnehmer an den EU-Concours deutlich erhöht haben.

Dennoch gilt: Wer bei der Europäischen Union einsteigen möchte, dem steht viel Arbeit bevor. Die Erweiterungsrunde von 2004 hat die Europäische Union auf 27 Staaten vergrößert. Dies hat auch den Kreis der potenziellen Mitbewerber auf offene Stellen deutlich erweitert. Die Konkurrenz ist groß, häufig gut ausgebildet und willensstark.

Die große Beliebtheit einer »EU-Karriere« resultiert unter anderem aus ihren angenehmen Begleitumständen: Abgesehen von wenigen Ausnahmen führt der Weg nach Brüssel, Straßburg, Luxemburg oder eine andere europäische Stadt, in der es sich gut lebt. Von Herausforderungen wie Feldeinsätzen, familienungeeigneten Gegenden und ähnlichen »Hürden«, vor denen zum Beispiel die VN-Bediensteten häufig stehen, sind die EU-Bediensteten kaum betroffen.

Auch die Tätigkeit selbst hat Vorteile: Aufgrund der engen Verflechtungen zwischen der Europäischen Union und Einrichtungen der Zivilgesellschaft oder Wirtschaftsunternehmen sind die im »EU-Dienst« gesammelten Erfahrungen, Kenntnisse und Fähigkeiten zumeist auch in anderen Branchen sehr gefragt. Dies kann sich als großer Vorteil erweisen, wenn der Dienst bei der Europäischen Union nur ein Lebensabschnitt bleibt.

Der teilweise supranationale Charakter der Europäischen Union macht die Arbeit »für Europa« zudem zu einer befriedigenden Aufgabe: Maßnahmen der Europäischen Union zeigen häufig rasche Effekte. Es bleibt der Einstieg, der denjenigen gelingen wird, die imstande sind, die hohen Leistungsanforderungen zu erfüllen. Die Europäische Union weiß um ihre Attraktivität als Arbeitgeber und ist darauf angewiesen, die Besten zu rekrutieren.

Der Weg ans Ziel ist daher auch bei der Europäischen Union zuweilen lang und beschwerlich. Immerhin erfolgt die Personalgewinnung weitgehend zentral und ist vergleichsweise transparent. Dies erleichtert den Überblick und setzt für alle Bewerber gleiche Voraussetzungen.

Eine gute Karriereplanung ist dennoch unerlässlich, ebenso wie Geduld und Frustrationstoleranz, denn die Wartezeiten können zur Herausforderung werden. Optimismus und starke Nerven sind gefragt sowie der Wille, sich durchzusetzen. Es lohnt sich. Wer die Hürden nimmt, den erwartet eine beneidenswerte Karriere.

Bettina Hegmann ist Kommunikationstrainerin bei der Agentur schmidt & schorn in Köln/Berlin. Sie coacht im In- und Ausland Führungskräfte und Hochschulabsolventen, die in einem internationalen Umfeld tätig werden möchten. Mit den EU-Einstiegsverfahren hat sie langjährige Erfahrung und unterstützt das Auswärtige Amt durch Coachings von Kandidaten, die zu einem »Interview« im Rahmen eines EU-Concours zugelassen wurden.

Wie sieht ein Kandidat aus, der für die Europäische Union top-qualifiziert ist?
Die Grundvoraussetzungen müssen erfüllt sein: die Staatsbürgerschaft eines EU-Staates, fließende Kenntnisse mindestens einer weiteren EU-Sprache neben der Muttersprache, Auslandserfahrung, Erfahrung in internationalen Teams und entweder ein Hochschulabschluss, ein sekundärer oder postsekundärer Bildungsabschluss oder eine gleichwertige Berufsausbildung.

Wichtig ist in der Regel eine »EU-Qualifizierung«, das heißt eine inhaltliche Ausrichtung des Studiums, die auf die Bedürfnisse der EU abgestimmt ist. Es muss klar ersichtlich sein, dass sich ein Bewerber mit EU-Themen beschäftigt und darauf seine Qualifikation ausgerichtet hat.

Was sollten junge Hochschulabsolventen wissen, die eine Karriere bei der EU planen?
EU-Bedienstete sind Problemlöser und Unterstützer zugleich und in einer modernen internationalen Organisation tätig. Dies erfordert eine entsprechende persönliche Grundhaltung. Kandidaten sollten signalisieren: »Ich lebe meine Arbeit.«

Dies erfordert zum einen eine empathisch-lösungsorientierte Haltung und zum anderen, das Anliegen der EU zu verstehen und zu vertreten. Meinungsbildner sind nicht unbedingt gefragt, vielmehr wird erwartet, dass Kandidaten die Meinung der EU vertreten und die eigene dahinter zurückstellen.

Wichtig ist zudem die Fähigkeit, sich in komplexe Strukturen und Problemlösungsansätze eindenken zu können und in der Kommunikation in einem internationalen Umfeld einen gemeinsamen Nenner zu finden. Entscheidend ist daher, interkulturelle Kompetenzen umsetzen und lösungsorientiert agieren zu können, da viele verschiedene Kulturen das Miteinander bestimmen.

Was raten Sie Bewerbern, die es in das Blue Book oder auf eine der Eignungslisten geschafft haben? Welche Rolle spielt Networking?
Kandidaten sollten sich aktiv bewerben sowie Kontakte zu den einzelnen Generaldirektionen aufbauen, nutzen und proaktives Networking betreiben.

Wichtig ist eine selbstbewusste, reflektierte Grundhaltung über die eigenen Kompetenzen. Wenn ich sehe, ich bringe die Qualifikationen mit, die für eine Stelle erforderlich sind, darf ich dies durchaus offensiv vertreten. Wichtig ist, dass sich Kandidaten über ihre Vorteile für die jeweilige Position im Klaren sind, dass sie sich als Person »vermarkten« und dies auch präsentieren können.

Networking ist vor allem aktives Beziehungsmanagement, das ein Bewerber durchaus beginnen darf. Für die EU hat Networking einen besonderen Stellenwert: Die Fähigkeit, aktiv auf Menschen zuzugehen, ist auch in einer späteren Tätigkeit sehr erwünscht. Der passiv-abwartende Typ ist weniger gefragt.

Haben Sie einen Tipp für diejenigen, denen der Einstieg bei der EU nicht gelungen ist?
Wer ernsthaft für die EU tätig werden will, sollte es erneut probieren, die Möglichkeit hierzu besteht. Wichtig ist eine Reflektion, woran es gelegen hat und wo noch Defizite bestehen. Eventuell hilft ein persönliches Coaching zur Frage: »Wie kann ich meine Karriereschritte angehen und meine Stärken stärken.«

Empfehlenswert ist auch, zunächst eine »Zwischenkarriere« mit EU-Bezug einzuschlagen, zum Beipiel drei Jahre Berufserfahrung in der Wirtschaft zu sammeln, und es dann nochmal zu versuchen.

Einsteiger mit relevanter Berufserfahrung werden gerne genommen, auch wenn Berufserfahrung häufig keine Bewerbungsvoraussetzung ist. Kandidaten sollten allerdings in einem Bereich mit EU-Bezug bleiben, so dass eine Stringenz der Kompetenzen zur EU entsteht.

Eine alternative Einstiegsmöglichkeit bieten Vorfeldorganisationen – politische, wirtschaftliche oder andere –, die sich an der EU orientieren, zum Beispiel NGOs, Verbände, Think Tanks, auch freie Interessensverbände oder Beratungsagenturen, die ständig mit der EU kooperieren.

Für Berufseinsteiger können sich hierdurch besondere Chancen ergeben, da die Vorfeldorganisationen oft mit am Verhandlungstisch der EU sitzen.

3 Einstiegsoptionen bei anderen internationalen Organisationen

Das VN-System und die Europäische Union sind nicht nur die größten Arbeitgeber für internationale Bedienstete, sie genießen zudem eine hohe Attraktivität bei Hochschulabsolventen. Trotzdem sollten Bewerber auch andere internationale Organisationen in Betracht ziehen, die ebenfalls spannende Optionen bieten.

Dies gilt insbesondere für den Europarat, zu dem der Europäische Gerichtshof für Menschenrechte (EGMR) gehört, die NATO und die Organisation für Sicherheit und Zusammenarbeit in Europa (OSZE), sowie für die Organisation für wirtschaftliche Zusammenarbeit und Entwicklung (OECD). Zwar verengen sich die Aufgabenbereiche dieser Organisationen im Einzelnen, doch behandeln alle ein vergleichsweise breites Themenspektrum. Zudem ergänzt sich ihre Tätigkeit untereinander und zum Teil auch mit der anderer internationaler Organisationen: So kooperiert die OSZE für Friedenseinsätze und Wahlbeobachtungsmissionen eng mit der NATO, den Vereinten Nationen und der Europäischen Union. Dies bedeutet für Einsteiger, dass sich aus dem Dienst für eine dieser Organisationen auch gute Karriereperspektiven bei anderen internationalen Organisationen ergeben können.

Die genannten Organisationen beschäftigen ebenfalls internationale Bedienstete und rekrutieren Praktikanten. Einige bieten ein Nachwuchsprogramm an. Darüber hinaus werden regelmäßig offene Stellen ausgeschrieben. Österreicher und Schweizer können sich beim Europarat einschließlich dem EGMR, der OSZE und der OECD bewerben, nicht jedoch bei der NATO, da beide Länder nicht NATO-Mitglied sind. Deutschen stehen alle vier Organisationen grundsätzlich offen.

Trotz einiger organisatorischer Gemeinsamkeiten sind die Aufgaben der Bediensteten im Einzelnen allerdings sehr unterschiedlich. Wer sich bewerben möchte, sollte sich daher zunächst einen Überblick verschaffen und dann die Einstiegsmöglichkeiten bei der favorisierten Organisation eingehend in Augenschein nehmen.

Checkliste 6: Praktikumsoptionen bei den koordinierten Organisationen und der OECD im Überblick

	Europarat & EGMR	OECD	OSZE	NATO
Turnus	Dreimal jährlich	Ständig, keine Fristen	Ständig, keine Fristen	Einmal jährlich, zwei Turnusse
Dauer	3 Monate	Bis zu 10 Monate	2 bis 6 Monate	6 Monate
Dienstort	Straßburg	Paris	Wien, Prag, Den Haag, Einsatzorte der Missionen	Brüssel
Einsatzort	Generalsekretariat, Kanzlei des EGMR	Sekretariat, assoziierte Organisationen	Sekretariat, ausgewählte Missionen	Hauptquartier
Nationalität	Staatsangehörige der Europarat-Staaten	Staatsangehörige der OECD-Staaten	Staatsangehörige der OSZE-Teilnehmerländer	Staatsangehörige der NATO-Staaten
Höchstalter	–	–	30 Jahre	Mindestens 21 Jahre
Ausbildung	Studium (mindestens 6 Semester)	Studierende, Doktoranden, Ph. D.-Kandidaten	Studierende, Doktoranden, Absolventen	Studierende ab dem 4. Semester
Sprachen	Englisch oder Französisch fließend	Englisch oder Französisch fließend	Sehr gut Englisch	Englisch oder Französisch fließend
Besoldung	Keine	Keine	Keine	Keine

3.1 Der Europarat und sein Gerichtshof für Menschenrechte

> Today, the Council of Europe embodies the shared commitment
> of some 800 million Europeans to human rights,
> democracy and the rule of law.
> *Terry Davis, Generalsekretär des Europarates*

Der Europarat mit Sitz in Straßburg (→ E.) ist die älteste politische Organisation Europas. Er wurde 1949 gegründet und ist mit der Europäischen Union institutionell nicht verbunden, obgleich beide Organisationen die gleiche Flagge und dieselbe Hymne verwenden. Der Europarat ist auch nicht zu verwechseln mit dem Europäischen Rat, einer EU-Institution.

Der Europarat versteht sich als paneuropäische Organisation. Zu seinen 47 Mitgliedstaaten zählen auch einige Staaten Asiens, darunter die Russische Föderation. Der Heilige Stuhl, die USA, Kanada, Mexiko und Japan genießen Beobachterstatus. Die Bundesrepublik Deutschland ist seit 1950 Mitglied des Europarates, Österreich trat dieser Organisation 1956 bei und die Schweiz 1963.

Der Europarat ist eine reine Regierungsorganisation und versteht sich als Plattform zur Debatte von allgemeinen Anliegen sowie von Fragen von europäischem Belang. Seine Ziele haben sich im Laufe seiner Geschichte stark entwickelt. Seit Beginn der 1990er Jahre widmet sich der Europarat vornehmlich staatsstrukturellen Themen, darunter vor allem der Entwicklung von Demokratie und Rechtsstaatlichkeit in seinen Mitgliedstaaten. Weitere Ziele sind:
- Schutz der Menschenrechte, der parlamentarischen Demokratie und der Rechtsstaatlichkeit
- Förderung des Bewusstseins für die kulturelle Identität Europas
- Entwicklung gemeinsamer Lösungen für aktuelle Herausforderungen in Europa wie Diskriminierung von Minderheiten, Fremdenfeindlichkeit, Intoleranz, Bioethik, Klonen, Terrorismus, Menschenhandel, organisierte Kriminalität, Korruption, Computerkriminalität, Gewalt gegen Kinder und ähnliche Themen
- Förderung der demokratischen Stabilität in Europa durch politische, legislative und konstitutionelle Reformen.

Im Rahmen seiner allgemeinen Zielsetzungen beschäftigt sich der Europarat mit fast jedem Thema, darunter vor allem die Abwehr von Rassismus, die Freiheit der Medien, die Durchsetzung der Gleichberechtigung von Frauen und Männern, die Abwehr von Gewalt gegen Frauen, Zwangsverheiratungen, Frauen- und Kinderhandel und ähnliche Straftaten. Aktuelle Themen sind die Abwehr der organisierten Kriminalität und des internationalen Terrorismus in den Mitgliedsstaaten.

Der Europarat hat zur Erreichung seiner Ziele eine Reihe von Konventionen und anderen Dokumenten beschlossen. Die wichtigste Konvention ist die Europäische Konvention zum Schutze der Menschenrechte und Grundfreiheiten (Europäische Menschenrechtskonvention, EMRK), die 1953 in Kraft trat.

Die Überwachung der Einhaltung der EMRK oblag zunächst einer Kommission. 1959 wurde der Europäische Gerichtshof für Menschenrechte (EGMR) geschaffen, der seinen Sitz ebenfalls in Straßburg hat und Klagen auf Verletzung von Garantien aus der EMRK prüft. Seit 1998 ist der Gerichtshof der oberste Hüter der EMRK.

Die beiden Amtssprachen des Europarates sind Englisch und Französisch. Interne Arbeitssprachen sind hierneben auch Deutsch, Italienisch und Russisch. Viele Texte und Dokumente des Europarates sind auch in weiteren Sprachen verfügbar. Das Gesamtbudget des Europarates lag 2007 bei insgesamt gut 197 Millionen Euro.

3.1.1 Der Europarat im Überblick

Der Europarat stützt seine Tätigkeit auf drei politische Entscheidungsgremien. Dies sind das Ministerkomitee (Committee of Ministers), die Parlamentarische Versammlung (Parliamentary Assembly) und der Kongress der Gemeinden und Regionen Europas (Congress of Local and Regional Authorities). Zur administrativen Unterstützung verfügt der Europarat über einen Verwaltungsstab, das Generalsekretariat.

Das Ministerkomitee ist das oberste Entscheidungsorgan des Europarates und sein intergouvernementales Diskussionsforum. Es setzt sich aus den Außenministern der Europarat-Staaten zusammen und tagt einmal jährlich auf Ministerebene. Der Vorsitz rotiert alle sechs Monate zwischen den Außenministern. Eine »Präsidentschaft« dauert von Mai bis November bzw. von November bis Mai. Seit November 2007 nimmt die Slowakische Republik den Vorsitz ein.

Außerhalb der Treffen auf Ministerebene wird die politische Arbeit des Ministerkomitees durch die Treffen der Ständigen Vertreter der Europarat-Staaten beim Europarat fortgeführt. Die Ständigen Vertreter tagen einmal wöchentlich in Straßburg und leisten die Hauptarbeit zur Vorbereitung der Sitzungen des Ministerkomitees sowie zur kontinuierlichen Entwicklung des Europarates.

Die parlamentarische Versammlung des Europarates versteht sich als »demokratisches Gewissen Europas«. Ihre 318 Mitglieder stammen aus den nationalen Parlamenten der Europarat-Staaten und werden nicht direkt gewählt. Jeder Mitgliedsstaat ist, im Verhältnis zu seiner Bevölkerungszahl, im Plenum mit bis zu 18 Abgeordneten vertreten. Die Abgeordneten haben sich nach parteipolitischer Zugehörigkeit zu fünf »Fraktionen« zusammengeschlossen; einige Abgeordnete sind fraktionslos.

Die parlamentarische Versammlung tagt vierteljährlich in Straßburg und wählt aus ihrer Mitte einen Präsidenten für eine Amtszeit (Mandat) von traditionsgemäß drei aufeinander folgenden Mandaten von einem Jahr. Der derzeit amtierende Präsident ist der Niederländer René van der Linden. Die Parlamentarische Versammlung wählt auch den Generalsekretär des Europarates, dessen Stellvertreter, die Richter des Europäischen Gerichtshofs für Menschenrechte sowie den Menschenrechtskommissar des Europarates.

Gemeinsam mit dem Ministerrat überwacht die Parlamentarische Versammlung die Einhaltung der Werte und Pflichten des Europarates und die Umsetzung seiner Maßnahmen. Dazu zählt auch die Umsetzung der Urteile des Europäischen Gerichtshofs für Menschenrechte. Die Parlamentarische Versammlung ist zudem vor der Aufnahme neuer Mitgliedsstaaten zu konsultieren. Das letzte Wort hierüber hat allerdings das Ministerkomitee.

Als »Stimme« der Regionen und Gemeinden verfügt der Europarat über den Kongress der Gemeinden und Regionen. Der Kongress existiert seit 1994 und ging aus der Ständigen Konferenz der Gemeinden und Regionen Europas hervor. Der Kongress tagt in zwei Kammern, einer Kammer der Gemeinden und einer Kammer der Regionen. Beide Kammern setzen sich aus Vertretern der rund 200.000 kommunalen und regionalen Gebietskörperschaften in den Mitgliedsstaaten des Europarates zusammen.

Der Kongress tagt einmal jährlich und berät das Ministerkomitee und die Parlamentarische Versammlung in allen Angelegenheiten der Kommunal- und Regionalpolitik. Seine vier Fachausschüsse bereiten die Tagungen des Kongresses und alle Stellungnahmen vor. Der Kongress verfügt zudem über einen Ständigen Ausschuss, der zweimal jährlich tagt und die Kontinuität und Kohärenz der Arbeit des Kongresses sichert.

Das administrative Rückgrat des Europarates bildet das Generalsekretariat, ebenfalls mit Sitz in Straßburg. Das Generalsekretariat untersteht einem Generalsekretär und beschäftigt derzeit etwa 1.800 Mitarbeiter aus allen Mitgliedsstaaten des Europarates. Es gliedert sich in die Büros des Generalsekretärs, derzeit Terry Davis, und der stellvertretenden Generalsekretärin (Private Office of the Secretary General and the Deputy Secretary General) sowie zehn Direktorate oder Generaldirektorate:

Direktorat
- Kommunikation und Recherche (DCR)
- Strategische Planung (DSP)
- Protokoll (Directorate of Protocol)
- Interne Haushaltsprüfung/Audit

Generaldirektorat
- Politische Angelegenheiten (DGAP)
- Rechtsangelegenheiten (DG I)
- Menschenrechte (DG II)
- Soziale Kohäsion (DG III)
- Bildung, Kultur & Kulturerbe, Jugend & Sport (DG IV)
- Verwaltung und Logistik (DGAL).

Das Generalsekretariat stellt auch die Bediensteten für das Sekretariat des Ministerkomitees (SecCM), das Sekretariat der Parlamentarischen Versammlung und das Sekretariat des Kongresses der Gemeinden und Regionen. Alle drei Sekretariate sind dem jeweiligen Organ des Europarates angegliedert und dienen dessen direkter Unterstützung. Die Bediensteten dieser Sekretariate sind jedoch beim Generalsekretariat beschäftigt.

Zum Generalsekretariat zählen auch das Büro des Menschenrechtskommissars des Europarates und die Kanzlei des Europäischen Gerichtshofs für Menschenrechte. Der Europäische Gerichtshof für Menschenrechte ist zwar im Hinblick auf seine juristische Tätigkeit ein autonom handelndes internationales Gericht, seine Verwaltung ist jedoch in großen Teilen mit der des Europarates verwoben. Auch die Rekrutierung von Bediensteten für den Verwaltungsbereich des Gerichtshofs erfolgt durch das Generalsekretariat des Europarates. Der Europäische Gerichtshof für Menschenrechte verfügt daher über keinen eigenen Verwaltungsstab im eigentlichen Sinne, sondern ist administrativ »Teil« des Europarates. Die internationalen Bediensteten des Gerichtshofs stehen dabei fachlich-inhaltlich ausschließlich in der Pflicht des Gerichtshofs.

Der Europäische Gerichtshof für Menschenrechte (→ E.) ist das wichtigste Instrument des Europarates zum Schutz der Menschenrechte und Grundfreiheiten. Im Rahmen seiner Jurisdiktion kann er von jedem angerufen werden, der sich in seinen gemäß der Menschenrechtskonvention verbürgten Grundfreiheiten oder Menschenrechten durch einen Mitgliedsstaat des Europarates verletzt sieht.

Der Gerichtshof verfügt dazu über einen Spruchkörper, der von Verwaltungsbediensteten unterstützt wird. Jeder Mitgliedsstaat des Europarates, der die Menschenrechtskonvention und ihre Zusatzprotokolle ratifiziert hat, entsendet je einen Richter an den Gerichtshof. Derzeit setzt sich der Gerichtshof aus 45 Richtern zusammen, die ihr Amt in völliger Unabhängigkeit ausüben.

Die Richter tagen in Ausschüssen und Kammern von verschiedener Größe. Über Fälle, die für die Auslegung der Menschenrechtskonvention von besonderer Bedeutung sind, tritt die aus 17 Richtern bestehende große Kammer zusammen. Der amtierende Präsident des Gerichtshofs ist der Franzose Jean-Paul Costa.

Die Hauptaufgabe des Gerichtshofs besteht darin, die Einhaltung der Garantien aus der Menschenrechtskonvention in allen Staaten zu gewährleisten, die diese Konvention ratifiziert haben. Dazu prüft der Gerichtshof in erster Linie Individualbeschwerden (*applications*). Vereinzelt rufen auch Staaten den Gerichtshof an. Stellt der Gerichtshof fest, dass der beklagte Staat Garantien aus der Menschenrechtskonvention verletzt hat, fällt er ein Urteil.

Alle Urteile des Gerichtshofs sind bindend und verlangen von dem betroffenen Staat, dass der Richterspruch umgesetzt und bei künftigen Handlungen berücksichtigt wird. Die Umsetzung der Urteile überwachen das Ministerkomitee und die Parlamentarische Versammlung, die gegen Staaten, die die Umsetzung eines Urteils verweigern, politische Sanktionen verhängen können.

3.1.2 Der Europarat als Arbeitgeber

Das Generalsekretariat des Europarates rekrutiert seine Bediensteten aus allen Mitgliedsstaaten und für alle Direktorate und Büros. Das breite Themenfeld des Europarates schafft Bedarf an den verschiedensten Fachhintergründen. Besonders gefragt sind Menschenrechte, Medien und Demokratie, rechtliche Zusammenarbeit, soziale und wirtschaftliche Angelegenheiten, Gesundheit, Bildung und Ausbildung, Kultur, Sport, Jugend, Lokal- und Regionalpolitik, Umwelt, Verwaltung, Finanzangelegenheiten, elektronische Datenverarbeitung, Dokumentation, Information und Öffentlichkeitsarbeit.

Der Europarat ordnet seine Bediensteten vier Dienstkategorien zu (A, B, C, L). Die Dienstkategorie A entspricht der vergleichbaren »professional category«. Etwa ein Drittel aller Bediensteten des Generalsekretariats sind »A grades«. Sie beginnen ihre Laufbahn in aller Regel als Junior Officer (A1/A2) und können bis zur Dienststufe des Generaldirektors (A7) aufsteigen.

Dienstkategorien beim Europarat			
Kategorie (»grade«)	A (Professionals)	B (Support staff)	L (Linguists)
Einstieg	A1–A2 (Junior officer)	B1–B3 (Other grade)	C (Manual staff)
Aufstieg	Bis A7 (Director General)	B4–B6 (Upper B grades)	

Bedienstete in der Kategorie A werden beim Europarat in erster Linie als Verwaltungsbeamte (*administrative officer*) tätig. Der konkrete Einsatz erfolgt in einem der Direktorate des Generalsekretariats, in einem der Büros oder in den Sekretariaten der Organe des Europarates. Die Mehrheit der Bediensteten wird in Straßburg eingesetzt. Der Europarat unterhält zudem Büros in Paris und in Brüssel.

Für Studierende in höheren Semestern und für Absolventen, die über keine oder wenig Berufserfahrung verfügen, bietet der Europarat ein Praktikumsprogramm (→ E.) an. Diese Praktika sind sehr begehrt: Auf die circa 225 Praktikumsplätze, die jährlich vergeben werden können, gingen 2006 über 2.000 Bewerbungen ein.

Der Europarat rekrutiert dreimal jährlich Praktikanten zu festen Terminen. Derzeit laufen die Praktika von Januar bis März, von April bis Juni und von September bis Dezember. Praktikanten werden ausschließlich in der Verwaltung eingesetzt und dort in allen Bereichen.

Die wichtigste Bewerbungsvoraussetzung ist die Staatsangehörigkeit eines der Europarat-Staaten. Bewerber sollten zudem das sechste Semester ihres Studiums abgeschlossen haben und sehr gute Englisch- oder Französischkenntnisse mitbringen. Sehr gute Kenntnisse beider Sprachen erhöhen die Erfolgschancen.

Wer Interesse hat, bewirbt sich per E-Mail oder per Post beim Praktikumsbüro des Europarates. Dazu ist ein Bewerbungsformular einzureichen, das auf der Website des Europarates verfügbar ist. Verspätete Bewerbungen werden nicht berücksichtigt, ebenso wenig unvollständige oder formfehlerhafte Bewerbungen. Die Auswahl der Kandidaten wird von der Personalabteilung im Generalsekretariat koordiniert. In die Auswahl sind auch die Direktorate bzw. Sekretariate eingebunden, die die Praktikumsplätze angeboten haben. Wer Erfolg hat, erhält ein Praktikumsangebot. Das Praktikum wird nicht vergütet.

Praktikanten haben auch Zugang zu Sitzungen und Verhandlungen des Europarates und sollen dessen Struktur und Arbeitsweise kennenlernen. Die Mehrheit der Praktikanten wird in Straßburg tätig, Einsatzorte können jedoch auch die Büros des Europarates sein.

Der Europäische Gerichtshof für Menschenrechte rekrutiert Praktika für seine Kanzlei. Diese Praktikumsplätze eignen sich aufgrund der

Materie in erster Linie für Absolventen von juristischen Studiengängen. Zu den Bewerbungsvoraussetzungen zählt ein abgeschlossenes Studium der Rechtswissenschaften, möglichst mit einer Spezialisierung auf Menschenrechtsfragen.

Anders als der Europarat setzt der Europäische Gerichtshof für Menschenrechte voraus, dass der Hochschulabschluss bereits vorliegt. Das Praktikumsangebot ist somit für Studierende nicht geeignet. Promotions- oder Ph. D.-Kandidaten mit einem entsprechenden Studienschwerpunkt sind hingegen willkommen.

Die Einsatzmöglichkeiten für die Praktikanten sind auf die Kanzlei des Gerichtshofs beschränkt und die Anzahl der Praktikumsplätze ist begrenzt. Die Bewerbung erfolgt über das Praktikumsbüro des Europarates (→ E.), das auch die Auswahl der Bewerber und die Anstellung vornimmt.

Wer sich bewerben möchte, sollte in der Bewerbung deutlich herausstellen, dass ein Praktikum in der Kanzlei des Gerichtshofs gewünscht wird. Abgesehen von den fachlichen Anforderungen gelten für Praktika in der Kanzlei des Europäischen Gerichtshofs für Menschenrechte ansonsten die gleichen Voraussetzungen und Fristen wie für Praktika beim Europarat.

Der Europarat vergibt neben Praktikumsplätzen Dauerstellen und befristete Verträge (→ E.). Für beides gilt: Der Europarat sucht Kandidaten mit exzellentem Potenzial, einem hohen Maß an Effektivität und Integrität. Die Personalgewinnung erfolgt nach dem Leistungs- und Eignungsprinzip und im Sinne einer ausgeglichenen nationalen Verteilung der Bediensteten.

Der Europarat rekrutiert nur Staatsangehörige seiner Mitgliedsstaaten. Bedienstete der Kategorie A müssen zudem über einen Hochschulabschluss verfügen, der zum Eintritt in den höheren Verwaltungsdienst ihres Heimatlandes berechtigen würde. Dies ist in aller Regel ein Diplom oder ein Masterabschluss. Einschlägige Berufserfahrung ist von Vorteil und kann für einzelne Auswahlverfahren vorausgesetzt werden. Weitere Bewerbungsvoraussetzungen sind fließende Englisch- oder Französischkenntnisse und gute Kenntnisse der anderen Sprache. Erfahrung in einer internationalen Organisation oder in einer Regierungsinstitution ist gern gesehen.

Alle Auswahlverfahren und alle offenen Stellenausschreibungen werden auf der Website des Europarates angekündigt und finden sich auch in den Datenbanken des Auswärtigen Amtes. Der Europarat berücksichtigt nur Bewerbungen auf konkrete Ausschreibungen, Initiativbewerbungen sind aussichtslos.

Wie die meisten internationalen Organisationen hat auch der Europarat sein Bewerbungsverfahren auf Online-Bewerbungen umgestellt. Für einzelne Auswahlverfahren können besondere Bewerbungsmodalitäten gelten, über die der Europarat ausführlich informiert. Wer eine interessante Stelle entdeckt hat, wird – sofern keine besonderen Modalitäten gelten – über die Website des Europarates direkt zum virtuellen Rekrutierungsportal geführt.

Die Bediensteten für Dauerstellen werden ausschließlich über ein Auswahlverfahren (*competitive examination*) rekrutiert, das je nach Bedarf ausgeschrieben wird. Befristete Stellen werden regelmäßig ausgeschrieben und ebenfalls über ein Auswahlverfahren besetzt. Alle Ausschreibungen finden sich auf der Website des Europarates und in den Datenbanken des Auswärtigen Amtes.

Auswahlverfahren können auf Mitgliedsstaaten begrenzt sein, die im Generalsekretariat des Europarates nicht oder »unterrepräsentiert« sind. Dauerstellen werden dabei in aller Regel auf der Einstiegsebene (A1/A2) besetzt. Hierneben kann das Generalsekretariat auch spezielle Verfahren (*specific competition*) ausschreiben, um gezielt Personal für höhere Dienstkategorien zu rekrutieren.

Der Europarat setzt für jedes Auswahlverfahren einen Auswahlausschuss (*appointments board*) ein, der sich aus Bediensteten des Generalsekretariats zusammensetzt und das gesamte Verfahren koordiniert. Der Auswahlausschuss nimmt aus allen fristgerecht eingegangenen und zulässigen Bewerbungen zunächst eine Vorauswahl vor und lädt diese Bewerber zu einem Auswahltest ein. Der Auswahltest findet in Straßburg und anderen europäischen Städten statt sowie vereinzelt im außereuropäischen Ausland.

Wie ähnliche Verfahren besteht der Auswahltest des Europarates aus mehreren Einzeltests, in denen das Fachwissen der Kandidaten, analytische Fähigkeiten und »drafting skills« abgeprüft werden. Die Kandidaten, die am besten abgeschnitten haben, werden zu einem persönlichen

Auswahlgespräch (Interview) eingeladen, das vor dem Auswahlausschuss stattfindet und etwa 30 Minuten dauert. Das Interview kann um weitere Tests ergänzt werden.

Die Verfahrenssprache für den schriftlichen Test ist Englisch oder Französisch, ebenso für das Interview. Das Interview ist der vorletzte Schritt der Kandidatenauswahl. Im Anschluss an die Interviews unterbreitet der Auswahlausschuss dem Generalsekretariat eine letzte »shortlist«, auf deren Basis die Endauswahl der Kandidaten vorgenommen wird.

Erfolgreiche Kandidaten erhalten ein Angebot für einen befristeten Vertrag oder für eine unbefristete Stelle. Unbefristete Stellen sind an eine Probezeit von zwei Jahren gebunden. Kandidaten, die vom Auswahlausschuss vorgeschlagen wurden, denen jedoch kein Angebot unterbreitet werden konnte, gelangen auf eine Reserveliste, die zwei Jahre gültig bleibt. Das gesamte Auswahlverfahren nimmt von der Ausschreibung bis zur Einstellung mindestens sechs Monate in Anspruch.

Der Europäische Gerichtshof für Menschenrechte beschäftigt »A grades« in erster Linie als Rechtsexperten (*legal officer*) in seiner Kanzlei. Juristen sind deren administratives Rückgrat: Von den etwa 500 Bediensteten der Kanzlei sind etwa 40 Prozent Juristen. Etwa die Hälfte aller Bediensteten der Kanzlei ist unbefristet beschäftigt. Der Chef der Kanzlei wird vom Plenum der Richter ernannt und ist dem Präsidenten des Gerichtshofs unterstellt.

Aufgrund der engen institutionellen Bindung des Gerichtshofs an den Europarat stehen die Bediensteten der Kanzlei beim Europarat unter Vertrag. Entsprechend finden sich offene Stellenausschreibungen beim Gerichtshof auf der Website des Europarates (→ E.), dessen Personalabteilung auch die Personalauswahl vornimmt. Die Bewerbung erfolgt über das virtuelle Rekrutierungsportal des Europarates.

Der Europäische Gerichtshof für Menschenrechte ist zur Besetzung von Positionen der Dienstkategorie A an Rechtsanwälten und Graduierten rechtswissenschaftlicher Studiengänge interessiert. Eine Spezialisierung auf Menschen- und Individualrechtsfragen ist sehr erwünscht und kann eine Bewerbungsvoraussetzung sein. Fließende Englisch- oder Französischkenntnisse werden vorausgesetzt, fließende Kenntnisse beider Sprachen sind von Vorteil.

Zur Rekrutierung qualifizierter Nachwuchsjuristen hat der Europäische Gerichtshof für Menschenrechte ein spezielles Nachwuchsprogramm entwickelt: das Young Lawyers' Scheme (→ E.). Die Young Lawyers unterstützen den Gerichtshof in seinen Bemühungen, die zunehmende Anzahl an Beschwerden möglichst zügig abzuwickeln.

Die Young Lawyers erhalten dabei die Möglichkeit, in die Arbeit eines internationalen Gerichtshofes einzusteigen und grundlegende Erfahrungen zu sammeln, die die eigene »internationale« Karriere stark befördern können.

Die wichtigsten Bewerbungsvoraussetzungen auch für das Young Lawyers' Scheme sind die Staatsangehörigkeit eines der Europarat-Staaten sowie ein juristischer Hochschulabschluss. Der Abschluss muss in einem der Mitgliedsstaaten des Europarates abgelegt worden sein und sollte einen Schwerpunkt auf Fragen des Menschen- oder des Individualrechtsschutzes beinhalten. Erste Berufserfahrung ist von Vorteil. Fließende Englisch- und insbesondere Französischkenntnisse werden bei den Young Lawyers ebenfalls erwartet.

Positionen im Rahmen des Young Lawyers' Scheme werden nach Bedarf ausgeschrieben und finden sich ebenfalls auf der Website des Europarates. Die Positionen können für Angehörige einzelner Mitgliedsstaaten »reserviert« sein, denn auch der Europäische Gerichtshof für Menschenrechte erstrebt eine ausgeglichene nationale Verteilung seiner Bediensteten.

Wer eine geeignete Stelle entdeckt hat, bewirbt sich über das virtuelle Bewerbungsportal des Europarates. Vor der Aufnahme als Young Lawyer ist ein schriftlicher Auswahltest zu bestehen. Young Lawyers steigen als »Junior Lawyers« ein und erhalten einen befristeten Vertrag von zunächst einem Jahr. Wer die Leistungserwartungen erfüllt, erhält einen Anschlussvertrag und kann nach zwei Jahren zum »Assistant Lawyer« befördert werden.

Young Lawyers werden mit ähnlichen Tätigkeiten betraut wie die dauerhaft beschäftigten Juristen in der Kanzlei des Gerichtshofes. Ihr Verantwortungsbereich steigt mit zunehmender Erfahrung. Die Verträge im Rahmen des Young Lawyers' Scheme werden für eine Dauer von insgesamt maximal vier Jahren vergeben, danach können sich die Young Lawyers auf eine unbefristete Stelle bewerben.

3.2 Die Organisation für wirtschaftliche Zusammenarbeit und Entwicklung

> The OECD helps governments to foster prosperity
> and fight poverty through economic growth, financial stability,
> trade and investment, technology, innovation, entrepreneurship
> and development co-operation.
> *Aus der Selbstdarstellung der OECD*

Die Organisation für wirtschaftliche Zusammenarbeit und Entwicklung (Organisation for Economic Co-operation and Development, OECD) (→ E.) wurde 1961 gegründet und ging aus der Organisation für Europäische wirtschaftliche Zusammenarbeit (Organisation for European Economic Co-operation, OEEC) hervor. Die OEEC entstand 1947, um die europäischen Länder in die Verwendung der Mittel aus dem »European Recovery Program« (Marshall-Plan) einzubinden.

Die OECD hat ihren Hauptsitz in Paris. Derzeit gehören ihr 30 Mitgliedsstaaten an, darunter die Mehrheit der EU-Staaten, die EFTA-Staaten Island, Norwegen und die Schweiz, sowie Kanada, die USA, Australien, Japan und Korea. Da diese Staaten ohne Ausnahme Industrienationen sind, wird die OECD auch als Organisation der »Ersten Welt« bezeichnet. Alle OECD-Staaten sehen sich den Grundsätzen der pluralistischen Demokratie und der Marktwirtschaft verpflichtet.

Die OECD sieht ihre »Mission« darin, das Wirtschaftswachstum in ihren Mitgliedsstaaten zu befördern und den Lebensstandard in diesen Ländern nachhaltig zu steigern. Dazu setzt sie sich für finanzielle Stabilität und die Entwicklung der Weltwirtschaft ein. Zugleich sieht sich die OECD dazu verpflichtet, die wirtschaftliche Entwicklung in anderen Ländern zu unterstützen und zum weltweiten Handelswachstum auf einer multilateralen und diskriminierungsfreien Basis beizutragen.

Entsprechend ihrer breiten Zielsetzung sind die Themen der OECD im Einzelnen sehr vielfältig und umfassen fast alle Fragen mit sozio-ökonomischem Bezug, darunter die Überalterung der Gesellschaft, Bildung und Ausbildung, Innovation und Technologie, Beschäftigung, Sozialpolitik, Migration, Korruptionsbekämpfung und gute Regierungsführung, Biotechnologie, Wettbewerb, Energie, Unternehmen, Industrie und Dienstleistungen, Finanzmärkte, Umwelt, Gesundheit, Versicherungen, Handel und Transport.

Die OECD beobachtet die Entwicklungen in ihren Themenfeldern ständig und erstellt auf dieser Basis Analysen und Zukunftsprognosen. Sie versteht sich zugleich als die weltweit zuverlässigste Quelle für vergleichbare Statistiken, ökonomische und soziale Daten. In der Öffentlichkeit ist die OECD insbesondere durch ihre Studien zu aktuellen Themen bekannt, darunter zum Beispiel die Studie zur Internationalen Schulleistung (»PISA-Studie«).

Obgleich ihr nur Industrienationen angehören, versteht sich die OECD als global agierender Partner. Sie kooperiert mit den Regierungen von über 70 Ländern sowie mit zahlreichen NGOs und anderen Organisationen der Zivilgesellschaft. Die beiden offiziellen Sprachen der OECD sind Englisch und Französisch.

3.2.1 Die OECD im Überblick

Die OECD arbeitet auf politischer Ebene wie eine ständig tagende Konferenz von Politikern, anderen Entscheidungsträgern und Experten. Ihre institutionelle Struktur ist vergleichsweise schlank. Das wichtigste Entscheidungsorgan ist der OECD-Rat. Der Rat tagt einmal jährlich auf Ministerebene und regelmäßig auf Ebene der Ständigen Vertreter der OECD-Staaten bei der OECD. An den Ratstagungen nimmt auch die Europäische Kommission durch einen Vertreter bzw. eine Delegation teil.

Zu den Arbeitssitzungen entsenden die OECD-Staaten in aller Regel eine Delegation unter Leitung ihres Ständigen Vertreters. Zur Vorbereitung der Treffen des Rates und zur Bearbeitung spezieller Fragestellungen hat die OECD zudem Ausschüsse, Arbeitsgruppen und Expertenrunden geschaffen. Derzeit existieren ungefähr 200 solcher Arbeitsgremien. Pro Jahr kommen nach Schätzungen der OECD etwa 40.000 leitende Beamte und Experten aus den einzelnen OECD-Staaten zusammen.

Zur Erfüllung sehr spezifischer Aufgaben hat die OECD Sonderorganisationen (assoziierte Organisationen) eingesetzt, die weitgehend autonom arbeiten. Dies sind: das Partnerschaftsforum für Afrika, das OECD-Entwicklungszentrum, das Zentrum für Forschung und Innovation im Bildungswesen (CERI), die Internationale Energieagentur (IEA), die Kernenergieagentur (NEA), der Sahel- und Westafrika-Club sowie die Europäische Konferenz der Verkehrsminister.

Die politischen Entscheidungsgremien der OECD stützen ihre Tätigkeit auf ein Generalsekretariat, das zugleich der »Verwaltungsunterbau« der OECD ist. Das Generalsekretariat ist einem Generalsekretär unterstellt und gliedert sich in verschiedene Büros und Direktorate. Der amtierende Generalsekretär ist der Mexikaner Angel Gurría.

Insgesamt beschäftigt die OECD in ihrem Generalsekretariat circa 2.500 internationale Bedienstete in allen Dienstkategorien und auf Planstellen oder auf befristeten Verträgen.

Die Büros und Direktionen des Generalsekretariats sind:
- Das Büro des Generalsekretärs
- Die interdisziplinäre Beratungseinheit (Advisory Unit on Multi-disciplinary Issues)
- Das Zentrum zur Kooperation mit Nichtmitgliedsstaaten
- Das Sekretariat des OECD-Rates
- Die Rechtsabteilung
- Das Büro des obersten Rechnungsprüfers (Office of the Auditor-General)
- Die Abteilung Programm- und Budgetplanung
- Das Direktorat für Entwicklungszusammenarbeit

Die Abteilungen für:
- Wirtschaftsfragen
- Bildung
- Beschäftigung, Arbeit und soziale Angelegenheiten
- Das Zentrum für Unternehmensfragen und lokale Entwicklung

Die Direktorate für:
- Umweltfragen
- Personalangelegenheiten
- Finanz- und Unternehmensangelegenheiten
- Öffentlichkeitsarbeit und Kommunikation
- Regierungsfragen und territoriale Entwicklung
- Forschung, Technologie und Industrie

- Statistik
- Das Zentrum für Steuerpolitik und Verwaltung
- Das Direktorat für Handel und Landwirtschaft.

3.2.2 Die OECD als Arbeitgeber

Die Dienstkategorien der OECD für internationale Bedienstete ähneln denen des Europarates. Insbesondere entspricht die Dienstkategorie A den Positionen der »professional category«. Von allen Bediensteten im Generalsekretariat der OECD sind etwa ein Drittel »A grades«.

Neben den »A grades« beschäftigt die OECD »support staff« insbesondere im Sekretariats- und Assistenzbereich. Zu den »B grades« zählen allerdings auch die Statistiker bei der OECD. Die Tätigkeit als Statistiker setzt eine einschlägige Ausbildung voraus und kann für Hochschulabsolventen durchaus interessant sein. Statistiker werden überwiegend lokal am Hauptsitz der OECD in Paris rekrutiert.

Dienstkategorien bei der OECD		
A grades (Professionals)	A7	Director
	A6	Deputy Director
	A5	Head of Division
	A4	Senior Economist/Senior Policy Analyst/ Principal Administrator
	A2/A3	Economist/Policy Analyst/Administrator
	A1	Young Professionals
B grades (Support staff)	Statistiker	
	Sekretärinnen/Assistenten	
L grades (Linguists)	Dolmetscher/Übersetzer	

Für Studierende in Postgraduiertenprogrammen, insbesondere in einem Promotionsstudium oder einem Ph. D.-Programm, bietet die OECD Praktika (→ E.) im Generalsekretariat und in den assoziierten Organisationen an. Zur besonderen Förderung deutscher Bewerber für OECD-

Praktika und zur Steigerung des deutschen Personalanteils bei dieser Organisation stand das Carlo-Schmid-Programm 2007 zudem im Zeichen der OECD.

Bewerben können sich Staatsangehörige der OECD-Staaten sowie Staatsangehörige von Ländern, die mit der OECD ein Partnerschaftsabkommen geschlossen haben. Die Bewerber müssen zudem immatrikuliert sein, außerdem muss die Studienordnung ein Pflichtpraktikum vorsehen.

Im Hinblick auf das Studien- oder Promotionsfach bevorzugt die OECD Studierende und Doktoranden der Wirtschaftswissenschaften und anderer Fachrichtungen, die den Themenfeldern der OECD entsprechen. Sehr gute Englisch- oder Französischkenntnisse werden erwartet, sehr gute Kenntnisse beider Sprachen sind von Vorteil.

Ein zentrales Praktikumsbüro existiert bei der OECD nicht. Die OECD kennt zudem keinen standardisierten Praktikumsturnus. Bewerbungen werden direkt an das Direktorat des Generalsekretariats oder an die jeweilige assoziierte Organisation, die am Profil des Bewerbers interessiert sein könnte, gerichtet. Die Bewerbung erfolgt per E-Mail. Die Kontaktadressen sind auf der Website der OECD verfügbar. Die Praktikumsbewerbung sollte frühzeitig erfolgen und an die Direktion oder assoziierte Organisation gerichtet werden, in deren Themenfeld der Bewerber durch sein Studium, seine beruflichen oder seine berufspraktischen Erfahrungen Kenntnisse vorweisen kann.

Praktika bei der OECD sind unbezahlt. Der Einsatzort ist der Hauptsitz der OECD in Paris oder der Sitz der jeweiligen assoziierten Organisation. Die Dauer des Praktikums ist ebenso wie der Praktikumsbeginn individuell auszuhandeln. Praktikanten werden vor allem für Recherchetätigkeiten eingesetzt und arbeiten an Studien mit, sie erstellen Dokumente oder werten statistisches Material aus.

Für Top-Ökonomen hat die OECD ein Nachwuchsförderprogramm geschaffen, das auch den Einstieg bei der OECD befördern kann: das Young Professionals Programme (→ E.). Das Programm ähnelt dem Economist Program des IWF und richtet sich ausschließlich an Ökonomen. Zu den Bewerbungsvoraussetzungen zählt ein wirtschaftswissenschaftlicher Abschluss auf Graduierten-Niveau (Master oder Diplom), bei Spezialisierung auf eines der Themenfelder der OECD.

Ein Postgraduiertenabschluss (Promotion oder Ph. D.) mit einem relevanten Schwerpunkt ist bei der OECD ebenfalls willkommen und steigert die Erfolgschancen. Bewerber müssen zudem über fließende Englisch- oder Französischkenntnisse verfügen und die andere Sprache gut beherrschen.

Gute Chancen haben Kandidaten, die bereits über einschlägige Berufserfahrung verfügen, aus Sicht der OECD auch gerne in der einschlägigen Forschung und Wissenschaft. Internationale Erfahrung, zum Beispiel durch ein Praktikum während des Studiums oder während der Postgraduiertenausbildung, wird ebenfalls vorausgesetzt.

Das Young Professionals Programme hat eine Dauer von zwei Jahren und wird nur alle zwei Jahre ausgeschrieben. Die letzte Ausschreibung erfolgte Ende 2007. Wer Interesse hat, sollte sich zunächst mit den Bewerbungsvoraussetzungen vertraut machen. Die Bewerbung sollte zudem sorgfältig vorbereitet werden, denn das Young Professionals Programme ist sehr begehrt: Auf die sieben verfügbaren Plätze gehen bis zu 2.500 Bewerbungen ein.

Die OECD berücksichtigt ausschließlich vollständige und fristgerecht eingegangene Bewerbungen. Nur die erfolgreichen Kandidaten werden benachrichtigt. Qualifizierte und geeignete Bewerber gelangen auf die »shortlist« für ein Vorauswahlverfahren, das ein Gespräch und Tests beinhaltet. Die Auswahlgespräche beginnen ab Februar des Folgejahres, die Endauswahl erfolgt bis April/Mai.

Young Professionals werden am Hauptsitz der OECD tätig und durchlaufen zwei verschiedene Arbeitseinsätze. Die Teilnahme am Young Professionals Programme wird vergütet und die Leistungsanforderungen sind hoch. Dafür erwarten die Teilnehmer sehr gute Karriereperspektiven: Im Anschluss an die Programmlaufzeit bestehen gute Chancen auf eine Übernahme.

Die OECD schreibt nach eigenen Angaben zudem fast jede Woche offene Stellen (→ E.) aus. Pro Jahr werden 90 bis 100 Stellen für »A grades« frei. Eine zentrale Laufbahn-Rekrutierung aufgrund eines allgemeinen Auswahlverfahrens existiert nicht. Offene Stellenausschreibungen finden sich auf der Website der OECD und in den Datenbanken des Auswärtigen Amtes. Alle Ausschreibungen sind etwa vier Wochen verfügbar.

Die Grundvoraussetzung für eine Tätigkeit bei der OECD ist die Staatsbürgerschaft eines der OECD-Staaten. Die OECD erstrebt eine ausgeglichene nationale Herkunft ihrer Bediensteten, nationale Margen existieren jedoch nicht.

Offene Stellenausschreibungen richten sich in erster Linie an Ökonomen und andere Experten, die auf eines der Themenfelder der OECD spezialisiert sind. Besonders gefragt sind Mikro- und Makroökonomik, Statistik, Umweltfragen, wirtschaftliche Zusammenarbeit, Public Management, Handel, Finanz- und Fiskalpolitik, Unternehmenspolitik, Forschungs-, Technologie- und Industriepolitik sowie Bildungspolitik.

Die OECD ist an sehr gut ausgebildeten Akademikern interessiert. Ein relevanter Abschluss auf Graduierten-Niveau (Master oder Diplom) zählt in aller Regel zu den Mindestvoraussetzungen. Eine Promotion oder ein Ph. D. sind häufig erwünscht. Fast alle Stellenausschreibungen setzen zudem einschlägige Berufserfahrung voraus.

Die OECD hat genau definiert, wie viele Jahre an Berufserfahrung für die einzelnen Dienstkategorien erforderlich sind. Die OECD rekrutiert dabei bevorzugt Kandidaten, die mindestens fünf Jahre Berufserfahrung mitbringen und bereits in einer internationalen Organisation oder in einer Regierungsorganisation tätig waren.

Mindest-Berufserfahrung (A grades) bei der OECD		
A2/A3	A4	A5
Mindestens 3, besser 5 Jahre	Mindestens 10 Jahre, Leitungsfunktionen	Langjährig mit Leitungs- und Führungsfunktionen, Leitung von Ausschüssen/Arbeitsgruppen

Bewerber sollten zudem sehr gute analytische Kenntnisse mitbringen sowie fließende Englisch- oder Französischkenntnisse. Weitere Sprachkenntnisse sind von Vorteil, ebenso Management- oder Führungserfahrung. Einschlägige Auslandserfahrung während des Studiums oder durch berufliche Tätigkeiten ist für fast alle Positionen ein »Muss«.

Wer eine interessante Stelle entdeckt hat, bewirbt sich online über das virtuelle Bewerbungsformular der OECD. Der Bewerbung ist ein Lebenslauf (CV) anzuhängen. Die Auswahl nimmt einige Zeit in

Anspruch und beinhaltet für qualifizierte Kandidaten mindestens ein Interview.

OECD-Neueinsteiger erhalten in aller Regel einen befristeten Vertrag, der nach drei Jahren in eine Dauerstelle umgewandelt werden kann. Befristete Verträge sind auch bei der OECD »im Trend«: Die durchschnittliche Vertragsdauer beträgt zwei bis drei Jahre.

3.3   Die Organisation für Sicherheit und Zusammenarbeit in Europa

> With 56 participating States from Europe,
> Central Asia and North America,
> the Organization for Security and Co-operation
> in Europe forms the largest regional security organization in the world.
> *Aus der Selbstdarstellung der OSZE*

Die Organisation für Sicherheit und Zusammenarbeit in Europa (OSZE) (→ E.) versteht sich als regionale Sicherheitsorganisation. Ihr Anspruch ist allerdings paneuropäisch: Zu ihren 56 Mitgliedsstaaten zählen neben den 27 EU-Staaten und den EFTA-Staaten die USA, Kanada, die Russische Föderation und eine Reihe weiterer Staaten West- und Osteuropas sowie Zentralasiens. Die OSZE erreicht somit derzeit fast 1,2 Milliarden Menschen weltweit.

Die OSZE ging aus der Konferenz für Sicherheit und Zusammenarbeit in Europa (KSZE) hervor, die 1975 als multilaterales Forum zum Ost-West-Dialog gegründet wurde. Während des Kalten Krieges beschränkte sich die KSZE weitgehend auf Treffen und Konferenzen, in deren Rahmen die KSZE-Verpflichtungen entwickelt wurden.

1990 erhielt die KSZE ein neues Aufgabenspektrum: Sie sollte den historischen Wandel in Europa mitgestalten und wurde hierzu mit operativen Funktionen und mit ständigen Institutionen ausgestattet, insbesondere einem Sekretariat.

1994 stellten die KSZE-Staaten schließlich fest, dass die KSZE über ein reines Dialog- und Verhandlungsforum hinausgewachsen war und überführten sie in die Organisation für Sicherheit und Zusammenarbeit in Europa (OSZE), die ihren Hauptsitz in Wien hat. Die OSZE ist eine

Regierungsorganisation, die ihre Beschlüsse nach dem Konsensprinzip trifft, das heißt jede Maßnahme bedarf der Zustimmung aller OSZE-Staaten.

Die OSZE erstrebt die nachhaltige Sicherung von Stabilität, Demokratie und Wohlstand in ihren Mitgliedsstaaten. Sie versteht sich als Frühwarnsystem zur Konfliktprävention und als Organisation zum Krisenmanagement und zur Post-Konfliktrehabilitation. Dazu unterhält die OSZE derzeit 19 Missionen und Feldoperationen in Ost- und Südosteuropa, im Kaukasus und in Zentralasien.

Die Themen der OSZE sind im Einzelnen vielfältig und umfassen die Entmilitarisierung und die Stabilisierung von Krisenregionen, Maßnahmen zum Vertrauensaufbau, Grenzschutz, Schutz der Menschenrechte und von nationalen Minoritäten, Abwehr von Menschenhandel, Demokratisierung, Entwicklung von Rechtsstaatlichkeit, Aufbau und Erhalt einer guten Regierungsführung, Abwehr von Terrorismus, Wirtschaftsförderung und Umweltschutz.

Zu den zentralen Themen aus jüngster Zeit zählt die Bekämpfung der Ursachen des Frauen- und Mädchenhandels, einschließlich der Entwicklung von Rückführungsprogrammen. Die OSZE zählt zudem zu den wichtigsten Organisationen zur Wahlbeobachtung und zur Unterstützung von Staaten beim Aufbau rechtsstaatlicher und demokratischer Strukturen.

Zur Erfüllung ihrer Aufgaben kooperiert die OSZE eng mit den Regierungen von Partnerstaaten im Mittelmeerraum und in Asien, darunter Israel, Afghanistan, Japan und Südkorea, sowie mit NGOs und anderen Akteuren der Zivilgesellschaft. Auf internationaler Ebene arbeitet die OSZE häufig mit anderen internationalen Organisationen zusammen, darunter insbesondere die Vereinten Nationen, die Europäische Union, der Europarat und die NATO.

3.3.1 Die OSZE im Überblick

Die OSZE steuert ihre Tätigkeit von ihrem Hauptsitz in Wien aus. Das wichtigste politische Entscheidungsgremium der OSZE ist der Ministerrat. In seinem Rahmen treffen sich die Außenminister der OSZE-Teilnehmerstaaten einmal jährlich, um die Arbeit der OSZE zu evaluieren und neue Strategien festzulegen. Von Zeit zu Zeit werden Gipfeltreffen der Staats- und Regierungschefs anberaumt, um die Grundlagen der OSZE zu entwickeln. Gipfeltreffen werden nach Bedarf anberaumt: Das letzte Gipfeltreffen fand 1999 statt.

Der Vorsitz im Ministerrat wechselt jährlich und ging im Januar 2008 von Spanien auf Finnland über. Jeder OSZE-Staat entsendet zudem einen Ständigen Vertreter zur OSZE. Die Ständigen Vertreter kommen einmal wöchentlich zu Konsultationen und zur Beschlussfassung im Ständigen Rat zusammen. Der Ständige Rat ist das wichtigste politische Entscheidungsgremium unterhalb der Ebene des Ministerrates und gewährleistet die Kontinuität der Tätigkeit der OSZE.

Zur Wahrnehmung spezieller Aufgaben hat die OSZE drei Fachinstitutionen eingerichtet: das Büro für demokratische Institutionen und Menschenrechte mit Sitz in Warschau (ODIHR), das Büro des Hohen Kommissars für nationale Minderheiten mit Sitz in Den Haag und das Büro des Beauftragten für Medienfreiheit mit Sitz in Wien. Darüber hinaus kann der amtierende Vorsitz der OSZE jederzeit persönliche Beauftragte oder Sonderbeauftragte für spezielle Angelegenheiten benennen.

Ähnlich anderen internationalen Organisationen verfügt die OSZE über eine parlamentarische Versammlung, die einmal jährlich zu einer Hauptsitzung tagt. Die 320 Mitglieder der parlamentarischen Versammlung der OSZE sind Abgeordnete der nationalen Parlamente der OSZE-Teilnehmerstaaten. Sie kommen zusammen, um den inter-parlamentarischen Dialog innerhalb der OSZE zu fördern.

Das Sekretariat der OSZE ist deren »Verwaltungsunterbau« und hat seinen Sitz ebenfalls in Wien. Das Sekretariat koordiniert die politische Tätigkeit der OSZE und alle operativen Einsätze unter der Leitung des Generalsekretärs. Der Generalsekretär wird vom Ministerrat für eine Amtszeit von drei Jahren ernannt und ist zugleich der Vertreter des Vorsitzenden des Ministerrates. Der amtierende Generalsekretär ist der Franzose Marc Perrin de Brichambaut. Das Sekretariat unterhält neben dem Hauptsitz in Wien ein Büro in Prag und gliedert sich in zehn Abteilungen:
- Das Büro des Generalsekretärs

Die Abteilungen:
- Verwaltung und Finanzen
- Personal
- Ausbildung
- Die Abteilung zur Abwehr von Terrorismus (ATU)
- Die Abteilung zur Abwehr von Menschenhandel
- Die Abteilung zur Konfliktverhütung (CPC)
- Das Büro des Koordinators für wirtschaftliche und Umwelt-aktivitäten
- Die Abteilung für externe Zusammenarbeit
- Die Abteilung für strategische Polizeiaufgaben (SPMU).

3.3.2 Die OSZE als Arbeitgeber

Die OSZE ist keine Karriereorganisation, das heißt, eine Anstellung auf Lebenszeit existiert ebenso wenig wie eine Laufbahn. Alle Stellen bei der OSZE werden befristet vergeben und der regelmäßige Austausch der Bediensteten ist beabsichtigt. Der Schwerpunkt der Tätigkeit der OSZE ist zudem operativ: Wer für die OSZE arbeiten möchte, sollte zu Feld-einsätzen bereit sein.

Dieser Tätigkeitsschwerpunkt der OSZE spiegelt sich auch in der Mittelverteilung: Etwa drei Viertel des OSZE-Budgets fließen in Feld-einsätze und ähnliche Missionen. Entsprechend ist die Mehrheit der OSZE-Bediensteten »im Feld« tätig, während der Stabsbereich ver-gleichsweise klein ist: Von den insgesamt etwa 3.400 Bediensteten, die beim OSZE-Sekretariat beschäftigt sind, arbeiten circa 2.800 in Missio-nen und Feldeinsätzen.

Viele Missions- und Feldkräfte werden zudem lokal rekrutiert. Das Verhältnis liegt bei 4:1 der Ortskräfte zu den internationalen Bediens-teten. Das Sekretariat und die drei Fachinstitutionen beschäftigen etwa 500 internationale Bedienstete, das heißt etwa 15 Prozent der Gesamtbe-schäftigten. Wer für die OSZE tätig werden möchte, den erwartet somit ein befristeter Vertrag für eine Tätigkeit, die wahrscheinlich in einen Feldeinsatz führt und sicher ein beruflicher Lebensabschnitt bleibt.

Die OSZE bietet verschiedene Einstiegsmöglichkeiten für »profes-sionals« und schreibt regelmäßig offene Stellen aus. Die Einteilung der

Dienstkategorien entspricht der der Vereinten Nationen. Zudem wendet die OSZE das »common system« an. Für »professionals« bieten sich im Einzelnen vier Optionen: Praktika, das Junior Professional Officer Programme, Planstellen, die befristet vergeben werden (*contracted positions*) sowie Stellen für sekundierte Fachkräfte (*seconded positions*) und Wahlbeobachter (*election observers*).

Die OSZE bietet Praktikumsplätze in ihrem Sekretariat, in ihrem Büro in Prag sowie in ausgewählten Missionen und Feldoperationen (→ E.). Praktikanten im OSZE-Sekretariat können grundsätzlich in allen Abteilungen eingesetzt werden. Das Praktikum entspricht weitgehend dem Verwaltungspraktikum anderer internationaler Organisationen. Wer lieber Felderfahrung sammeln möchte, kann sich auch bei einigen der OSZE-Feldoperationen bewerben.

Aufgrund der Arbeitsbedingungen und des Gefahrenpotenzials eignen sich allerdings nicht alle Missionen und Feldoperationen der OSZE für Praktikanten. Derzeit akzeptieren die OSZE-Missionen in Albanien, Armenien, Bosnien und Herzegowina, im Kosovo, in Mazedonien, Moldawien, Serbien, in der Ukraine und in Kirgistan Praktikanten. Die Einsatzmöglichkeiten können variieren, daher sollten Bewerber die aktuellen Hinweise auf der Website der OSZE prüfen.

Bewerber für Praktika bei der OSZE müssen einen Hochschulabschluss vorweisen oder im letzten Jahr eines Master- oder Diplomstudiums immatrikuliert sein. Die Altersgrenze liegt bei 30 Jahren. Zudem werden sehr gute Englischkenntnisse erwartet, weitere Sprachkenntnisse sind von Vorteil. Für Missionen und Feldoperationen können weitere Kenntnisse und Fähigkeiten vorausgesetzt werden.

Praktika bei der OSZE dauern zwei bis sechs Monate und sind unbezahlt. Dies gilt auch für Praktika »im Feld«. Wer Interesse hat, bewirbt sich anhand des Bewerbungsformulars, das auf der Website der OSZE zum Herunterladen verfügbar ist. Zur Bewerbung ist zudem ein Motivationsschreiben einzureichen, ein Lebenslauf (CV) kann der Bewerbung zusätzlich beigefügt werden. Die Bewerbung kann per Post, per Fax oder per E-Mail übermittelt werden.

Ein zentrales Praktikumsbüro existiert auch bei der OSZE nicht. Bewerber wenden sich direkt an die Abteilungen des Sekretariats oder an die Missionen, die Praktikumsplätze zu vergeben haben. Eine aktuelle

Liste dieser Abteilungen oder Feldoperationen findet sich auf der Website der OSZE. Ein fester Bewerbungsschluss existiert nicht, jedoch sollten Bewerbungen mindestens drei Monate vor dem gewünschten Praktikumsbeginn bei der OSZE eingehen.

Um gezielt Nachwuchskräfte zu fördern, hat die OSZE 2006 erstmals das »Junior Professional Officer Programme« (→ E.) aufgelegt, das den Nachwuchsförderprogrammen anderer internationaler Organisationen ähnelt, zum Beispiel den Programmen der VN-Organisationen.

Das JPO-Programm der OSZE soll jungen Hochschulabsolventen einen umfassenden Einblick in die Arbeit der OSZE geben und diese an eine künftige Tätigkeit bei der OSZE oder bei anderen internationalen Organisationen heranführen.

Der erste Jahrgang des JPO-Programms wurde im Juni 2007 nach einer neunmonatigen Pilotphase verabschiedet. Die OSZE nahm im Anschluss eine Evaluation vor und hat sich dazu entschlossen, einen weiteren Jahrgang an Junior Professional Officers auszubilden. Die »Ausbildung« soll dabei stärker strukturiert werden und feste Stationen beinhalten: Nach einem dreimonatigen Training im OSZE-Sekretariat sollen alle Teilnehmer sechs Monate auf einer Mission oder in einer der Fachinstitutionen der OSZE eingesetzt werden. Der Bewerbungsschluss für das zweite Programmjahr 2007/08 endete am 27. August 2007. Die OSZE konnte für diesen Jahrgang sechs JPO-Positionen zur Verfügung stellen und war besonders an Kandidaten aus OSZE-Teilnehmerländern interessiert, die bei der OSZE als nicht oder unterrepräsentiert gelten.

Da sich das JPO-Programm der OSZE auch in seinem zweiten Jahr noch in einer »Probephase« befindet, sollten Interessenten die Entwicklung beobachten. Sofern das JPO-Programm fest etabliert wird, finden sich ab dem Sommer auf der OSZE-Rekrutierungsseite auch alle Details zur Bewerbung.

Deutsche Bewerber können grundsätzlich eine Empfehlung durch das ZIF erhalten. Für das Programmjahr 2007/08 war die Beschlusslage im Auswärtigen Amt allerdings, zugunsten von Bewerbern aus Staaten, die bei der OSZE nicht oder unterrepräsentiert sind, keine deutschen Bewerber für das JPO-Programm zu nominieren.

Die OSZE schreibt auf ihrer Rekrutierungswebsite (→ E.) alle offenen Stellen im Sekretariat aus. Wer für eine der Fachinstitutionen tätig werden möchte, sucht auf deren Website nach Stellen und bewirbt sich auch dort. Zu den Grundvoraussetzungen für erfolgreiche Bewerber auf »professional«-Positionen zählen ein relevanter Hochschulabschluss und Fachkenntnisse in dem ausgeschriebenen Feld.

Planstellen (*contracted positions*) werden in aller Regel nur an Kandidaten vergeben, die über einschlägige Berufserfahrung verfügen. Erfahrungen in internationalen Organisationen, in einschlägigen Abteilungen von Regierungsorganisationen oder »im Feld« sind bei der OSZE gern gesehen.

Die OSZE bevorzugt Bewerbungen online anhand des virtuellen Bewerbungsformulars. Bewerbungen per E-Mail oder per Post sind nur noch in Ausnahmefällen möglich und sollten vermieden werden. Die Auswahl der Bewerber erfolgt durch ein »shortlisting«. Im ersten Schritt werden alle fristgerecht eingegangenen Bewerbungen zunächst von der Personalabteilung und der Abteilung, die die Stelle ausgeschrieben hat, vorselektiert. Die Vorauswahl der Bewerber ist bei der OSZE vergleichsweise strikt: Die »shortlist« umfasst in aller Regel nur vier bis fünf Kandidaten.

Wer es auf eine solche »shortlist« geschafft hat, wird zu einem Interview eingeladen. Die endgültige Entscheidung trifft ein Auswahlausschuss, der sich aus Bediensteten der OSZE zusammensetzt. Nur die Kandidaten, die auf eine »shortlist« aufgenommen wurden, erhalten ein Feedback.

Etwa drei Wochen nach dem Interview ergeht die Entscheidung, wem das Angebot für die ausgeschriebene Stelle unterbreitet wird. Kandidaten, die eine Absage erhalten haben, sollten sich auf andere geeignete Positionen bei der OSZE bewerben, da ihr Profil offensichtlich zur OSZE passt.

Die Bediensteten auf »contracted positions« sind nicht zu verwechseln mit den Sekundierten (entsendeten) Fachkräften auf Feldeinsätzen (*seconded staff*) oder den Wahlbeobachtern (*election observers*) auf OSZE-Einsätzen, die nach einem speziellen Verfahren rekrutiert werden.

Sekundierte Fachkräfte (Sekundierungen/*seconded positions*) werden von den OSZE-Teilnehmerländern zu Feldeinsätzen entsendet und nehmen dort verschiedene operative Aufgaben wahr, einschließlich Aufgaben der Verwaltung und Führungsfunktionen.

Die sekundierten Fachkräfte werden von den Entsendestaaten finanziert, die daher auch die Personalauswahl vornehmen. Ähnliches gilt für die Wahlbeobachter bei der OSZE. Die Bewerbung erfolgt online anhand eines virtuellen Bewerbungsformulars. Bewerber werden von der Stellenausschreibung zum Bewerbungsformular geführt und wählen zunächst ihre Nationalität. Das ausgefüllte Formular wird sodann automatisch an die national verantwortlichen Stellen weitergeleitet – zumeist das Außenministerium –, das die Kandidaten auch bei der OSZE nominiert.

In Deutschland ist das ZIF für die Auswahl von sekundierten Fachkräften und von Wahlbeobachtern bei der OSZE zuständig. Deutsche Bewerber sollten daher zunächst mit dem ZIF Kontakt aufnehmen. Die allgemeinen Profilmerkmale für Friedensfachkräfte des ZIF entsprechen den Mindestkriterien für Einsätze bei der OSZE. Eine Nominierung durch das ZIF setzt zudem voraus, dass ein geeigneter Trainingskurs absolviert wurde. Wer vom ZIF nominiert wurde, kann nach interessanten Positionen in Feldoperationen der OSZE suchen.

3.4 Die North Atlantic Treaty Organization

> I see NATO, too, as an umbrella: for the people of this country,
> of all the 26 Allies, and for the international community more broadly.
> *Jaap de Hoop Scheffer am 5. September 2007 in London*

Die Nordatlantik-Organisation (North Atlantic Treaty Organization, NATO) (→ E.) zählt zu den internationalen Organisationen, die sich seit dem Ende des Ost-West-Konflikts am stärksten verändert haben. Gegründet als reines Militärbündnis, führt die NATO seit dem Ende des Kalten Krieges zunehmend »zivile« Projekte durch und bietet in diesem Bereich interessante Beschäftigungsmöglichkeiten.

Die NATO hat 26 Mitgliedsstaaten, darunter 22 EU-Staaten, Island, Norwegen, die Türkei, die USA und Kanada. Lange Zeit galt die NATO als »Gegenbündnis« zum Warschauer Pakt, der 1955, sechs Jahre nach der Unterzeichnung des Nordatlantikvertrages, begründet wurde. Viele ehemalige »Ostblock«-Staaten sind allerdings mittlerweile NATO-

Staaten, darunter Polen, Tschechien und Ungarn. Die Bundesrepublik Deutschland gehört der NATO seit 1955 an. Das wiedervereinigte Deutschland ist seit 1990 NATO-Mitglied.

Die NATO sieht sich bis heute als Allianz europäischer und nordamerikanischer Staaten zur Umsetzung der Ziele des Nordatlantik-Vertrags. Dieser Vertrag wurde seit 1949 nicht verändert, allerdings wird er heute anders interpretiert. Dies ermöglichte der NATO, ihre Tätigkeit an die weltweit veränderte sicherheitspolitische Lage anzupassen.

Seit den 1990er Jahren führt die NATO vermehrt Einsätze zur Krisenbewältigung durch, darunter auch militärische Operationen außerhalb des Territoriums der NATO-Staaten (*out-of-area-operations*). Neben ihrer Rolle als Sicherheitsorganisation tritt die NATO dabei seit dem Ende des Ost-West-Konflikts zunehmend als strategischer und operativer Partner in Einsätzen zur Friedenssicherung (*partnership for peace*) auf. Die zentralen Instrumente aus Zeiten des Kalten Krieges – Abschreckung und Verteidigung – treten zunehmend in den Hintergrund. Zudem wurde der Dialog mit früheren Gegnern gestärkt, vor allem besteht heute ein kooperatives Verhältnis zwischen der NATO und der Russischen Föderation.

Die NATO ist dennoch eine Regierungsorganisation geblieben und versteht sich als Forum zum Dialog und zur konsensorientierten Beschlussfassung. Die NATO-Mitgliedschaft steht grundsätzlich allen Staaten Europas offen, die bereit sind, die Ziele der NATO zu erfüllen. Zu den obersten Pflichten jedes NATO-Staates zählt dabei nach wie vor, Angriffe gegen ein NATO-Mitglied abzuwehren. Diese Solidaritäts- und Beistandspflicht ist das wichtigste Erbe der »alten« NATO.

3.4.1 Die NATO im Überblick

Im Hinblick auf die interne Struktur der NATO sind zwei Ebenen zu trennen: die integrierte Militärstruktur und die zivile Struktur der NATO. Die integrierte Militärstruktur umfasst die NATO-Kommandostruktur, die die NATO-Truppen »befehligt« und vor allem für die Planung, Vorbereitung und Ausführung von NATO-Operationen zuständig ist. Die zivile Struktur der NATO ist für alle administrativen

Belange und zur fachlich-inhaltlichen Unterstützung der NATO und ihrer Entscheidungsgremien zuständig.

Das wichtigste Entscheidungsgremium der NATO ist der Nordatlantikrat (North Atlantic Council, NAC). Der Nordatlantikrat tagt nach Bedarf auf der Ebene der Staats- und Regierungschefs der NATO-Staaten sowie zweimal jährlich auf der Ebene der Außen- bzw. der Verteidigungsminister. Jedes NATO-Mitglied entsendet zudem einen Ständigen Vertreter, der mit seinen Amtskollegen einmal wöchentlich zusammenkommt und die Kontinuität der Arbeit der NATO gewährleistet.

Der Nordatlantikrat befasst sich mit allen Fragen der Bündnispolitik, mit Ausnahme der Verteidigungsplanung und der Nuklearpolitik. Hierfür hat die NATO zwei spezielle Ausschüsse eingerichtet: den Ausschuss für Verteidigungsplanung (Defence Planning Committee) und die Planungsgruppe für Nuklearpolitik (Nuclear Planning Group). Dem Nordatlantikrat ist zudem der Militärausschuss der NATO unterstellt, der das höchste militärische Entscheidungs- und Beratungsgremium der NATO ist.

Die NATO unterhält keine eigenen Streitkräfte. Für ihre Einsätze stützt sie sich operativ auf die Mitgliedsstaaten. Hierzu verfügt die NATO über eine sogenannte integrierte Kommandostruktur (NATO Command Structure), die der politischen Führung der NATO und dem Militärausschuss untersteht. Der NATO-Kommandostruktur ist die Streitkräftestruktur der NATO (NATO Force Structure) unterstellt, die sich aus nationalen Streitkräften zusammensetzt.

Die NATO unterhält dabei multinationale Hauptquartiere, die in Europa dem Oberbefehl des »Supreme Allied Commander Europe« (SACEUR) unterstehen. Der SACEUR ist traditionell ein US-amerikanischer General, derzeit General Bantz John Craddock. Das Hauptquartier der europäischen NATO-Truppen (SHAPE) befindet sich in Mons in Belgien.

Für administrative Belange und zur fachlich-inhaltlichen Unterstützung ihrer politischen Entscheidungen verfügt die NATO über einen Stabsbereich, der sich ebenfalls an ihrem Hauptsitz in Brüssel befindet. Der Stabsbereich untersteht einem Generalsekretär, der von den NATO-Staaten ernannt wird und dem Nordatlantikrat, dem Verteidigungsplanungsausschuss und der Planungsgruppe für Nuklearpolitik vorsitzt. Der amtierende Generalsekretär ist der Niederländer Jaap de Hoop Scheffer.

Am Hauptsitz der NATO sind etwa 4.000 Beschäftigte tätig, darunter etwa 2.000 Bedienstete bei den nationalen Delegationen der NATO und militärisches »Personal«. Zudem arbeiten am Hauptsitz etwa 1.200 internationale Bedienstete im »zivilen« Stabsbereich der NATO. Die zivilen Bediensteten im Hauptquartier werden in erster Linie in einer der Abteilungen des Generalsekretariats eingesetzt, darunter:

– Das Büro des Generalsekretärs
– Die Abteilung Öffentlichkeitsarbeit
– Das Sicherheitsbüro der NATO
– Die Exekutivverwaltung
– Die Abteilung politische Angelegenheiten und Sicherheitspolitik
– Die Abteilung operative Einsätze
– Die Abteilung Verteidigungspolitik und -planung
– Die Abteilung für Verteidigungsausgaben
– Das Büro des obersten Haushaltsprüfers
– Das Büro des Vorsitzenden des »Senior Resource Board«
– Das Büro des Vorsitzenden des Haushaltsausschusses.

3.4.2 Die NATO als Arbeitgeber

Die NATO hat ihre Personalpolitik – im Rahmen der zivilen Struktur – in den letzten Jahren deutlich geöffnet und akzeptiert seit 2004 auch Praktikanten. Darüber hinaus vergibt sie Planstellen und befristete Verträge. Alle Stellenausschreibungen einschließlich der Praktikumsplätze richten sich ausschließlich an Staatsangehörige der NATO-Staaten.

Die NATO ist daran interessiert, eine möglichst ausgeglichene nationale Herkunft ihrer Bediensteten herzustellen. Nationale Margen existieren allerdings auch hier nicht. Die Dienstkategorien bei der NATO ähneln denen des Europarates und der OECD. Der vergleichbaren »professional category« entsprechen die »A grade«-Positionen.

Dienstkategorien bei der NATO (nur »zivile« Struktur)		
A grade posts (managerial/ professional level)	A7	Deputy Assistant Secretary General
	A4-A6	Senior Administrative Assistant/Head of Section
	A2/A3	Administrative Assistant/Project Officer
	A1	Junior Administrative Assistant
B grade posts (secretarial/clerical level)	Grade B1-B6	
L grade posts (linguistic positions)	Grade L1-L5	

Das Praktikumsprogramm der NATO (→ E.) ist eine personaltechnische Neuerung aus jüngster Zeit und spiegelt den Wandel der NATO zu einer Organisation, die zunehmend »zivile« Aufgaben wahrnimmt. Vor der Einführung des Praktikumsprogramms waren Praktika nur bei den Delegationen der NATO-Staaten möglich. Praktika dort sind nach wie vor möglich, jedoch vom NATO-Praktikumsprogramm zu trennen.

Das NATO-Praktikumsprogramm wird einmal jährlich ausgeschrieben (derzeit zwischen März und Juni) und führt die Teilnehmer in den Stabsbereich der NATO. Jeder »call for applications« gilt für jeweils zwei Zeiträume: der erste Praktikumsturnus beginnt im März, der zweite im September des Folgejahres der Ausschreibung. Die Praktika haben eine Dauer von sechs Monaten und sind unbezahlt.

Wer Interesse hat, bewirbt sich per E-Mail mit einem vollständig ausgefüllten Bewerbungsformular. Das Formular und weitere Informationen zum Praktikumsprogramm sind auf der eigens eingerichteten Praktikumswebsite der NATO verfügbar.

Der Bewerbung sind ein Lebenslauf (CV) und ein Motivationsschreiben beizufügen. Zudem sind bereits mit der Bewerbung die Abteilungen zu benennen, in denen Bewerber im Falle eines Erfolges eingesetzt werden möchten.

Die Auswahl der Kandidaten wird zentral von einem Praktikumsbüro im Stabsbereich der NATO koordiniert. Jeder Bewerber erhält von dort auch eine Bestätigung über den Eingang seiner Bewerbung und im Verlauf des Auswahlprozesses ein Feedback über das individuelle Ergebnis.

Das Praktikumsbüro wählt aus allen fristgerecht und vollständig eingegangenen Bewerbungen zunächst die Kandidaten für eine »shortlist«, aus der sodann die Praktikanten ausgewählt werden. Die zuständigen Abteilungen bei der NATO sind in diese Auswahl eingebunden.

Wer erfolgreich war und zu einem NATO-Praktikum eingeladen wurde, muss sich zunächst einer Sicherheitsüberprüfung durch die zuständigen nationalen Behörden unterziehen. Die ausgewählten Kandidaten erhalten rechtzeitig ein Einladungsschreiben (*letter of acceptance*) durch die NATO und alle Informationen zur Sicherheitsüberprüfung durch die Delegation ihres Heimatlandes bei der NATO.

Diese Sicherheitsüberprüfung kann einige Zeit in Anspruch nehmen. Praktikumsanwärter sollten sich hierdurch nicht verunsichern lassen und gegebenenfalls bei der Delegation des eigenen Heimatlandes nachfragen. Der Einsatzort für alle Praktikanten ist Brüssel.

Neben dem Praktikum haben Angehörige der NATO-Staaten nach wie vor die Möglichkeit, sich bei der Delegation (→ E.) ihres Landes am NATO-Hauptsitz für ein Praktikum zu bewerben. Dies können auch Österreicher und Schweizer tun (→ E.), da sich beide Länder an »Partnership for Peace«-Einsätzen (PfP) beteiligen, im Euro-Atlantischen Partnerschaftsrat (Euro-Atlantic Partnership Council, EAPC) mitwirken und damit als NATO-Partnerstaaten über eine Delegation bei der NATO verfügen.

Die NATO schreibt regelmäßig offene Stellen auf ihrer Rekrutierungswebsite (→ E.) aus. Bewerbungen sind nur auf offene Ausschreibungen möglich. Initiativbewerbungen werden nicht berücksichtigt, die NATO erstellt auch keine Reservelisten. Parallelbewerbungen auf mehrere offene Stellen sind möglich, allerdings ist für jede Bewerbung ein separates Bewerbungsformular einzureichen.

Das NATO-Bewerbungsformular findet sich auf der Rekrutierungswebsite der NATO. Bewerbungen können auf dem Postweg oder per E-Mail eingereicht werden. Der Bewerbungsschluss variiert, jedoch werden Positionen mindestens vier Wochen vor dem Bewerbungsschluss eingestellt.

Für die Besetzung von Stellen am NATO-Hauptsitz ist das Rekrutierungsbüro der NATO zuständig. Wer sich für Stellen bei den NATO-Agenturen bewerben möchte, richtet die Bewerbung dorthin. Bewerbungen für Stellen in der NATO-Kommandostruktur nimmt das Personalbüro von SHAPE entgegen.

Offene Stellenausschreibungen bei der NATO richten sich in aller Regel an berufserfahrene Kandidaten mit einem Hochschulabschluss und mit einschlägigen Fachkenntnissen. Erfahrung in einer internationalen Organisation ist erwünscht und häufig eine Bewerbungsvoraussetzung. Bewerber sollten zudem über fließende Englisch- oder Französischkenntnisse verfügen, fließende Kenntnisse beider Sprachen sind von Vorteil.

Das Rekrutierungsbüro der NATO wählt aus allen fristgerecht eingegangenen Bewerbungen eine »shortlist« von Kandidaten aus, die zu einem Interview eingeladen werden. Für die meisten Positionen bei der NATO ist zudem ein schriftlicher Test abzulegen. Die NATO kontaktiert nur diejenigen Bewerber, die auf eine »shortlist« aufgenommen wurden. Telefonische oder schriftliche Auskünfte zu laufenden oder zu bereits abgeschlossenen Verfahren werden nicht erteilt.

Wer zu einem Interview eingeladen wurde und dort überzeugt hat, muss zunächst eine Sicherheitsüberprüfung durchlaufen. Die NATO verlangt zudem eine umfassende Gesundheitsuntersuchung. Beide Prüfungen können einige Zeit in Anspruch nehmen und sind eine Voraussetzung für ein Vertragsangebot der NATO.

Abschließende Bemerkungen

> Niemand weiß, was er kann, bevor er es versucht.
> *Publius Syrus*

Die Anzahl der internationalen Organisationen ist groß und dynamisch. Regelmäßig entstehen neue Plattformen zur multilateralen Regierungszusammenarbeit oder bestehende Organisationen verändern sich im Wandel der historischen Entwicklungen. Die hier vorgestellten Organisationen sind nicht nur sehr bekannt und thematisch breit aufgestellt, sie verfügen zudem über einen großen Verwaltungsstab und rekrutieren regelmäßig neue Bedienstete für die verschiedenen Dienstkategorien.

Die vorstehenden Kapitel dieses Buches haben dabei eines verdeutlicht: Der Einstieg in die attraktive und häufig gut dotierte Karriere bei internationalen Organisationen hat seinen Preis. Der Wettbewerb um die verfügbaren Stellen ist hart und die Anforderungen sind hoch. Die »Vorbereitung« der eigenen Biografie verlangt eine kontinuierliche Leistungsbereitschaft und der Einstieg gestaltet sich zumeist langwierig.

Frustrationstoleranz ist daher ein wichtiger Begleiter aller Einsteiger bei internationalen Organisationen. Fast ebenso wichtig ist eine gute Karriereplanung und die Bereitschaft, sich die erforderlichen Kenntnisse und Fähigkeiten zu erarbeiten. Dies gilt sowohl für die »harten« Fakten der Biografie als auch für ein persönliches Netzwerk, das für Referenzen oder für Informationen zur Verfügung steht.

Kandidaten mögen dem entgegenhalten, dass das Risiko, bei internationalen Organisationen zu »scheitern«, recht hoch sei und das Profil, das internationale Organisationen verlangen, unter Umständen für andere Branchen zu speziell ist. Dies mag richtig sein, de facto besteht dieses Risiko jedoch in fast allen Branchen und ist ein »Nebeneffekt« des allgemeinen Trends zur Spezialisierung.

Bei internationalen Organisationen fällt eine fachliche Spezialisierung, begleitet von internationaler Erfahrung, zudem auf fruchtbaren Boden, denn die Anzahl der wirklich geeigneten Kandidaten ist – trotz der hohen Bewerberzahlen – häufig überschaubar. Wer früh einsteigt und sein Karriereziel konsequent verfolgt, hat daher gute Aussichten – vorausgesetzt, Kandidaten bleiben flexibel und fixieren sich nicht auf eine Organisation oder einen Dienstort.

Dabei gilt für alle: Gelingen oder Scheitern entscheiden sich nicht durch »Grübeln« über den eigenen Lebenslauf, sondern aufgrund konkreter Bewerbungen. Wer es nicht wenigstens versucht, wird nie erfahren, ob sein Profil für den internationalen Dienst geeignet ist. »Zweckpessimismus« und ein allzu kritischer Blick auf die eigenen Leistungen sind zu vermeiden – Bewerber konzentrieren ihre Energie besser voll und ganz auf die Vorbereitung ihrer Biografie bzw. ihrer Bewerbung.

Wer sich noch nicht ganz sicher ist, ob das Berufsfeld den eigenen Vorstellungen entspricht, kann die vielfältigen Optionen für ein Praktikum oder ein »volunteering« nutzen. Auch einige Dienstjahre bei einer internationalen Organisation, zum Beispiel als JPO, helfen bei der persönlichen Zielfindung.

Wer zu einem Auswahlverfahren zugelassen wurde, sollte sich intensiv vorbereiten und alles Machbare tun, um ein konkretes Angebot zu erhalten. Wer die Voraussetzungen für den Einstieg schafft, steht vor einer besonderen Karrierechance, die auf jeden Fall genutzt werden sollte. »Aussteigen« ist auch bei internationalen Organisationen immer möglich.

Die nach psychometrischen Methoden gestalteten Tests liegen nicht jedem, lassen sich jedoch gut trainieren. Neben einem hohen Maß an Transparenz bieten sie zudem eine möglichst große Chancengleichheit. Referenzen oder ein Netzwerk sind zudem zunächst nicht relevant – eine Erleichterung für alle, die noch nie für die ausschreibende Organisation tätig waren.

Zumeist werden erfolgreiche Kandidaten über maximal ein konkretes Angebot zu entscheiden haben. Wer mehrere Angebote erhalten hat, sollte bei der Abwägung die Karriereperspektiven im Blick haben: Positionen, die individuelle Entwicklungsmöglichkeiten *und* Aufstiegsperspektiven bieten, werden auch langfristig akzeptabel sein, wenn sich die eigene Lebensplanung ändert. Wer ein Angebot erhalten hat, sollte nicht zu lange überlegen – vieles ergibt sich im Laufe der Zeit von selbst.

Unter Umständen tritt allerdings der »worst case« ein und alle Bewerbungen bleiben erfolglos. Bewerber sollten sich auf dieses Szenario unbedingt vorbereiten, denn die Absage geht zumeist mit einer persönlichen Enttäuschung einher.

Neben der »mentalen« Vorbereitung sollte jeder über einen soliden B-Plan verfügen, das heißt eine handfeste Alternative, wie es beruflich weitergeht. Benachbarte Berufsfelder, zum Beispiel die nationalen Verwaltungslaufbahnen oder internationale NGOs, können eine interessante Alternative darstellen. Dies gilt insbesondere für den Einstieg bei sogenannten Vorfeldorganisationen, das heißt bei NGOs, Verbänden und ähnlichen Organisationen, die ständig mit internationalen Organisationen kooperieren.

Einige dieser Organisationen haben schon vielen Kandidaten als »goldene Brücke« in die internationalen Organisationen gedient, vor allem, wenn ein Direkteinstieg aus Mangel an Berufserfahrung zunächst nicht möglich war. In vielen Fällen kann der »Umweg« über NGOs und ähnliche Einrichtungen gerade für Berufseinsteiger sogar der direktere Weg sein, wie die Optionen zum Einstieg in die Entwicklungszusammenarbeit gezeigt haben.

Juristen sollten neben den allgemeinen Einstiegsverfahren auch eine Karriere bei den internationalen Gerichtshöfen in Betracht ziehen. Neben den hier vorgestellten Gerichtshöfen der Vereinten Nationen, der Europäischen Union und des Europarates rekrutiert auch der Internationale Seegerichtshof mit Sitz in Hamburg regelmäßig internationale Bedienstete.

Für Finanz- und Bankfachleute mit einer entsprechenden Spezialisierung und einschlägiger Berufserfahrung kann eine Bewerbung bei den internationalen Finanzinstitutionen besonders chancenreich sein, zumal etwa Deutschland bei fast allen internationalen Finanzinstitutionen »unterrepräsentiert« ist. Im Übrigen sind die Anforderungen häufig recht speziell, so dass sehr gute Kandidaten in jedem Fall ihre Chancen testen sollten.

Für Studierende und Graduierte technisch-naturwissenschaftlicher Studiengänge verlaufen die Karrierewege zum Teil anders. Naturwissenschaftler, die sich auf aktuelle Themenbereiche spezialisiert haben, sind bei Spezialinstitutionen zumeist gefragt und haben dort zum Teil sehr gute Chancen, weil die Anzahl der qualifizierten Mitbewerber gering ist. Der Weg verläuft häufig über Forschungszentren und ähnliche Einrichtungen.

Ärzte, die als Naturwissenschaftler im weiteren Sinne gelten, nehmen eine Sonderrolle ein. Ärzte werden grundsätzlich immer gesucht, auch bei international tätigen NGOs. Auch sie müssen aufgrund ihres Profils ihre »Tauglichkeit« für internationale Organisationen nachweisen und die unter Umständen schwierigen Arbeitsumstände ertragen können. Auch die Vertragsbedingungen bei internationalen Organisationen sind unter Umständen weniger attraktiv als eine eigene Praxis oder die Anstellung in einer Klinik.

Die hohen Zugangshürden, die potenziell hohe Mitbewerberzahl oder die Möglichkeit eines Misserfolges sollten – trotz allem – niemanden abschrecken. Wer dieses Buch bis hierhin gelesen hat und sich eine Tätigkeit bei einer internationalen Organisationen sehr gut vorstellen kann, hat bereits den wichtigsten aller Schritte getan: sich über die Grundanforderungen und die konkreten Wege in internationale Organisationen eingehend zu informieren.

Daher sollte *jetzt* die konkrete Planung des Einstiegs begonnen werden. Der individuelle »Schlachtplan« kann sehr unterschiedlich aussehen: Manch einer ist zu konkreten Bewerbungen bereit, andere mögen sich an dem Punkt sehen, über eine entsprechende Schwerpunktsetzung im Studium nachzudenken. Wie auch immer: Wer entschlossen ist, sollte das eigene Karriereziel bald »in Angriff« nehmen. Nur wer bereit ist, die Mühen auf sich zu nehmen, hat realistische Erfolgsaussichten. Es wartet eine Traumkarriere.

Teil III: Anhang

1 Wichtige Adressen und Links[12]

A Einstieg bei internationalen Organisationen: Allgemeines

Auswärtiges Amt der Bundesrepublik Deutschland
Koordinatorin für Internationale Personalpolitik
Stabsstelle 05, 11013 Berlin (Deutschland)
☎: +49 30 181.719.09   🖷: +49 30 181.751.909
✉ (KIP): kip@auswaertiges-amt.de
💻: http://www.auswaertiges-amt.de/ (go to: Ausbildung und Karriere)

Bundeskanzleramt Österreich
EU-Job Information, Abteilung III/4
Margareta Kaminger
Hohenstaufengasse 3, 1010 Wien (Österreich)
☎: +43 1 531.157.377   🖷: +43 1 531.097.377
✉: margareta.kaminger@bka.gv.at
💻: http://www.bka.gv.at/

Bundesministerium für europäische und internationale Angelegenheiten
Referat VI.1d, Dr. Barbara Pfeiffer
Minoritenplatz 8, 1014 Wien (Österreich)
☎: +43 50 115.045.47   🖷: +43 50 115.90
✉: barbara.pfeiffer@bmeia.gv.at
💻: http://www.bmeia.gv.at/view.php3?r_id=17&LNG=de&version=

---

12 Zeichenerklärung: ☎ Telefon, 🖷 Fax, ✉ E-Mail, 💻 Internet/Web. Telefon- und Faxnummern sind angegeben, wie sie vom Ausland in das jeweilige Land zu wählen sind. Viele Organisationen bieten auf ihrer Website alternativ zu einer E-Mail-Adresse oder hierneben ein virtuelles Kontaktformular an.
Hinweise: Die hier aufgeführten Kontaktdaten und Links entsprechend dem Stand bei Redaktionsschluss.

Eidgenössisches Departement für auswärtige Angelegenheiten

Sektion Präsenz der Schweiz in internationalen Organisationen
Politische Abteilung III
Bundesgasse 28, 3003 Bern (Schweiz)
☎: +41 31 323.5171   📄: +41 31 323.5727
✉: PA3-CH-OI@eda.admin.ch
💻: http://www.eda.admin.ch/eda/de/home/dfa/jobs/jobint.html

Internationaler Stellenpool und Internationaler Personalpool:

💻: http://www.diplo.de/diplo/de/AAmt/AusbildungKarriere/IO-Taetigkeit/Daten-banken.html

Website »EU-Jobs«:

💻: http://www.bka.gv.at/site/4078/default.aspx

Ausschreibungen in der Wiener Zeitung (WZ Online):

💻: http://www.wienerzeitung.at/ (go to: Amtsblatt)

Zentrum für Information, Beratung und Bildung
Berufe in der internationalen Zusammenarbeit/cinfo

Zentralstraße 121, Postfach, 2500 Biel 7 (Schweiz)
☎: +41 323.658.002   📄: +41 323.658.059
💻: http://www.cinfo.ch/

CinfoPoste:

💻: http://www.cinfo.ch/cinfoposte/de/pages/index.php

Cinfo Infothek:

💻: http://www.cinfo.ch/wDeutsch/mPages/IK/IK.shtml?navid=15
(go to: Links)

The European Affairs Jobsite

(Jobs bei EU-Institutionen, anderen, NGOs, Beratungen)
💻: http://www.eurobrussels.com

DevNetJobs.org

(Jobs in der Entwicklungszusammenarbeit, bei NGOs und anderen)
💻: http://www.devnetjobs.org/

Europass-Lebenslauf (European CV-Format):

💻: http://www.europass.cedefop.europa.eu/

Vorbereitungsseminare in Deutschland:

💻: http://www.auswaertiges-amt.de/diplo/de/Europa/Karriere/Concours/Ueber-sicht.html

🖳: http://www.bka.gv.at/site/4078/default.aspx

B Fachübergreifende Einstiegs- und Förderprogramme

Carlo-Schmid-Programm
Deutscher Akademischer Austausch Dienst
Ruth Schulze, Referat 225
Kennedyallee 50, 53175 Bonn (Deutschland)
☎: +49 228 882.598   🖷: +49 228 882.550
✉: schulze@daad.de
🖳: http://www.daad.de/csp

Stiftungskolleg für internationale Aufgaben
Robert Bosch Stiftung
Nicole Renvert
Heidehofstraße 31, 70184 Stuttgart (Deutschland)
☎: +49 711 460.841.48   🖷: +49 711 460.841.0148
✉: nicole.renvert@bosch-stiftung.de
🖳: http://www.bosch-stiftung.de/stiftungskolleg

Studienstiftung des deutschen Volkes
Ulrike Storost
Ahrstraße 41, 53175 Bonn (Deutschland)
☎: +49 228 820.962.48
✉: storost@studienstiftung.de
🖳: http://www.studienstiftung.de (Suchwort Carlo-Schmid-Programm)

Studienstiftung des deutschen Volkes
Dr. Astrid Irrgang
Jägerstraße 22–23, 10117 Berlin (Deutschland)
☎: +49 30 203.704.41   🖷: +49 30 203.704.33
✉: irrgang@studienstiftung.de
🖳: http://www.studienstiftung.de/stiftungskolleg.html

Kurzstipendien des DAAD für Praktika
Deutscher Akademischer Austausch Dienst
Referat 225, Internationaler Praktikantenaustausch
Kennedyallee 50, 53175 Bonn (Deutschland)
☎: +49 228 882.265   🖷: +49 228 882.550
✉: eckert@daad.de
🖳: http://www.daad.de/ausland/praktika/informationsstellen-beim-daad/00670.de.html

Stipendiendatenbank des DAAD für deutsche Bewerber:
🖥: http://www.daad.de/ausland/index.de.html

Stipendiendatenbank des DAAD für ausländische Bewerber:
🖥: http://www.daad.de/deutschland/index.de.html

Internationale Nachwuchsförderprogramme für Deutsche:
🖥: http://www.diplo.de/jobs-io

Österreichischer Austauschdienst
Agentur für Internationale Bildungs- und Wissenschaftskooperation
Alser Straße 4/1/3/8, 1090 Wien (Österreich)
☎: +43 1 427.728.101   📠: +43 1 427.792.81
✉: info@oead.at
🖥: http://www.oead.at/

Stipendiendatenbank des ÖAD für Aufenthalte in Österreich:
🖥: http://www.oead.at/_oesterreich/index.html

Stipendiendatenbank des ÖAD für Aufenthalte im Ausland:
🖥: http://www.oead.at/_ausland/index.html

Österreichische Datenbank für Stipendien und Forschungsförderung:
🖥: http://www.grants.at/

Rektorenkonferenz der Schweizer Universitäten
Stipendiendienst
Sennweg 2, 3012 Bern (Schweiz)
✉: stip@crus.ch
☎: +41 31 306.6031   📠: +41 31 306.6020
🖥: http://www.crus.ch/information-programme/stipendien-fuer-auslandstudien.html?L=2

Student and Young Worker Exchange with Switzerland
c/o HTI
Postfach, 2501 Biel (Schweiz)
☎: +41 32 321.6321   📠: +41 32 321.6565
✉: info@studex.ch
🖥: http://www.studex.ch/de/studex.html

Büro Führungskräfte zu internationalen Organisationen
Zentrale Auslands- und Fachvermittlung (ZAV)
Villemombler Straße 76, 53123 Bonn (Deutschland)
☎: +49 228 713.1331   📠: +49 228 713.270.1036
✉: zav-bonn.bfio@arbeitsagentur.de
🖥: http://www.bfio.de *oder* http://www.ba-auslandsvermittlung.de/bfio

Austrian Development Agency
Zelinkagasse 2, 1010 Wien (Österreich)
☎: +43 1 903.990   🖷: +43 1 903.992.90
✉: office@ada.gv.at
🖥: http://www.ada.gv.at/view.php3?f_id=8708&LNG=de&version=

United Nations Personal History Form:
🖥: http://www.unhcr.org/recruit/p11new.doc

Direktion für Entwicklung und Zusammenarbeit (Hauptsitz)
Freiburgstraße 130, 3003 Bern (Schweiz)
☎: +41 31 322.3475   🖷: +41 31 324.1694
✉: info@deza.admin.ch
🖥: http://www.sdc.admin.ch/de/Home

Cinfo – JPOs:
🖥: http://www.cinfo.ch/wDeutsch/mPages/ST/ST_Jo.shtml

Schweizerischer Expertenpool für zivile Friedensförderung
Eidgenössisches Departement für auswärtige Angelegenheiten
Politische Abteilung IV/Menschliche Sicherheit
Bundesgasse 32, 3003 Bern (Schweiz)
☎: +41 31 322.7671   🖷: +41 31 323.8922
✉: pa4-expertenpool@eda.admin.ch
🖥: http://www.eda.admin.ch/eda/de/home/topics/peasec/peac/confre/sep.html

C Die Vereinten Nationen

C.1 Vereinte Nationen: Sekretariat

United Nations System Chart:
🖥: http://www.unric.org/html/german/organe2007.pdf

United Nations Multilingual Terminology Database:
http://unterm.un.org/

Regionales Informationszentrum der Vereinten Nationen für Westeuropa
Residence Palace
Rue de la Loi/Wetstraat 155, Block C2, 1040 Brüssel (Belgien)
☎: +32 2 788.8484   🖷: +32 2 788.8485
🖥: http://www.unric.org/

Deutsche Gesellschaft für die Vereinten Nationen:
🖥: http://www.dgvn.de

Gesellschaft Schweiz – UNO:
🖳: http://www.schweiz-uno.ch/

Vereinte Nationen, Hauptsitz (UN Headquarters)
First Avenue at 46th Street, New York, NY 10017 (USA)
☎: +1 212 963.1234
✉:(HR): estaffing@un.org
🖳: http://www.un.org/
Praktika: http://www.un.org/Depts/OHRM/sds/internsh/index.htm
Jobs: https://jobs.un.org

Büro der Vereinten Nationen in Genf
Palais des Nation, 8–14, Avenue de la Paix, 1211 Genf 10 (Schweiz)
☎: +41 22 917.1234   📄: +41 22 917.0123
🖳: http://www.unog.ch/
Praktika: http://www.unog.ch/ (»Please select« Internships)

Büro der Vereinten Nationen in Nairobi
P. O. Box 67578, Nairobi 00200 (Kenia)
☎: +254 20 762.1234
🖳: http://www.unon.org/
Praktika: http://interns.unon.org/
Jobs: http://www.unon.org/vac.php

Büro der Vereinten Nationen in Wien
Vienna International Centre
Wagramerstraße 5, 1400 Wien (Österreich)
☎: +43 1 260.60   📄: +43 1 263.3389
🖳: http://www.unvienna.org/
Praktika: http://www.unvienna.org/ (go to: Job Opportunities)

International Civil Service Commission:
🖳: http://icsc.un.org/

Besoldung und Bezüge bei den Vereinten Nationen:
🖳: http://www.un.org/Depts/OHRM/salaries_allowances/index.html

United Nations Office on Drugs and Crime (Headquarters)
Vienna International Centre
Wagramerstraße 5, 1400 Wien (Österreich)
☎: +43 1 260.600   📄: +43 1 260.605.866
✉: (HR): recruitment@unvienna.org
🖳: http://www.unodc.org/
Praktika & Jobs: http://www.unodc.org/unodc/en/about-unodc/employment.html

Office of the United Nations High Commissioner for Human Rights
UNOG-OHCHR, 1211 Genf 10 (Schweiz)
☎: +41 22 917.9000
✉: InfoDesk@ohchr.org
🖥: http://www.ohchr.org/
Praktika: http://www.ohchr.org/english/about/internship.htm
Jobs: http://www.ohchr.org/english/about/vacancies/index.htm

C.2 Vereinte Nationen: Unterorganisationen

United Nations Conference on Trade and Development
Palais des Nations
8–14, Avenue de la Paix, 1211 Genf 10 (Schweiz)
☎: +41 22 917.5809   🖷: +41 22 917.0051
✉: info@unctad.org
🖥: http://www.unctad.org/
Praktika & Jobs: http://www.unctad.org/ (go to: About UNCTAD)

International Trade Centre UNCTAD/WTO
54–56, Rue de Montbrillant, 1202 Genf (Schweiz)
☎: +41 22 730.0111
🖥: http://www.intracen.org/
Praktika: http://www.intracen.org/appli1/jobman/doc/internship.pdf
Jobs: http://www.intracen.org/menus/itc.htm

United Nations Children's Fund (Headquarters)
UNICEF House
3 United Nations Plaza, New York, NY 10017 (USA)
☎: +1 212 326.7000   🖷: +1 212 887–7465/–7454
🖥: http://www.unicef.org/
Praktika & Jobs: http://www.unicef.org/about/employ/index.html

United Nations Development Programme (Headquarters)
1 United Nations Plaza, New York, NY 10017 (USA)
☎: +1 212 906.5000   🖷: +1 212 906.5364
✉: (HR): ohr.recruitment.hq@undp.org
🖥: http://www.undp.org/
Praktika: http://www.undp.org/internships/
Jobs: http://jobs.undp.org/

United Nations Development Fund for Women (Headquarters)
304 East 45th Street, 15th Floor, New York, NY 10017 (USA)
☎: +1 212 906.6400   🖷: +1 212 906.6705
🖥: http://www.unifem.org/
Praktika: http://www.unifem.org/about/internships.php
Jobs: http://www.unifem.org/about/jobs.php

United Nations High Commissioner for Refugees
Case Postale 2500, 1211 Genf 2 (Schweiz)
☎: +41 22 739.8111
💻: http://www.unhcr.org/
Praktika: http://www.unhcr.org/admin/3b8a31f94.html
Jobs: http://www.unhcr.org/admin/3ba1d4794.html

UNHCR International Professional Roster:
http://www.unhcr.org/admin/ADMIN/43cbba252.html

World Food Programme
Via C. G. Viola 68, Parco dei Medici, 00148 Rom (Italien)
☎: +39 06 651.31   🖨: +39 06 651.328.40
✉: wfpinfo@wfp.org
💻: http://www.wfp.org/
Praktika & Jobs: http://www.wfp.org/ (go to: Contact us – Vacancies)

United Nations Environment Programme
United Nations Avenue, Gigiri
P. O. Box 30552, 00100 Nairobi (Kenia)
☎: +254 20 762.1234   🖨: +254 20 762.44–89/-90
✉: unepinfo@unep.org
💻: http://www.unep.org/
Praktika: wie UNON
Jobs: http://www.unep.org/Vacancies/

United Nations Population Fund
220 East 42nd Street, New York, NY 10017 (USA)
☎: +1 212 297.5000
✉: (Praktika): internship@unfpa.org
✉: (Jobs): mlizardo@unfpa.org
💻: http://www.unfpa.org/
Praktika & Jobs: http://www.unfpa.org/about/employment/index.htm

UNAIDS Secretariat
20, Avenue Appia, 1211 Genf 27 (Schweiz)
☎: +41 22 791.3666   🖨: +41 22 791.4187
✉: (HR): hrm@unaids.org
💻: http://www.unaids.org/en/
Praktika: http://www.unaids.org/en/Careers/internships/default.asp
Jobs: http://www.unaids.org/en/Careers/default.asp

United Nations Volunteers
Postfach 260111, 53153 Bonn (Deutschland)
☎: +49 228 815.2000   🖨: +49 228 815.2001
✉: information@unvolunteers.org
💻: http://www.unv.org/

United Nations Office for Project Services (Headquarters)
Midtermolen 3, P. O. Box 2695, 2100 Kopenhagen (Dänemark)
☎: +45 35 467.500   🖷: +45 35 467.508
✉:(HR): vacancies@unops.org
🖳: http://www.unops.org/unops
Praktika: http://www.unops.org/UNOPS/Employment/Internships/
Jobs: http://www.unops.org/UNOPS/Employment/Employment/

C.3 Vereinte Nationen: Sonderorganisationen

Food and Agriculture Organization (Headquarters)
Viale delle Terme di Caracalla, 00153 Rom (Italien)
☎: +39 06 570.51   🖷: +39 06 570.531.52
✉: FAO-HQ@fao.org
🖳: http://www.fao.org/
Jobs: http://www.fao.org/VA/Employ.htm

International Labour Organization
4, Route des Morillons, 1211 Genf 22 (Schweiz)
☎: +41 22 799.6111   🖷: +41 22 798.8685
✉: ilo@ilo.org
🖳: http://www.ilo.org/
Praktika & Jobs: http://www.ilo.org/ (go to: About the ILO)

United Nations Educational Scientific and Cultural Organization
7, Place de Fontenoy, 75352 Paris 07 SP und
1, Rue Miollis, 75732 Paris Cedex 15 (Frankreich)
☎: +33 1 456.810.00   🖷: +33 1 456.716.90
✉: bpi@unesco.org
🖳: http://www.unesco.org/
Praktika & Jobs: http://www.unesco.org/ (go to: Services)

United Nations Industrial Development Organization (Headquarters)
Vienna International Centre
Wagramerstraße 5, 1400 Wien (Österreich)
☎: +43 1 260.260   🖷: +43 1 269.2669
✉: unido@unido.org
🖳: http://www.unido.org/
Praktika & Jobs: http://www.unido.org/doc/3611

International Fund for Agricultural Development
Via del Serafico 107, 00142 Rom (Italien)
☎: +39 06 545.91   🖷: +39 06 504.3463
✉: ifad@ifad.org
🖳: http://www.ifad.org/
Praktika: http://www.ifad.org/job/intern/index.htm
Jobs: http://www.ifad.org/job/index.htm

World Health Organization
20, Avenue Appia, 1211 Genf 27 (Schweiz)
☎: +41 22 791.2111   🖷: +41 22 791.3111
✉: info@who.int
💻: http://www.who.int/
Praktika & Jobs: http://www.who.int/employment/en/

International Civil Aviation Organization
999 University Street, Montreal, Quebec H3C 5H7 (Kanada)
☎: +1 514 954.8219   🖷: +1 514 954.6077
✉: icaohq@icao.int
💻: http://www.icao.int
Jobs: http://www.icao.int/icao/en/va/index.html

International Maritime Organisation
55 Victoria Street[13], London SW1H 0EU (Großbritannien)
☎: +44 20 773.576.11   🖷: +44 20 758.732.10
✉: (HR): bnayna@imo.org
💻: http://www.imo.org/
Praktika: http://www.imo.org/ (go to: Internships)
Jobs: http://www.imo.org/ (go to: Working at IMO)

International Telecommunication Union
Place des Nations, 1211 Genf 20 (Schweiz)
☎: +41 22 730.5111   🖷: +41 22 733.7256
✉: itumail@itu.int
💻: http://www.itu.int/
Praktika & Jobs: http://www.itu.int/employment/index.html

World Intellectual Property Organization
P. O. Box 18, 1211 Genf 20 (Schweiz)
☎: +41 22 338.9111   🖷: +41 22 733.5428
💻: http://www.wipo.int/
Jobs: http://www.wipo.int/hr/en/

The World Bank
1818 H Street, N. W., Washington, DC 20433 (USA)
☎: +1 202 473.1000   🖷: +1 202 477.6391
💻: http://www.worldbank.org/
Praktika & Jobs: http://www.worldbank.org/
(go to: Resources for... Job Seekers)

---

13 Temporäre Adresse, da die Gebäude des IMO-Hauptsitzes saniert werden. Ständige
    Adresse: 4 Albert Embankment, London SE1 7SR (Großbritannien).

International Monetary Fund (Headquarters)
700 19th Street, N. W., Washington, DC 20431 (USA)
☎: +1 202 623.7000   🖷: +1 202 623.4661
✉: (HR): recruit@imf.org
🖳: http://www.imf.org/
Praktika & Jobs: http://www.imf.org/external/np/adm/rec/job/joboppo.htm

C.4 Vereinte Nationen: Angeschlossene Organisationen

World Trade Organization
Centre William Rappard
154, Rue de Lausanne, 1211 Genf 21 (Schweiz)
☎: +41 22 739.5111   🖷: +41 22 731.4206
✉: enquiries@wto.org
🖳: http://www.wto.org/
Praktika: http://www.wto.org/ (go to: The WTO – Jobs in the WTO)

International Atomic Energy Agency
Wagramerstraße 5, 1400 Wien (Österreich)
☎: +43 1 26000   🖷: +43 1 26007
✉: official.mail@iaea.org
🖳: http://www.iaea.org/
Praktika & Jobs: http://www.iaea.org/About/Jobs/index.html

C.5 Vereinte Nationen: Einstiegsoptionen

»Galaxy e-staffing«-System und UN Peace Operations:
🖳: https://jobs.un.org/Galaxy/Release3/vacancy/vacancy.aspx

United Nations System Employment Opportunities:
🖳: http://www.unsystem.org/jobs/job_opportunities.htm

Praktika im VN-System:
(Überblick von: Youth at the United Nations, www.un.org/youth)
🖳: http://www.un.org/esa/socdev/unyin/internships.htm

United Nations Competitive Recruitment Examinations:
🖳: http://www.un.org/Depts/OHRM/examin/exam.htm

Ständige Vertretung Deutschlands bei den Vereinten Nationen
871 United Nations Plaza, New York, NY 10017 (USA)
☎: +1 212 940.0400   🖷: +1 212 940.0402
🖳: http://www.new-york-un.diplo.de/Vertretung/newyorkvn/

Ständige Vertretung Österreichs bei den Vereinten Nationen
600 Third Avenue, 31st Floor, New York, NY 10016
☎: +1 917 542.8400   📠: +1 212 949.1840
✉: new-york-ov@bmeia.gv.at
💻: www.aussenministerium.at/newyorkov *oder* http://www.un.int/austria

Ständige Mission der Schweiz bei den Vereinten Nationen
633 Third Avenue, 29th floor, New York, NY 10017 (USA)
☎: +1 212 286.1540   📠: +1 212 286.1555
✉: vertretung-UN@nyc.rep.admin.ch
💻: http://www.eda.admin.ch/missny

Verband deutscher Bediensteter bei Internationalen Organisationen:
💻: http://www.vdbio.ch/

Auslandsösterreicher-Weltbund:
💻: http://www.weltbund.at/index.asp

Auslandschweizer-Organisation:
💻: http://www.aso.ch/de

Junior Professional Officer Service Center (UNDP):
💻: http://www.jposc.org/

Das Leadership Development Programme (UNDP):
💻: http://www.undp.org/lead/

Das Young Professionals Program der Weltbank:
💻: http://web.worldbank.org/(go to: Resources For... Job Seekers)

Das Economist Program des IWF:
💻: http://www.imf.org/external/np/adm/rec/job/econpro.htm

Das Young Professionals Programme der UNESCO:
💻: http://www.unesco.org/ (go to: Join UNESCO – Young Professionals)

Das Young Professional Programme der UNICEF:
💻: http://www.unicef.org/about/employ/index_ypp.html

Bewerbung bei DPKO für Friedensmissionen:
💻: http://www.un.org/Depts/dpko/field/ *oder*
💻: https://jobs.un.org/Galaxy/Release3/vacancy/vacancy.aspx

»Mission appointee« Fragebogen:
💻: https://jobs.un.org/Galaxy/Release3/VacancyFM/VacancyFM.aspx?lang=1200

Zentrum für Internationale Friedenseinsätze
Ludwigkirchplatz 3–4, 10719 Berlin (Deutschland)
☎: +49 30 520.056.50   🖷: +49 30 520.056.590
✉: (Kurse): training@zif-berlin.org
✉: (Rekrutierung): recruitment@zif-berlin.org
🖥: http://www.zif-berlin.org/

Auslandseinsätze durch das Bundesministerium für Inneres:
🖥: http://www.bmi.gv.at/auslandseinsaetze/

Auslandseinsätze des Bundesministeriums für Landesverteidigung:
🖥: http://www.bmlv.gv.at/ausle/auslepd/index.shtml

UNV volunteer onsite:
🖥: http://www.unv.org/en/how-to-volunteer/volunteer-onsite.html

UNV Online Volunteering Service:
🖥: http://www.onlinevolunteering.org/

FAO Volunteer programme:
🖥: http://www.fao.org/VA/vol_en.htm

C.6 Vereinte Nationen: Chancen für Berufsanfänger

ASA-Programm/InWEnt
Lützowufer 6–9, 10785 Berlin (Deutschland)
☎: +49 30 254.820   🖷: +49 30 254.823.59
✉: info@asa-programm.de
🖥: http://www.asa-programm.de/

Deutsche Gesellschaft für Technische Zusammenarbeit
Dag-Hammarskjöld-Weg 1–5, 65760 Eschborn (Deutschland)
☎: +49 6196 790   🖷: +49 6196 791.115
🖥: http://www.gtz.de/
Jobs & Programme: http://www.gtz.de/de/karriere/685.htm

Bundesministerium für wirtschaftliche Zusammenarbeit und Entwicklung:
🖥: http://www.bmz.de/de/index.html

Centrum für internationale Migration und Entwicklung
Mendelssohnstraße 75–77, 60325 Frankfurt (Deutschland)
☎: +49 69 719.1210   🖷: +49 69 719.121.19
✉: cim@gtz.de
🖥: http://www.cimonline.de/de/
Programme: http://www.cimonline.de/de/55.asp

Deutscher Entwicklungsdienst (Zentrale)
Tulpenfeld 7, 53113 Bonn (Deutschland)
☎: +49 228 243.40   ▤: +49 228 243.4111
✉: (Nachwuchs): nfp@ded.de
🖥: http://www.ded.de
Jobs & Stipendien: http://www.ded.de/stellenmarkt
(Suchwort: Nachwuchsförderungsprogramm)

ArbeitsGemeinschaft EntwicklungsZusammenarbeit
Berggasse 7, 1090 Wien (Österreich)
☎: +43 1 317.4016   ▤: +43 1 317.4016
✉: office@agez.at
🖥: http://www.oneworld.at/agez/

Aktuelle Angebote zur Personalentsendung auf eza.at:
🖥: http://www.eza.at/index1.php?menuid=4&submenuid=239

Netzwerk für internationale Zusammenarbeit und Entwicklungspolitik:
🖥: http://www.interportal.ch/

D Die Europäische Union

D.1 Europäische Union: Institutionen

Das Portal der Europäischen Union:
🖥: http://www.europa.eu/

Die Vertretung der Europäischen Kommission in Deutschland:
🖥: http://ec.europa.eu/deutschland/

Die Vertretung der Europäischen Kommission in Österreich:
🖥: http://ec.europa.eu/austria/

Die Delegation der Europäischen Kommission für die Schweiz und das Fürstentum Liechtenstein:
🖥: http://delche.ec.europa.eu/index.php?id=2

Europäisches Parlament
Rue Wiertz/Wiertzstraat, 1047 Brüssel (Belgien)
☎: +32 2 228.421.11   ▤: +32 2 284.6974 *oder* 230.6933
🖥: http://www.europarl.europa.eu/
und
Allée du Printemps, Bâtiment Louise Weiss, BP 1024/F
67070 Strasbourg Cedex (Frankreich)
☎: +33 3 881.740.01   ▤: +33 3 881.751.84

Generalsekretariat des Europäischen Parlaments
Centre européen
Plateau du Kirchberg, BP 1601, 2929 Luxemburg
☎: +352 430.01   🖷: +352 430.029.494

Rat der Europäischen Union
Rue de la Loi 175, 1048 Brüssel (Belgien)
☎: +32 2 281.6111   🖷: +32 2 281.6934
🖥: http://www.consilium.europa.eu

Die Europäische Kommission
(Berlaymont Gebäude)
Rue de la Loi 200, 1040 Brüssel (Belgien)
☎: +32 2 29–52426/–98492/–68691/–68692
🖥: http://ec.europa.eu/index_de.htm

Generaldirektionen und Dienste der EU-Kommission:
🖥: http://ec.europa.eu/dgs_de.htm

Gerichtshof der Europäischen Gemeinschaften
Boulevard Konrad Adenauer, 2925 Luxemburg
☎: +352 430.31   🖷: +352 430.326.00
🖥: http://www.curia.europa.eu/

Europäischer Rechnungshof
Rue Alcide de Gasperi 12, 1615 Luxemburg
☎: +352 439.81   🖷: +352 439.846.430
✉: euraud@eca.europa.eu
🖥: http://www.eca.europa.eu/

Europäischer Wirtschafts- und Sozialausschuss
Rue Belliard 99, 1040 Brüssel (Belgien)
☎: +32 2 546.9011   🖷: +32 2 513.4893
🖥: http://www.eesc.europa.eu/index_en.asp

Ausschuss der Regionen
Bâtiment Jacques Delors
Rue Belliard 99–101, 1040 Brüssel (Belgien)
☎: +32 2 282.2211   🖷: +32 2 282.2325
🖥: http://www.cor.europa.eu/

D.2 Europäische Union: Finanzinstitutionen

Europäische Zentralbank
Kaiserstraße 29, 60311 Frankfurt (Deutschland)
☎: +49 69 134.40   🖷: +49 69 134.460.00
✉: info@ecb.europa.eu
🖥: http://www.ecb.eu/

Europäische Investitionsbank
100, Boulevard Konrad Adenauer, 2950 Luxemburg
☎: +352 437.91   🖷: +352 437.704
✉: info@eib.org
🖥: http://www.eib.org/

Europäischer Investitionsfonds (»Main Office«)
43, Avenue J. F. Kennedy, 2968 Luxemburg
☎: +352 426.6881   🖷: +352 426.688.200
🖥: http://www.eif.org/index.htm

D.3 Europäische Union: Europäische Agenturen

Europäische Agentur für den Wiederaufbau (EAR, Headquarters)
Egnatia 4, Thessaloniki 54626 (Griechenland)
☎: +30 2310 505.100   🖷: +30 2310 505.172
✉: info@ear.europa.eu
🖥: http://www.ear.europa.eu/
Jobs: http://www.ear.europa.eu/jobs/jobs.htm

Europäische Agentur für die operative Zusammenarbeit an den Außengrenzen (FRONTEX)
Rondo ONZ 1, 00124 Warschau (Polen)
☎: +48 22 544.9500   🖷: +48 22 544.9501
✉: frontex@frontex.europa.eu
🖥: http://www.frontex.europa.eu/
Jobs: http://www.frontex.europa.eu/job_opportunities/

Europäische Agentur für Netz- und Informationssicherheit (ENISA)
P. O. Box 1309, 71001 Heraklion (Griechenland)
☎: +30 28 103.912.80   🖷: +30 28 103.914.10
✉: info@enisa.europa.eu
🖥: http://www.enisa.europa.eu/
Praktika & Jobs: http://www.enisa.europa.eu/pages/07.htm

Europäische Agentur für Sicherheit und Gesundheitsschutz am Arbeitsplatz (OSHA)
Gran Via 33, 48009 Bilbao (Spanien)
☎: +34 944 794.360   📠: +34 944 794.383
✉: information@osha.europa.eu
💻: http://www.osha.europa.eu/
Jobs: http://osha.europa.eu/about/jobs

Europäische Arzneimittel-Agentur (EMEA)
7 Westferry Circus, Canary Wharf, London E14 4HB (Großbritannien)
☎: +44 20 741.884.00   📠: +44 20 741.884.16
✉: mail@emea.europa.eu
💻: http://www.emea.europa.eu/
Praktika & Jobs: http://www.emea.europa.eu/home.htm
(go to: Recruitment)

Europäische Behörde für Lebensmittelsicherheit (EFSA)
Largo N. Palli 5/A, 43100 Parma (Italien)
☎: +39 0521 036.111   📠: +39 0521 036.110
✉: info@efsa.europa.eu
💻: http://www.efsa.europa.eu/
Praktika & Jobs: http://www.efsa.europa.eu/ (go to: Jobs)

Europäisches Zentrum für die Prävention und die Kontrolle von Krankheiten (ECDC)
17183 Stockholm (Schweden)
☎: +46 8 586.010.00   📠: +46 8 586.010.01
✉: info@ecdc.europa.eu
💻: http://www.ecdc.europa.eu/
Jobs: http://www.ecdc.europa.eu/Recruitment.html

Europäische Beobachtungsstelle für Drogen und Drogensucht (EMCDDA)
Rua da Cruz de Santa Apolónia 23–25, 1149–045 Lissabon (Portugal)
☎: +351 21 811.3000   📠: +351 21 813.1711
✉: info@emcdda.europa.eu
💻: http://www.emcdda.europa.eu/
Jobs: http://www.emcdda.europa.eu/ (go to: About EMCDDA – Job Vacancies)

Europäische Umweltagentur (EEA, Headoffice)
Kongens Nytorv 6, 1050 Kopenhagen K (Dänemark)
☎: +45 33 367.100   📠: +45 33 367.199
💻: http://www.eea.europa.eu/
Jobs: http://www.eea.europa.eu/organisation/jbs/index.html

Die Europäische Agentur für die Sicherheit des Seeverkehrs (EMSA)
Avenida Dom João II, Lote 1.06.2.5, 1998–001 Lissabon (Portugal)
☎: +351 21 120.9200　　🖷: +351 21 120.9210
💻: http://www.emsa.europa.eu/
Jobs: http://www.emsa.europa.eu/end179d006.html

Europäische Agentur für Flugsicherheit (EASA)
Postfach 101253, 50452 Köln (Deutschland)
☎: +49 221 899.9000　　🖷: +49 221 899.9099
✉: info@easa.europa.eu
💻: http://www.easa.europa.eu/
Jobs: http://www.easa.europa.eu/home/g_recruitment_main.html

Europäische Eisenbahnagentur (ERA, Headquarters)
160, Boulevard Henri Harpignies, 59300 Valenciennes (Frankreich)
☎: +33 327 096.500
💻: http://www.era.europa.eu/
Jobs: http://www.era.europa.eu/ (go to: Vacancies)

Europäische Fischereiaufsichtsagentur (CFCA)
The European Commission, 1049 Brüssel (Belgien)
☎: +32 2 296.0009 *oder* +32 2 296.3977
✉: fisheries-cfca@ec.europa.eu
💻: http://www.cfca.europa.eu/
Jobs: http://ec.europa.eu/cfca/recruitment_en.htm

Europäische Stiftung zur Verbesserung der Lebens- und Arbeitsbedingungen (EUROFOUND)
Wyattville Road, Loughlinstown, Dublin 18 (Irland)
☎: +353 1 204.3100　　🖷: +353 1 282–6456/-4209
💻: http://www.eurofound.europa.eu/
Praktika & Jobs: http://eurofound.europa.eu/about/vacancies/index.htm

Europäische Stiftung für Berufsbildung (ETF)
Villa Gualino
Viale Settimio Severo 65, 10133 Turin (Italien)
☎: +39 011 630.2222　　🖷: +39 011 630.2200
✉: info@etf.europa.eu
💻: http://www.etf.europa.eu/
Jobs: http://www.etf.europa.eu/ (go to: Working with ETF)

Europäisches Zentrum für die Förderung der Berufsbildung (Cedefop)
P. O. Box 22427, Finikas, 55102 Thessaloniki (Griechenland)
☎: +30 23 104.901.11　　🖷: +30 23 104.900.49
✉: info@cedefop.europa.eu
💻: http://www.cedefop.europa.eu/
Jobs: http://www.cedefop.europa.eu/index.asp?section=3&sub=4

Gemeinschaftliches Sortenamt (CPVO)

3, Boulevard Maréchal Foch, BP 10121
49101 Angers Cedex 02 (Frankreich)
☎: +33 2 412.564.00   🖷: +33 2 412.564.10
✉: cpvo@cpvo.europa.eu
🖳: http://www.cpvo.europa.eu/
Jobs: http://www.cpvo.europa.eu/ (go to: Stellenangebote)

Harmonisierungsamt für den Binnenmarkt (OHIM)

Avenida de Europa 4, 03008 Alicante (Spanien)
☎: +34 96 513.9100   🖷: +34 96 513.1344
✉: information@oami.europa.eu
🖳: http://oami.europa.eu/
Praktika & Jobs: http://oami.europa.eu/en/office/admin/vacan.htm

Übersetzungszentrum für die Einrichtungen der EU (CdT)

Bâtiment Nouvel Hémicycle
1, Rue du Fort Thüngen, 1499 Luxemburg
☎: +352 421.7111   🖷: +352 421.711.220
✉: cdt@cdt.europa.eu
🖳: http://www.cdt.europa.eu/
Praktika & Jobs: http://www.cdt.europa.eu/
(go to: Job offers and traineeship)

Europäische Verteidigungsagentur (EDA)

Rue des Drapiers 17–23, 1050 Ixelles (Belgien)
☎: +32 2 504.2800   🖷: +32 2 504.2815
🖳: http://www.eda.europa.eu/
Jobs: http://www.eda.europa.eu/vacancies.aspx

Institut der Europäischen Union für Sicherheitsstudien (ISS)

43, Avenue du Président Wilson, 75775 Paris Cedex 16 (Frankreich)
☎: +33 1 568.919.30   🖷: +33 1 568.919.31
✉: info@iss.europa.eu
🖳: http://www.iss.europa.eu/
Praktika, Jobs & Fellowships: http://www.iss.europa.eu/
(go to: About Us – Jobs)

Europäische Einheit für justizielle Zusammenarbeit (EUROJUST)

Maanweg 174, 2516 AB Den Haag (Niederlande)
☎: +31 70 412.5000   🖷: +31 70 412.5005
✉: info@eurojust.europa.eu
🖳: http://www.eurojust.europa.eu/
Jobs: http://www.eurojust.europa.eu/recruitment.htm

Europäisches Polizeiamt (Europol)

P. O. Box 90850, 2509 LW Den Haag (Niederlande)

☎: +31 70 302.5000   📄: +31 70 345.5896

✉: (Recruitment): recruitment@europol.europa.eu

🖥: http://www.europol.europa.eu/

Praktika & Jobs: http://www.europol.europa.eu/

(go to: Job Opportunities *oder* Internships)

D.4 Europäische Union: Zentrale Einstiegsoptionen

Statut der Beamten der Europäischen Gemeinschaften und Beschäftigungsbedingungen für die sonstigen Bediensteten:

🖥: http://ec.europa.eu/civil_service/docs/toc100_de.pdf

Praktika bei der EU-Kommission:

🖥: http://ec.europa.eu/stages/

Who is Who – Verzeichnis der Personen und Dienste:

🖥: http://europa.eu/whoiswho/public/index.cfm?lang=de

Praktika beim Europäischen Parlament:

🖥: http://www.europarl.europa.eu/parliament.do?language=DE

(go to: Praktika)

Praktika beim Ministerrat:

🖥: http://www.consilium.europa.eu/cms3_fo/showPage.asp?id=321&lang=de&mode=g

Praktika beim Gerichtshof der Europäischen Gemeinschaften:

🖥: http://curia.europa.eu/de/infosprat/stage.htm

Bewerben für ein Praktikum beim EuGH:

Gerichtshof der Europäischen Gemeinschaften

Personalabteilung

2925 Luxemburg

Praktika beim EWSA:

🖥: http://www.eesc.europa.eu/organisation/tgj/trainees/index_en.asp

Praktika beim AdR:

🖥: http://www.cor.europa.eu/de/presentation/contact_us_traineeships.htm

Europäisches Amt für Personalauswahl (EPSO)

Info-Einstellungen

Büro C80 4/11, 1049 Brüssel (Belgien)

☎: +32 2 299.3131   📄: +32 2 295.7488

🖥: http://europa.eu/epso/

Amtsblatt der Europäischen Union:
http://publications.europa.eu/index_de.htm

EU CV Online:
http://ec.europa.eu/civil_service/job/cvonline/index_en.htm

Ständige Vertretung Deutschlands bei der EU
8–14, Rue Jacques de Lalaing, 1040 Brüssel (Belgien)
☎: +32 2 787.1000
🖥: http://www.bruessel-eu.diplo.de/Vertretung/bruessel_eu/

Ständige Vertretung Österreichs bei der EU
30, Avenue de Cortenbergh, 1040 Brüssel (Belgien)
☎: +32 2 234.5100   🖹: +32 2 235.6100
✉: bruessel-ov@bmeia.gv.at
🖥: http://www.aussenministerium.at/bruesselov

Informationen der EU-Kommission zu Vertragsbedienstetenstellen:
🖥: http://ec.europa.eu/civil_service/job/contract/index_de.htm

Informationen der EU-Kommission zu Zeitbedienstetenstellen:
🖥: http://ec.europa.eu/civil_service/job/temp/index_de.htm

Verzeichnis der Abgeordneten des Europäischen Parlaments:
🖥: http://www.europarl.europa.eu/members.do?language=DE

»Working for Europe Website« der EZB:
🖥: https://gs6.globalsuccessor.com/fe/tpl_ecb01SSL.asp

Praktika & Jobs bei der EIB:
🖥: http://www.eib.org/jobs/index.htm

EuropeAid Co-operation Office
Europäische Kommission
1049 Brüssel (Belgien)
☎: +32 2 299.1111
🖥: http://ec.europa.eu/europeaid/

Das Europäische Amt für Humanitäre Hilfe (ECHO):
🖥: http://ec.europa.eu/echo/index_en.htm

Informationen zum Einsatz als »individual expert«:
🖥: http://ec.europa.eu/europeaid/experts/avis_en.htm

Bewerben als »individual expert«:
🖳: http://ec.europa.eu/europeaid/experts/cf/token.cfm?language=en

Election Observer Roster:
🖳: http://ec.europa.eu/europeaid/observer/index_en.htm

Stellen im »Core Team«:
🖳: http://ec.europa.eu/europeaid/where/worldwide/electoral-support/index_en.htm

E Einstieg bei anderen internationalen Organisationen

Europarat
Avenue de l'Europe, 67075 Straßburg Cedex (Frankreich)
☎: +33 3 884.120.00   🖷: +33 3 884.127.45
✉: infopoint@coe.int
🖳: http://www.coe.int/

Europäischer Gerichtshof für Menschenrechte
Council of Europe/Europarat
67075 Straßburg Cedex (Frankreich)
☎: +33 3 884.120.18   🖷: +33 3 884.127.30
🖳: http://www.echr.coe.int/ECHR

»Traineeship Office« des Europarates und für Praktika beim EGMR
Directorate of Human Resources
Council of Europe, 67075 Straßburg Cedex (Frankreich)
✉: traineeship.drh@coe.int
🖳: http://www.coe.int/t/e/human_resources/jobs/

Jobs beim Europarat und beim EGMR:
🖳: http://www.coe.int/t/e/human_resources/jobs/

»Young Lawyers Scheme«:
🖳: http://www.echr.coe.int/ECHR/EN/Header/The+Court/The+Registry/Employment/

Organisation für wirtschaftliche Zusammenarbeit und Entwicklung
2, Rue André Pascal, 75775 Paris Cedex 16 (Frankreich)
☎: +33 1 452.482.00   🖷: +33 1 452.485.00
🖳: http://www.oecd.org/

Praktika, Young Professionals Programme & Jobs bei der OECD:
🖳: http://www.oecd.org/ (go to: Human Resources)

Organisation für Sicherheit und Zusammenarbeit in Europa

Kärntner Ring 5–7, 1010 Wien (Österreich)
☎: +43 1 514.360   📠: (auch Praktika): +43 1 514.3696
✉: (HR): recruitment@osce.org
💻: http://www.osce.org/

Praktika, JPO-Programme & Jobs bei der OSZE:

💻: http://www.osce.org/employment/

North Atlantic Treaty Organisation (NATO, Headquarters)

Boulevard Leopold III, 1110 Brüssel (Belgien)
☎: +32 2 707.3677
✉: natodoc@hq.nato.int
💻: http://www.nato.int/

Praktika bei der NATO:

💻: http://www.nato.int/structur/interns/index.html

Ständige Vertretung Deutschlands bei der NATO:

☎: +32 2 727.7643
💻: http://www.nato.diplo.de/Vertretung/nato/de/Startseite.html

Ständige Vertretung Österreichs bei der NATO:

☎: +32 2 707.2804   📠: +32 2 707.2809
✉: bruessel-nb@bmeia.gv.at

Mission der Schweiz bei der NATO:

☎: +32 2 707.2860   📠: +32 2 707.2870
✉: Vertretung@bro.rep.admin.ch
💻: http://www.nato.int/pfp/ch/ch_mission.htm

Jobs bei der NATO:

💻: http://www.nato.int/structur/recruit/index.htm

Bewerben für eine feste Stellen:

NATO Headquarters, Recruitment Service
1110 Brüssel (Belgien)
✉: (A grades): Recruitment.A@hq.nato.int
✉: (Praktika): intern.applications@hq.nato.int

2 Weiterführende Informationen und Literaturtipps[14]

Die Vereinten Nationen

Vereinte Nationen: Allgemeines

United Nations (Hrsg.): Basic Facts About the United Nations, überarbeitete Auflage, New York 2004, 376 S., ISBN 92–1–100936–7

Vereinte Nationen (Hrsg.): Wissenswertes über die Vereinten Nationen, New York 2006, 432 S., ISBN 92–1–100936–7
http://www.unric.org/html/german/wissenswertes.pdf

Auswärtiges Amt (Hrsg.): ABC der Vereinten Nationen, Edition Diplomatie, 5. überarbeitete Auflage, Berlin 2003, 166 S.
http://www.auswaertiges-amt.de/diplo/de/Infoservice/Broschueren/ABCVN.pdf

Publikation anfordern:
Auswärtiges Amt, Broschürenstelle
Werderscher Markt 1, 11017 Berlin
+49 30 500.054.195
+49 30 500.054.990

Bundeszentrale für politische Bildung (Hrsg.): 60 Jahre Vereinte Nationen, Aus Politik und Zeitgeschichte 22/2005, Bonn 2005, 48 S., ISSN 0479–611 X
http://www.bpb.de/files/4M2XRE.pdf

International Security Research Group, Institut für Politikwissenschaft, Universität Innsbruck: UN eLearning Unit (ISRG eLearning Portal)
http://elearning.security-research.at/elearning_un.html

NCRE-Testvorbereitung

NCRE Einführungsvideo
(verfügbare Formate: MPEG, RealOne Player, Windows Media Player)
http://www.un.org/Depts/OHRM/examin/exam.htm

---

14 Die internationalen Organisationen halten auf ihren Websites umfassende Informationen über ihre Ziele, Aufgaben, Struktur und Arbeitsweise bereit, die *kostenfrei* abrufbar sind und zur Vorbereitung *zuerst* berücksichtigt werden sollten. Auch das Auswärtige Amt informiert über ausgewählte Organisationen auf seiner Website.

Offizielle »sample tests« des VN-Sekretariats
(nur während der Ausschreibungsphase)
http://www.un.org/Depts/OHRM/examin/exam.htm

Die Europäische Union

Europäische Union: Allgemeines

Europäische Union: Die Website Europa
http://www.europa.eu/abouteuropa/index_de.htm

Europäische Union: Die EU im Überblick
http://www.europa.eu/abc/index_de.htm

EUR-Lex – Portal zum EU-Recht (dort auch alle EU-Verträge)
http://eur-lex.europa.eu/de/index.htm

EU Bookshop (offizielle EU-Seite):
http://bookshop.europa.eu/

Die Bundesregierung: Europa-Lexikon
http://www.bundesregierung.de/Content/DE/Lexikon/EUGlossar/EUGlossar.
html?init_alpha=A

Auswärtiges Amt (Hrsg.): 50 Argumente für Europa. Ein Debattenleitfaden zur deutschen Ratspräsidentschaft, Berlin 2006, 93 S.
http://www.bruessel-eu.diplo.de/Vertretung/bruessel_eu/de/04/down_datei_50,pro-
perty=Daten.pdf

Bundeszentrale für politische Bildung: Europa-Dossier
http://www.bpb.de/themen/HYVG22,0,0,Die_Staaten_der_Europ%E4ischen_
Union.html

Werner Weidenfeld/Wolfgang Wessels (Hrsg.): Europa von A bis Z. Taschen-
buch der europäischen Integration, 10. Auflage, Baden-Baden 2007, 512 S., ISBN
978–3–8329–1378–6
Auch erhältlich bei der Bundeszentrale für politische Bildung
http://www.bpb.de/

EU-Jobsuche und Auswahlverfahren

EPSO Interaktiver Test:
http://europa.eu/epso/competitions/test_interactif_de.cfm

EPSO Testbeispiele (offizielle Tests aus früheren Verfahren):
http://europa.eu/epso/competitions/test_sample_de.htm

Syndicat des Fonctionnaires Européens (Hrsg.): 50 Fragen über Europa und die europäische Politik (250 Questions sur l'Europe), überarbeitete Auflage, Brüssel 2007, 180 S.
http://www.conf-sfe.org/default.aspx?sp=qcm

Andras Baneth/Gyula Cserey: The Ultimate EU Test Book, 2. überarbeitete Auflage 2007, 418 S., ISBN 978-0-9551144-8-9

Weitere Literatur zu Auswahlverfahren, CVs usw.:
The European Book Shop:
http://www.libeurop.be/home.php

EUbookshop.com:
www.eubookshop.com

Europarat und Europäischer Gerichtshof für Menschenrechte

The Council of Europe in Brief:
http://www.coe.int/T/e/Com/about_coe/

Europarat (Hrsg.): Konvention zum Schutze der Menschenrechte und Grundfreiheiten (Dokument), Straßburg 2003, 40 S.
http://www.echr.coe.int/NR/rdonlyres/F45A65CD-38BE-4FF7-8284-EE6C2BE36FB7/0/German.pdf

Informationsbroschüren des Europarates:
http://www.coe.int/T/E/Com/About_Coe/Brochures/brochures_depliants.asp

Uwe Holtz (Hrsg.): 50 Jahre Europarat, Schriften des Zentrums für Europäische Integrationsforschung Band 17, Baden-Baden 2000, 377 S., ISBN 3-7890-6423-8
http://www.uni-bonn.de/~uholtz/ZEF/50%20jahre%20europarat.pdf

Organisation für wirtschaftliche Zusammenarbeit und Entwicklung

Organisation for Economic Co-operation and Development: The OECD, Paris 2006, 30 S.
http://www.oecd.org/dataoecd/15/33/34011915.pdf

OECD Organisation Chart:
http://www.oecd.org/dataoecd/37/13/2348887.pdf

OECD Online Bookshop:
http://www.oecdbookshop.org/oecd/index.asp?lang=en

Organisation für Sicherheit und Zusammenarbeit in Europa

OSZE: Die OSZE und ihre Arbeit (interaktive Präsentation):
http://www.osce.org/resources/23463.html

OSZE: Was ist die OSZE? (factsheet):
http://www.osce.org/publications/sg/2006/09/13554_53_de.pdf

Die OSZE, ihre Organe und Aktivitäten im Überblick:
http://www.osce.org/about/

International Security Research Group, Institut für Politikwissenschaft, Universität Innsbruck: OSCE eLearning Unit (ISRG eLearning Portal)
http://elearning.security-research.at/elearning_osce.html

North Atlantic Treaty Organization

Welcome to NATO. The North Atlantic Treaty Organization at a glance (interaktive Präsentation):
http://www.nato.int/nato-welcome/index.html

NATO (Hrsg.): NATO Handbook, Brüssel 2006, 405 S., ISBN 92–845–0178–4
http://www.nato.int/docu/handbook/2006/hb-en-2006.pdf

e-Library der NATO zum Abrufen von Publikationen:
http://www.nato.int/docu/home.htm#Intro

3   Abkürzungsverzeichnis

ACI	Auxiliary Conference Interpreter (EU)
ACP/AKP	African, Caribbean and Pacific (Group of States)/Afrika, Karibik und Pazifik (-Staaten)
ADA	Austrian Development Agency
AdR	Ausschuss der Regionen
AE	Associate Expert
AGEZ	ArbeitsGemeinschaft EntwicklungsZusammenarbeit
APO	Associate Professional Officer
ASA	Arbeits- und Studienaufenthalte in der Dritten Welt
ASG	Assistant Secretary-General
AStV	Ausschuss der Ständigen Vertreter (EU)
AT	Österreich

BFIO	Büro Führungskräfte zu internationalen Organisationen
BMI (AT)	Bundesministerium des Inneren
BMLV (AT)	Bundesministerium zur Landesverteidigung
BMZ	Bundesministerium für wirtschaftliche Zusammenarbeit und Entwicklung

CdT	Translation Centre for the Bodies of the European Union/Übersetzungszentrum für die Einrichtungen der Europäischen Union
CEB	Chief Executives Board for Coordination
Cedefop	European Centre for the Development of Vocational Training/Europäisches Zentrum für die Förderung der Berufsbildung
CFCA	Community Fisheries Control Agency/Europäische Fischereiaufsichtsagentur
CH	Schweiz
CIM	Centrum für Internationale Migration und Entwicklung
Cinfo	Zentrum für Information, Beratung und Bildung Berufe in der internationalen Zusammenarbeit
cinfoPoste	Stellendatenbank der internationalen Zusammenarbeit
CoE	Council of Europe/Europarat
CPVO	Community Plant Variety Office/EU-Sortenamt
CRUS	Rektorenkonferenz der Schweizer Universitäten
CV	Curriculum Vitae

DAAD	Deutscher Akademischer Austausch Dienst
DDA	Department for Disarmament Affairs/Abteilung für Abrüstungsfragen
DED	Deutscher Entwicklungsdienst
DESA	Department of Economic and Social Affairs/Abteilung Wirtschaftliche und Soziale Fragen
DEZA	Direktion für Entwicklung und Zusammenarbeit

278

DGACM	Department for General Assembly and Conference Management/Hauptabteilung Generalversammlung und Konferenzmanagement
DM	Department of Management/Hauptabteilung Management
DPA	Department of Political Affairs/Abteilung Politische Angelegenheiten
DPI	Department of Public Information/Abteilung Presse und Information
DPKO	Department of Peacekeeping Operations/ Hauptabteilung für Friedenssicherungseinsätze
DSS	Department of Safety and Security/Abteilung für die Sicherheitskoordination
EAPC	Euro-Atlantic Partnership Council/Euro-Atlantischer Partnerschaftsrat
EAR	European Agency for Reconstruction/Europäische Agentur für den Wiederaufbau
EASA	European Aviation Safety Agency/Europäische Agentur für Flugsicherheit
ECDC	European Centre for Disease Prevention and Control/Europäisches Zentrum für die Prävention und die Kontrolle von ansteckenden Krankheiten
ECHO	Europäisches Amt für humanitäre Hilfe
ECHR	European Court of Human Right/Europäischer Gerichtshof für Menschenrechte
ECOSOC	Economic and Social Council/Wirtschafts- und Sozialrat
EDA	European Defence Agency/Europäische Verteidigungsagentur
EDA (CH)	Eidgenössisches Departement für auswärtige Angelegenheiten
EEA	European Environment Agency/Europäische Umweltagentur
EEF	Europäischer Entwicklungsfonds
EFSA	European Food and Safety Authority/Europäische Behörde für Lebensmittelsicherheit
EFTA	European Free Trade Association/Europäische Freihandelsassoziation
EG	Europäische Gemeinschaft
EGKS	Europäische Gemeinschaft für Kohle und Stahl
EGMR	Europäischer Gerichtshof für Menschenrechte
EIB	European Investment Bank/Europäische Investitionsbank
EIF	European Investment Fund/Europäischer Investitionsfonds
Eionet	Europäisches Umweltinformations- und Umweltbeobachtungsnetz
EMCDDA	European Monitoring Centre for Drugs and Drug Addiction/Europäische Beobachtungsstelle für Drogen und Drogensucht
EMEA	European Medicines Agency/Europäische Arzneimittel-Agentur
EMRK	Europäische Konvention zum Schutze der Grundfreiheiten und Menschenrechte
EMSA	European Maritime Safety Agency/Europäische Agentur für die Sicherheit des Seeverkehrs
END	Expert National Détaché/Abgeordneter Nationaler Sachverständiger
ENISA	European Network and Information Security Agency/Europäische Agentur für Netz- und Informationssicherheit
EOSG	Executive Office of the Secretary-General/Büro des Generalsekretärs der Vereinten Nationen

EPSO	Europäisches Amt für Personalauswahl
ERA	European Railway Agency/Europäische Eisenbahnagentur
ESA	European Space Agency/Europäische Weltraumagentur
ESZB	Europäisches System der Zentralbanken
ETF	European Training Foundation/Europäische Stiftung für Berufsbildung
EU	Europäische Union
EuG	(Europäisches) Gericht erster Instanz
EuGH	Gerichtshof der Europäischen Gemeinschaften
Euratom	Europäische Atomgemeinschaft
EuRH	Europäischer Rechnungshof
Eurofound	European Foundation for the Improvement of Living and Working Conditions/Europäische Stiftung zur Verbesserung der Lebens- und Arbeitsbedingungen
Eurojust	European Judicial Cooperation Unit/Europäische Einheit für justizielle Zusammenarbeit
Europol	European Police Office/Europäisches Polizeiamt
Eurostat	Statistical Office of the European Communities/Statistisches Amt der Europäischen Gemeinschaften
EWG	Europäische Wirtschaftsgemeinschaft
EWSA	Europäischer Wirtschafts- und Sozialausschuss
EZB	Europäische Zentralbank
EZMW	Europäisches Zentrum für mittelfristige Wettervorhersage
FAO	Food and Agriculture Organization/Ernährungs- und Landwirtschaftsorganisation der Vereinten Nationen
FRONTEX	European Agency for the Management of Operational Cooperation at the External Borders/Europäische Agentur für die operative Zusammenarbeit an den Außengrenzen
GASP	Gemeinsame Außen- und Sicherheitspolitik
GD/DG	Generaldirektion/Directorate General
GTZ	Deutsche Gesellschaft für Technische Zusammenarbeit
GTZ-AgenZ	GTZ-Agentur für marktorientierte Konzepte
HR	Human Resources (Personal/Personalabteilung)
IAEA	International Atomic Energy Agency/Internationale Atomenergie-Organisation
IATE	InterActive Terminology for Europe/Europäische Terminologiedatenbank
IBRD	International Bank of Reconstruction and Development/Internationale Bank für Wiederaufbau und Entwicklung
ICAO	International Civil Aviation Organization/Internationale Zivilluftfahrt-Organisation

ICSC	International Civil Service Commission
ICSID	International Centre for Settlement of Investment Disputes/Internationales Zentrum zur Beilegung von Investitionsstreitigkeiten
IDA	International Development Association/Internationale Entwicklungsorganisation
IFAD	International Fund for Agricultural Development/Internationaler Fonds für landwirtschaftliche Entwicklung
IFC	International Finance Corporation/Internationale Finanz-Corporation
ILO	International Labour Organization/Internationale Arbeitsorganisation
IMF/IWF	International Monetary Fund/Internationaler Währungsfonds
IMO	International Maritime Organization/Internationale Seeschifffahrts-Organisation
InWEnt	Internationale Weiterbildung und Entwicklung
ISS	European Union Institute for Security Studies/Institut der Europäischen Union für Sicherheitsstudien
ITC	International Trade Center/Internationales Handelszentrum UNCTAD/WTO
ITU	International Telecommunication Union/Internationale Fernmeldeunion
JPO	Junior Professional Officer
KSZE	Konferenz für Sicherheit und Zusammenarbeit in Europa
LEAD	Leadership Development Programme (UNDP)
LTO	Long-Term Observer
MDG(s)	Millennium Development Goal(s)
MIGA	Multilateral Investment Guarantee Agency/Multilaterale Investitions-Garantie-Agentur
NAC	North Atlantic Council/Nordatlantikrat
NATO	North Atlantic Treaty Organization
NCRE	National Competitive Recruitment Examination
NGO	Non-Governmental Organization/Nichtregierungsorganisation
OCHA	Office for the Coordination of Humanitarian Affairs/Amt für die Koordinierung humanitärer Angelegenheiten
ÖAD	Österreichischer Austauschdienst
OECD	Organization for Economic Co-operation and Development/Organisation für wirtschaftliche Zusammenarbeit und Entwicklung
OHCHR	Office of the United Nations High Commissioner for Human Rights/Büro des Hohen Kommissars der Vereinten Nationen für Menschenrechte

OHIM	Office for Harmonisation in the Internal Market (Trade Marks and Designs)/Harmonisierungsamt für den Binnenmarkt (Marken, Muster und Modelle)
OHRLLS	Office of the High Representative for the Least Developed Countries, Landlocked Developing Countries and Small Island Developing States/ Büro des Hohen Beauftragten für die am wenigsten entwickelten Länder, Binnenentwicklungsländer und kleinen Inselentwicklungsländer
OHRM	Office of Human Resources Management
OIOS	Office of Internal Oversight Services/Amt für interne Aufsichtsdienste
OLA	Office of Legal Affairs/Bereich Rechtsangelegenheiten
OLAF	Europäisches Amt für Betrugsbekämpfung
OSAA	Office of the Special Adviser on Africa/Büro des Spezialbeauftragten für Afrika
OSHA	European Agency for Safety and Health at Work/Europäische Agentur für Sicherheit und Gesundheitsschutz am Arbeitsplatz
OSZE	Organisation für Sicherheit und Zusammenarbeit in Europa
PfP	Partnership for Peace
SACEUR	Supreme Allied Commander Europe
SEF	Schweizerischer Expertenpool für zivile Friedensförderung
SHAPE	Supreme Headquarters Allied Powers Europe
SME(s)	Small and medium-sized enterprise(s)/kleine und mittelgroße Unternehmen
SNE	Seconded National Experts/Abgeordneter Nationaler Sachverständiger
STO	Short-Term Observer
StudEx	Student and Young Worker Exchange with Switzerland
UN/UNO	United Nations (Organization)
UNAIDS	Joint United Nations Programme on HIV/Aids/Gemeinsames Programm der Vereinten Nationen zur Bekämpfung von HIV/Aids
UNCTAD	United Nations Conference on Trade and Development/Handels- und Entwicklungskonferenz der Vereinten Nationen
UNDCP	United Nations Drug Control Programme/Programm der Vereinten Nationen für internationale Drogenkontrolle
UNDP	United Nations Development Programme/Entwicklungsprogramm der Vereinten Nationen
UNEP	United Nations Environment Programme/Umweltprogramm der Vereinten Nationen
UNESCO	United Nations Educational, Scientific and Cultural Organization/ Organisation der Vereinten Nationen für Bildung, Wissenschaft und Kultur
UNFPA	United Nations Population Fund/Bevölkerungsfonds der Vereinten Nationen
UN-Habitat	United Nations Human Settlements Programme/Programm der Vereinten Nationen für menschliche Siedlungen

UNHCR	Office of the United Nations High Commissioner for Refugees/Büro des Hohen Flüchtlingskommissars der Vereinten Nationen
UNICEF	United Nations Children's Fund/Kinderhilfswerk der Vereinten Nationen
UNIDO	United Nations Industrial Development Organization/Organisation der Vereinten Nationen für industrielle Entwicklung
UNIFEM	United Nations Development Fund for Women/Entwicklungsfonds der Vereinten Nationen für die Gleichstellung von Frauen
UNODC	United Nations Office on Drugs and Crime/Büro der Vereinten Nationen für Drogen- und Verbrechensbekämpfung
UNOG	United Nations Office at Geneva/Büro der Vereinten Nationen in Genf
UNON	United Nations Office at Nairobi/Büro der Vereinten Nationen in Nairobi
UNOPS	United Nations Office for Project Services/Büro der Vereinten Nationen für Projektdienste
UNOV	United Nations Office at Vienna/Büro der Vereinten Nationen in Wien
UNRIC	United Nations Regional Information Centre for Western Europe/ Regionales Informationszentrum der Vereinten Nationen für Westeuropa
UNRWA	United Nations Relief and Works Agency for Palestine Refugees in the Near East/Hilfswerk der Vereinten Nationen für Palästinaflüchtlinge im Nahen Osten
UNTERM	United Nations Multilingual Terminology Database
UNU	United Nations University/Universität der Vereinten Nationen
UNV	United Nations Volunteers/Freiwilligenprogramm der Vereinten Nationen
UPU	Universal Postal Union/Weltpostverein (WPV)
USG	Under Secretary-General/Unter-Generalsekretär
VdBIO	Verband deutscher Bediensteter bei Internationalen Organisationen
VN	Vereinte Nationen
WEU	Westeuropäische Union
WFP	World Food Programme/Welternährungsprogramm
WHO	World Health Organization/Weltgesundheitsorganisation
WIPO	World Intellectual Property Organization/Weltorganisation für geistiges Eigentum
WMO	World Meterological Organization/Weltorganisation für Meteorologie
WTO	World Trade Organization/Welthandelsorganisation
WTO	World Tourism Organization/Welttourismus-Organisation
YPP	Young Professionals Program (Weltbank u. a.)
ZAV	Zentrale Auslands- und Fachvermittlung
ZIF	Zentrum für Internationale Friedenseinsätze

4 Organigramme

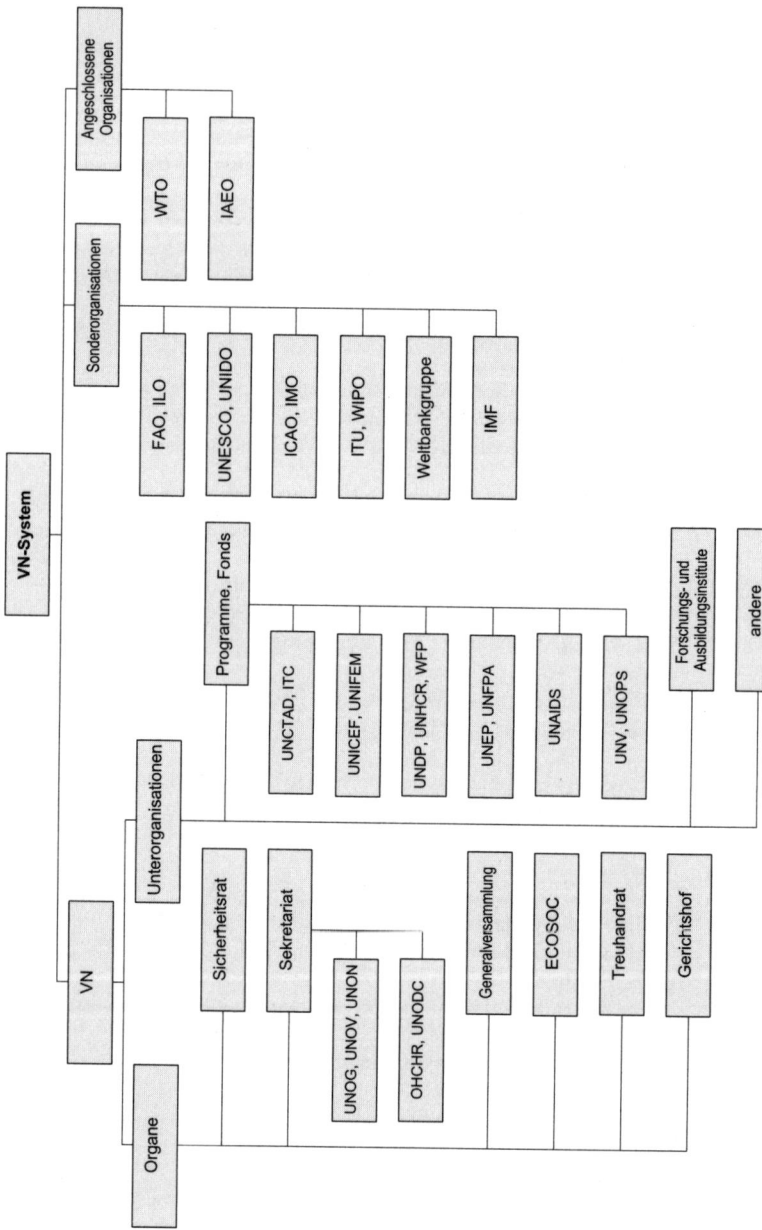

Hinweis: Das Organigramm gibt einen Überblick über das VN-System und nennt die wichtigsten VN-Einrichtungen. Für alle Einrichtungen siehe das „UN System Chart" (→ C.1)

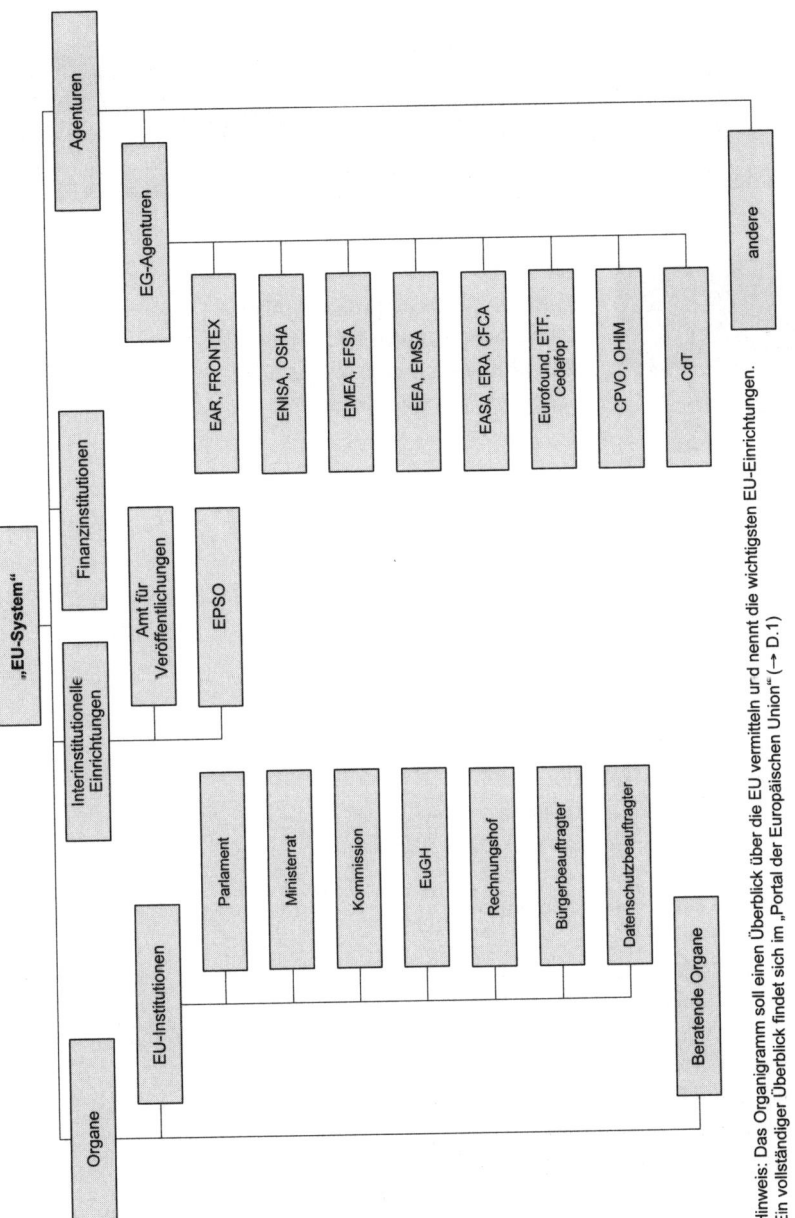

„EU-System"

- **Organe**
  - **EU-Institutionen**
    - Parlament
    - Ministerrat
    - Kommission
    - EuGH
    - Rechnungshof
    - Bürgerbeauftragter
    - Datenschutzbeauftragter
  - **Beratende Organe**
- **Interinstitutionelle Einrichtungen**
  - Amt für Veröffentlichungen
  - EPSO
- **Finanzinstitutionen**
- **Agenturen**
  - **EG-Agenturen**
    - EAR, FRONTEX
    - ENISA, OSHA
    - EMEA, EFSA
    - EEA, EMSA
    - EASA, ERA, CFCA
    - Eurofound, ETF, Cedefop
    - CPVO, OHIM
    - CdT
  - **andere**

Hinweis: Das Organigramm soll einen Überblick über die EU vermitteln und nennt die wichtigsten EU-Einrichtungen.
Ein vollständiger Überblick findet sich im „Portal der Europäischen Union" (→ D.1)

Ratgeber fürs Studium

Otto Kruse
▶ **KEINE ANGST VOR DEM LEEREN BLATT**
Ohne Schreibblockaden durchs Studium
12., völlig neu bearbeitete Auflage 2007
266 Seiten · ISBN 978-3-593-38479-5

Helga Knigge-Illner
▶ **DER WEG ZUM DOKTORTITEL**
Strategien für die erfolgreiche Promotion
2002 · 204 Seiten · ISBN 978-3-593-36811-5

Ursula Steinbuch
▶ **RAUS MIT DER SPRACHE**
Ohne Redeangst durchs Studium
3. Auflage 2005 · 128 Seiten · ISBN 978-3-593-37838-1

Andreas Böss-Ostendorf, Holger Senft
▶ **BEAT IT!**
Der Prüfungscoach für Studium und Karriere
2005 · 248 Seiten · ISBN 978-3-593-37696-7

Howard S. Becker
▶ **DIE KUNST DES PROFESSIONELLEN SCHREIBENS**
Ein Leitfaden für die Sozial- und Geisteswissenschaften
2000 · 223 Seiten · ISBN 978-3-593-36710-1

Gerne schicken wir Ihnen aktuelle Prospekte
vertrieb@campus.de · www.campus.de

Frankfurt · New York

Aktuelle Themen

Michael Hartmann
▸ **ELITEN UND MACHT IN EUROPA**
Ein internationaler Vergleich
2007 · 268 Seiten · ISBN 978-3-593-38434-4

»Die Studie entlarvt den Mythos von der Chancengleichheit. In den Chefetagen von Wirtschaft und Politik
dominieren Sprösslinge der oberen Schichten.« Spiegel

Stephan Lessenich, Frank Nullmeier (Hg.)
▸ **DEUTSCHLAND – EINE GESPALTENE GESELLSCHAFT**
2006 · 374 Seiten · ISBN 978-3-593-38190-9

Herfried Münkler, Grit Straßenberger, Matthias Bohlender (Hg.)
▸ **DEUTSCHLANDS ELITEN IM WANDEL**
2006 · 537 Seiten · ISBN 978-3-593-38026-1

Yannick Vanderborght, Philippe Van Parijs
▸ **EIN GRUNDEINKOMMEN FÜR ALLE?**
Geschichte und Zukunft eines radikalen Vorschlags
2005 · 167 Seiten · ISBN 978-3-593-37889-3

Gerd Grözinger, Michael Maschke, Claus Offe
▸ **DIE TEILHABEGESELLSCHAFT**
Modell eines neuen Wohlfahrtsstaates
2006 · 221 Seiten · ISBN 978-3-593-38196-1

Gerne schicken wir Ihnen aktuelle Prospekte
vertrieb@campus.de · www.campus.de

Frankfurt · New York